2023—2024

上海农业科技成果

主　编　沈　悦　徐　杰
副主编　田吉林　曲　晨　贺凌倩
　　　　张　瑜　沈秀平　吴立峰

上海科学技术出版社

图书在版编目（CIP）数据

2023—2024上海农业科技成果 / 沈悦，徐杰主编.
上海 ： 上海科学技术出版社，2025. 7. -- ISBN 978-7
-5478-7294-9

Ⅰ. S-12

中国国家版本馆CIP数据核字第2025G1P229号

2023—2024上海农业科技成果

主　编　沈　悦　徐　杰

副主编　田吉林　曲　晨　贺凌倩　张　瑜　沈秀平　吴立峰

上海世纪出版（集团）有限公司
上　海　科　学　技　术　出　版　社　出版、发行

（上海市闵行区号景路 159 弄 A 座 9F-10F）

邮政编码 201101　　www. sstp. cn

字数 500 千字

2025 年 7 月第 1 版　2025 年 7 月第 1 次印刷

ISBN 978-7-5478-7294-9/S · 300

定价：120.00 元

前　言

习近平总书记强调，农业现代化，关键是农业科技现代化。近年来，上海农业科技创新工作紧紧围绕习近平总书记重要指示精神的要求，在市委、市政府和市农业农村委的正确领导下，深入贯彻国家及本市关于农业科技创新的系列战略部署，以科技创新驱动农业高质量发展，取得了一系列显著的工作成效。2023—2024 年，本市农业科技成果荣获全国农牧渔业丰收奖 3 项、神农中华农业科技奖 1 项、上海市科学技术奖 6 项；入选上海市东方英才计划 60 人，其中领军人才 1 人、拔尖英才 20 人、青年英才 39 人。

为进一步提升上海农业科技成果的显示度和知晓度，上海市农业科技服务中心在历年工作的基础上，经遴选汇编成《2023—2024 上海农业科技成果》。全书分为“农业科技成果”和“农业科技创新”两篇，以期全面反映上海农业科技创新的最新进展和主要成就。第一篇农业科技成果，收录 2023—2024 年上海市农业科技成果 800 余项，涵盖种源农业、生态农业、智慧农业、农产品加工与安全四大领域，展现了上海在农业科技创新领域的强大实力和领先地位。第二篇农业科技创新，包括项目绩效评价、媒体报道精选及农业科技人才三大板块，多维度呈现了上海农业科技创新的主要成效。

建设农业强国，利器在科技。本市广大农业科技工作者将继续以农业科技自立自强为战略支撑，积极贯彻落实《关于加快推进本市农业科技创新的实施意见》，围绕产业链部署创新链、资金链、人才链，通过巩固特色种源优势、挖掘生物制造潜力、补强现代设施农业短板等创新举措，加快培育农业新质生产力，为推进农业农村现代化、建设农业强国贡献上海智慧和上海方案！

编　者

2025 年 4 月

目　录

第一篇

农业科技成果

第二篇
农业科技创新

第一篇
农业科技成果

第一章
种源农业

001 | 花博会特色花卉应用关键技术集成与示范

- **主持及参加单位：**上海市农业科学院、上海辰山植物园、上海种业（集团）有限公司、上海源怡种苗股份有限公司、上海上房园艺有限公司、上海植物园、上海交通大学、上海应用技术大学、上海鲜花港企业发展有限公司
- **参与人员：**张永春、蔡友铭、杨柳燕等

- **科研成果简介**

本项目根据第十届中国花博会设计需要，针对崇明区土壤及高温、湿热等气候条件，筛选并推广月季、八仙花、石竹等新优花卉90种、699个品种，在崇明区港沿镇建立了核心研发示范基地410亩。建立了矮牵牛、长春花、萱草、八仙花、鼠尾草等花卉配套的规模化和专业化种苗繁育生产技术体系，累计提供矮牵牛、鸢尾、四季海棠、朱顶红等种苗（种球）2.576亿株（粒）。集成与示范景观配置模式，形成花灌木–球宿根等花卉组合10个，并在港沿镇、花博园区内进行示范应用。制定香石竹、杜鹃、矮牵牛等种苗繁育与高效栽培技术规范（草案）16个，辐射带动崇明区花博会配套供花特色生产示范基地4个。

本项目相关成果获2019—2021年度全国农牧渔业丰收奖农业技术推广成果奖

一等奖。

- **成果推广应用情况及在农业生产中的持续作用**

本项目进一步筛选出崇明“后花博”花卉产业发展适用球宿根花卉品种186个，其中林地功能性花卉品种30个、花田景观品种44个、庭院美化花卉品种77个、智能温室工厂化生产适宜品种35个；选择适宜规模化发展的重点品种18个。建立了11个重点球宿根花卉的种苗、种球高效繁育、花田景观营建和生态绿色栽培及工厂化种苗高效繁育技术规范（草案）6套。构建了适宜花卉品种的林地生产、花田景观与庭院应用模式3个，形成示范点14 340平方米。繁育石蒜、朱顶红、百合、香石竹、超级海棠等花卉种苗（种球）5 665.36万株（粒）；生产红掌、仙客来等高附加值温室花卉81.3万盆。编制适宜品种图文信息与技术培训资料647份，辐射带动花卉生产基地10个，培训技术人员647人次。

发明专利

- **名称**：一种利用光合特性和叶色进行星花玉兰耐涝性评价的鉴定方法
- **公开号**：CN113340820B

- **名称**：一种植物扦插用插床及其扦插方法
- **公开号**：CN114145143B

- **名称**：一种通过根尖诱导产生红掌胚状体的组织培养方法
- **公开号**：CN111053034B

- **名称**：一种矾根扦插生根剂及矾根扦插繁殖方法
- **公开号**：CN113508813B

002 | 优质香型杂交粳稻新组合选育与应用

- **主持及参加单位**：上海市农业科学院
- **参与人员**：孙滨、程灿、王凯等

- **科研成果简介**

本项目广泛引进、收集国内外优异种质资源，开发了香味相关PCR/LDR分子标记和粒型相关分子标记，助力快速、高效地对种质资源进行香味及粒型基因检测。利用分子标记辅助选择和花药离体培养技术，并结合基因组测序和基因芯片技术，建立优质香型杂交粳稻亲本快速选育方法，高效创制“申CR1”等优质香型粳稻核心种质。培育聚合浓郁香味、稻瘟病中抗以上、株叶形态紧凑、适宜机械化制种和直播栽培等性状的BT型杂交粳稻亲本，并率

先利用香型恢复系“申 CR1”配组育成优质香型杂交粳稻新组合“申优 R1”和“申优 R2”，通过上海市农作物品种审定委员会审定，其中“申优 R1”参加了浙江省引种登记。“申优 R1”一般亩产 700 ~ 750 千克，高产田 800 千克以上。

本项目相关成果获 2022 年度上海市科学技术奖科技进步一等奖。

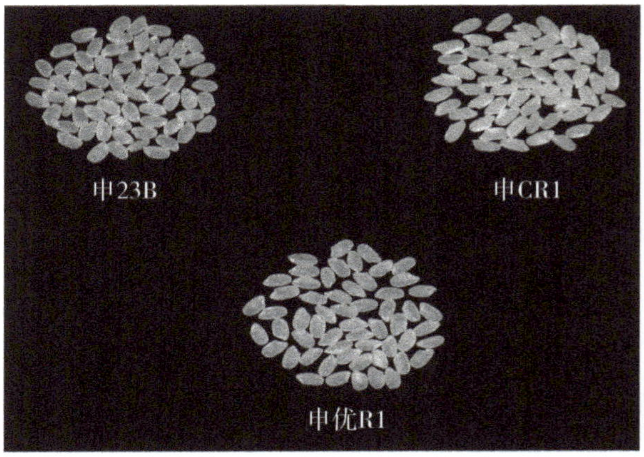

成果推广应用情况及在农业生产中的持续作用

本项目创制的优质香型杂交粳稻新恢复系“申 CR1”已获得植物新品种权，继配组的新组合“申优 R1”和“申优 R2”通过上海市农作物品种审定委员会审定后，配组的新组合“申优 R3”通过上海市农作物品种审定委员会审定并申报 2024 年度国家农作物品种审定。“申优 R1”在长三角地区累计推广 3 万亩左右，并在浙江地区实现订单式生产。2024 年度制种 300 余亩，未来将成为上海市优质水稻产业升级的新品种。

发明专利

- **名称：**一种杂交水稻制种花期相遇的方法
- **公开号：**ZL202011080123.2

植物新品种权

- **名称：**申 CR1
- **公开号：**CNA027236E

新品种审（认）定

- **名称：**申优 R1
- **公开号：**沪审稻 2022002

- **名称：**申优 R2
- **公开号：**沪审稻 2022003

- **名称：**申优 R3
- **公开号：**沪审稻 2022003

003 | 杂交粳稻种源生产技术开发

- **主持及参加单位：**上海农科种子种苗有限公司、浙江农科种业有限公司、上海市农业技术推广服务中心、上海市农业科学院、江西农业大学、江西省农业技术推广中心、光明农业发展（集团）有限公司
- **参与人员：**李子昂、程灿、孙滨等

- **科研成果简介**

本项目建立了BT型杂交粳稻“申优26”亲本提纯复壮技术体系；制定了“申优26”全程机械化制种技术规范，全程机械化率达89.5%以上。规模化机械化制种基地平均产量245.5千克/亩，最高产量达346.1千克/亩。联合南方稻区杂交粳稻种业、米业、科研和推广部门，建立了“申优26”种业协同创新及推广平台，建立绿色生产示范基地，其中上海基地平均产量639.6千克/亩，最高产量756.8千克/亩；外省基地平均产量726.71千克/亩，最高产量800.1千克/亩。明确了籼改粳不同地区气候对“申优26”产量和稻米品质影响，并制定了“申优26”在南方稻区冬作绿肥、深翻、休闲等主要茬口模式条件下适合优质稻机械化绿色生产栽培技术方案以及在南方稻区作二晚栽培的技术规范。通过科+企深入合作，实现了育、繁、推一体化。

本项目相关成果获2022年度上海市科学技术奖科技进步一等奖。

- **成果推广应用情况及在农业生产中的持续作用**

本项目以水稻品种“申优26”为核心，形成高效种源生产技术体系，为本市及周边地区的杂交粳稻种源安全提供了保障。“申优26”通过国家农作物品种审定委员会审定后，在南方稻区已大面积推广应用，截至2024年，累计推广应用100万亩以上。建立的优质杂交粳稻“申优26”订单生产、回购、加工、品牌大米建设及营销的全产业链模式应用面积逐年扩大，目前订单生产模式已有20万亩左右，在上海奉贤区更是实施溢价订单收购，进一步提升了上海杂交粳稻的影响力。

◘ 植物新品种权

- **名称：**申恢 26
- **公开号：**CNA20162324.3

- **名称：**申优 26
- **公开号：**CNA20162325.2

◘ 新品种审（认）定

- **名称：**申优 26
- **公开号：**国审稻 20206254

004 | 基于全基因组学水稻新品种创制及应用

- **主持及参加单位：**上海中科荃银分子育种技术有限公司、中国科学院分子植物科学卓越创新中心、安徽荃银高科种业股份有限公司
- **参与人员：**方玉、冯旗、张从合等

- **科研成果简介**

本项目利用全基因组学相关成果对种质资源进行鉴定，高效制定配组方案，创制出多份聚合抗病、抗虫优质的育种材料；从基因组层面解析了骨干材料荃 9311A 等选育与应用，探索形成了基因组学指导下的水稻商业化育种体系框架，并发布相关企业标准；创制了一系列聚合多个优异性状的材料，并选育出通过审定的“荃粳优 70”“荃优 851”“银两优 182”等新品种进行推广。

- **成果推广应用情况及在农业生产中的持续作用**

本项目在全国引领性地开展了水稻基

因组学成果应用到大规模商业化育种中，促进基因组学支撑育种的发展。相关的品种通过了国家审定，在整个南方稻区进行示范展示，年推广量已经超过 60 万千克。其中，“荃粳优 70”获第三届安徽省优质食味品质鉴评会金奖，“荃优 851”入选 2023 年内江市主导品种。

¤ 发明专利

- **名称：**一种选育三系杂交水稻不育系的方法
- **公开号：**ZL202211375843.0

¤ 植物新品种权

- **名称：**YR836
- **公开号：**CNA20191001982

- **名称：**YR879
- **公开号：**CNA20191001975

- **名称：**沪科优泰香
- **公开号：**CNA20201002631

¤ 新品种审（认）定

- **名称：**荃优 851
- **公开号：**国审稻 20206219

- **名称：**荃粳优 70
- **公开号：**国审稻 20210371

- **名称：**银两优 182
- **公开号：**国审稻 20226118

- **名称：**银两优 501
- **公开号：**国审稻 20226119

005 | 优质广适水稻新品种选育及产业化示范

- **主持及参加单位：**上海中科荃银分子育种技术有限公司、中国水稻研究所、中国科学院遗传与发育生物学研究所、上海市农业科学院、安徽荃银高科种业股份有限公司
- **参与人员：**王慧、圣忠华、曹黎明等

- **科研成果简介**

本项目围绕优质、广适、多抗的水稻育种目标，通过种质资源的征集、整理、鉴定和评价，利用筛选的优异水稻种质资源，结合分子标记辅助选择，应用基因组设计育种技术，快速、高效地选育优质水稻新品系或组合。特别是针对长三角地区市场需求，围绕优质、多抗、丰产等主要育种目标，开展水稻新品种定向选育。对粳稻新种质进行品质、田间病虫害抗性、抗逆性及农艺性状等评价，进而培育优质、食味口感好、抗病性强、适应性广的粳稻新品种，并配套繁制种、关键栽培技术研究，开展以上海优质软米为核心的区域特色优质稻米标准研制。积极开展优质稻米的示范推广工作，探索特色优质稻米从种质资源到产业化推广的创新链延伸新模式，促进长三角地区种业快速发展。

- **成果推广应用情况及在农业生产中的持续作用**

本项目选育适宜上海及长三角区域的优质、绿色水稻新品系 5 个，其中通过审定品种 4 个，主要米质达国标 1 级，食味品质佳，抗稻瘟病（7 级），产量比区试对照品种增产 3% 以上，在上海、江苏、安徽、浙江等适宜生态区域建立生态测试点 60 个、展示点 10 个、优质稻米百亩示范片 10 个，累计示范面积 21.4 万亩；在上海建设“品种 – 种植 – 加工 – 销售”全流程体系，销售大米 5 229.5 吨。“嘉禾优 175”是上海中科荃银和中国水稻研究所等利用基因组学技术联合选育的超高产、长粒型籼粳交品种，获得第五届全国优质稻品种食味品鉴

金奖，也是首个获得全国优质稻食味品鉴金奖的籼粳交新品种。目前，该品种已在上海、安徽、江西、湖北、浙江等地进行多点示范，为大面积推广做好准备。

发明专利

名称：一种扩增水稻产量相关基因位点的多重 PCR 引物组合及其试剂盒

公开号：CN114561484B

名称：水稻 *NAT8* 基因及其编码蛋白在提高植物产量育种中的应用

公开号：CN113564179B

新品种审（认）定

- **名称：**太安 1 号
- **公开号：**沪审稻 2023003

- **名称：**嘉禾优 175
- **公开号：**国审稻 20232084

- **名称：**科优丝苗
- **公开号：**国审稻 20233095

- **名称：**沪蜀优 586
- **公开号：**国审稻 20233080

006 | 适宜机直播的香软型优质粳稻新种质创制与应用

- **主持及参加单位：**上海市农业科学院、上海市农业技术推广服务中心、扬州大学、上海师范大学
- **参与人员：**白建江、李刚、王凯等

科研成果简介

本项目成功培育了适宜机直播的抗除草剂、香软型粳稻新品系“沪稻香软 217”。该品系由母本“16 冬 2645”（即“太安 1 号”）、耐除草剂稳定株系父本“16 冬繁 106”（沪 LPR18/CL55）杂交获得 F_1，随后以 F_1 代为父本，再次与“太安 1 号”进行回交，最终选育出这一优质香软型水稻新品系。“沪稻香软 217”属于早熟晚粳类型，适合在上海地区作单季晚稻种植，全生育期为 152 天，较对照品种“秀水 134”早熟 7 天。该品系具有株型适中、抗倒性强、半直立穗型等特点，结实率较高，粒型较大，熟期转色良好。其株高约为 95 厘米，穗长

18.5厘米，千粒重28.1克。作为香软米类型的水稻品系，“沪稻香软217”米质外观优异，米饭晶莹剔透、油润发亮、口感柔软滑润且富有弹性，冷饭不硬，食味品质极佳。

- **成果推广应用情况及在农业生产中的持续作用**

本项目对优质软米新品系“沪稻香软217”进行了多点鉴定与展示，覆盖崇明、金山、浦东、奉贤等10个点位，总面积320亩。重点考察了株高、抽穗期、抗病和抗逆性、熟相、抗倒性及产量潜力等性状，结果表明，“沪稻香软217”具有适宜机直播、10月中旬成熟、株高适中、抗倒伏性强、稻瘟病抗性好、产量潜力大等特点。凭借其优良的品质和综合性状优势，该品系被崇明联扶公司和江苏高科等企业看中，并达成了品种权转化意向合作签约，展现了良好的推广应用前景。这一成果不仅体现了“沪稻香软217”在抗逆性、产量和品质上的综合优势，也为上海地区优质水稻品种的选育和产业化发展提供了重要支撑。

植物新品种权

- **名称：**沪稻香软217
- **公开号：**CNA20231010092

007 | 优质高效两系节水抗旱稻新品种的培育与应用

- **主持及参加单位：**上海市农业生物基因中心、上海天谷生物科技股份有限公司
- **参与人员：**余新桥、刘国兰、张分云等

- **科研成果简介**

本项目围绕两系不育系培育，育成“沪旱31S”“沪旱37S”“沪旱39S”“申旱6S”等4个光温敏感核不育系并通过育性转化

主要农作物品种
审定证书

审定编号：国审稻 20210448
品种名称：旱两优 8200
品种来源：沪旱 825×旱恢 8200
申 请 者：上海市农业生物基因中心
育 种 者：上海市农业生物基因中心
审定意见：该品种符合国家稻品种审定标准，通过审定。适宜在湖北省（武陵山区除外）、湖南省（武陵山区除外）、江西省、安徽省、江苏省的长江流域稻区以及浙江省中稻区、福建省北部稻区、河南省南部稻瘟病条件较好的稻瘟病轻发区作一季稻种植。稻瘟病重发区不宜种植。
公 告 号：中华人民共和国农业农村部公告第 500 号
证书编号：2021-2-0448

2021 年 12 月 21 日

鉴定和田间现场鉴定，达到国家两系不育系培育标准。不育系繁殖产量达到 250 千克 / 亩以上，制种产量达到 200 千克 / 亩以上；稻米品质主要指标达国标优质米 3 级以上；抗旱性达 3 级以上；抗稻瘟病能力达 5 级以上。同时，围绕恢复系育成“旱恢 8200”“旱恢 49”“旱恢 37”“旱恢 8208”“旱恢 401”“旱恢 412”等 12 个两系恢复系，稻米品质主要指标达国标优质米 3 级以上；抗旱性达 3 级以上；抗稻瘟病、抗稻飞虱、抗白叶枯病、抗条纹叶枯病能力均达 3 级以上。培育出“旱两优 8200”“旱两优 8208”“旱两优 8209”“申两优 412”等节水抗旱两系杂交稻品种。

- **成果推广应用情况及在农业生产中的持续作用**

本项目选育的两系不育系和恢复系均在后期品种选育中持续发力，选育的两系不育系品种已有多个品种在参加不同渠道区域试验。“旱两优 8200”通过国家审定。通过广西旱稻和江西旱稻审定的“旱两优 8208”在 2023 年底也通过了国家审定并完成了成果转化。“旱两优 8208”有 3 家企业分不同区域对经营权进行了 3 次转化。通过安徽审定的“申两优 412”等品种推广面积正在不断扩大，实现土地增值和农民增收。

本项目完成的优质高效节水抗旱稻两系杂交组合的高效栽培集成技术，包括水直播旱管栽培技术、旱直播旱管栽培技术，其中旱直播旱管栽培技术于 2022 年列入农业农村部主推农业技术，一直在生产上指导农户操作。

发明专利

- **名称：**一种扩宽两系不育系遗传基础的轮回育种方法
- **公开号：**ZL201910479953.3

植物新品种权

- **名称：**旱恢 51
- **公开号：**CNA20201004070

- **名称：**旱恢 53
- **公开号：**CNA20211008398

- **名称：**旱恢 55
- **公开号：**CNA20201003608

- **名称：**旱恢 54
- **公开号：**CNA20211008421

新品种审（认）定

- **名称：**旱两优 8200
- **公开号：**国审稻 20210448

- **名称：**旱两优 8208
- **公开号：**国审稻 20234002

- **名称：**旱两优 8209
- **公开号：**沪审稻 2023008

- **名称：**申两优 412
- **公开号：**皖审稻 20222020

008 | 优质特早熟节水抗旱稻新品种选育及绿色生产技术示范

- **主持及参加单位：**上海市农业生物基因中心、江西省超级水稻研究发展中心、上海天谷米业有限公司、上海市农业技术推广服务中心、上海市农业科学院、上海问稻人农业开发专业合作社
- **参与人员：**余新桥、罗利军、沈国辉等

- **科研成果简介**

本项目获得同时具有早熟、优质、抗旱、抗病虫害等绿色性状的新种质 23 份。选育早熟籼型品种 3 个，其中“八月香”在上海一季稻种植生育期为 111.2 天，“旱优 217”在桂中、桂北作晚稻种植生育期为 109.5 天，“旱优 3928”在桂南作晚稻种植生育期为 114.8 天；抗旱性 2 级，在生产试验中平均产量超过 500 千克 / 亩，主要米质指标达到国家一级。建立了节水抗旱稻直播旱管栽培技术规程，与品种协同较全市生产水平可节约灌溉用水 55.6%、肥料（折纯）减施 50.9%、农药减量 60%。推广特早熟节水抗旱稻栽培技术面积累计 32 600 亩，分别在海南和贵州举办培训会 2 场，参加人数总计 298 人次。

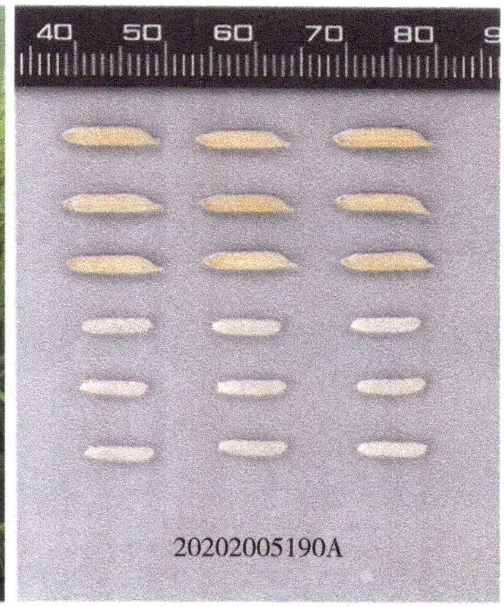

- **成果推广应用情况及在农业生产中的持续作用**

本项目通过种植生育期短的节水抗旱稻品种，可实现在产量相当的前提下，一年内复种 3 茬作物，如稻－玉米－绿叶菜，稻－绿叶菜－绿叶菜。这一模式提高了土地的复种指数，在缓解上海土地不足的同时，显著提高了单位面积土地的经济效益。注册了“八月飘香”和“稻坚强”2 个商标，累计销售“八月飘香”品牌稻米 3 002.4 吨。

植物新品种权

- **名称：**八月香
- **公开号：**CNA20231003312

- **名称：**旱优 217
- **公开号：**CNA20221010073

- **名称：**旱优 3928
- **公开号：**CNA20231001088

新品种审（认）定

- **名称：**八月香
- **公开号：**沪审稻 2023009

- **名称：**旱优 217
- **公开号：**桂审稻 2022078 号

- **名称：**旱优 3928
- **公开号：**桂审稻 2022042 号

009 | 优质食味稻米新品种“沪软 12-12”产业化开发

- **主持及参加单位：**上海市农业科学院、上海市农业技术推广服务中心、上海农科种子种苗有限公司、上海市奉贤区农业技术推广中心、上海市崇明区农业技术推广中心、上海市青浦区农业技术推广服务中心、上海市农业广播电视学校
- **参与人员：**吴书俊、闫影、李刚等

- **科研成果简介**

本项目以首届国家金奖优质米品种“沪软 12-12”为基础，以产业化开发为核心，确立品种示范推广和品牌开发营销两个工作重点，围绕品种宣传、优良种源供应、布点示范、配套优质绿色生产技术集成示范、技术培训、稻米品质控制、品牌建设与营销拓展等方面系统开展全产业链产业化开发工作。通过建立产业化开发示范基地，集成创新“沪软 12-12”绿色生态、种养结合等配套栽培技术，实现良种良法配套，形成多个以“沪软 12-12”为专用品种的中高端地产优质米品牌，大米年均销售量达到 9 870 吨，显著提升了上海自主选育的优质大米品种和地产大米品牌的市场影响力，让越来越多的上海市民品尝到本地产的优质大米。

- **成果推广应用情况及在农业生产中的持续作用**

本项目的“沪软 12-12”以其食味口感突出、外观好、产量高，兼具稻米耐储藏性好等特点，获得长三角地区稻米专家、消费者及优质米市场的一致推崇，累计推广面积近 40 万亩，大米销售超 13 万吨。“沪软 12-12”的产业化应用对上海及周边地区的优质稻米产业发展起到重要的推动作用，已成为长三角地区众多大米品牌的依托品种，为本地区稻米产业的提质增效做出重要贡献。

植物新品种权

- **名称：**沪软 12-12
- **公开号：**CNA20162329.8

软件著作权

- **名称：**稻鳅虾生态种养专家知识系统 V1.0 版
- **公开号：**软著登字第 5501783 号

010 | 优质水稻新品种“闵粳 366”良种繁育及示范应用

- **主持及参加单位：**上海沁弘种业有限公司、上海市闵行区农业技术服务中心
- **参与人员：**曹国兴、曹月琴、李茂柏等

科研成果简介

本项目通过对自主选育的新品种“闵粳 366”进行提纯复壮和良种繁育，保持和提升稻米的品质，为“闵粳 366”的示范推广种植提供充足的种源，满足种植农户对优质稻种子的需求，促进农业优质品种种植结构的调整。严格按照绿色食品认证要求开展水稻种植，加强化肥、农药减量和病虫草害绿色防控等绿色生产技术的集成应用，开展了优质稻米绿色种植示范和良种良法配套。种植农户由卖稻谷转向卖稻米，通过优质稻米绿色生产和开发，加快闵行区优质稻米品牌建设，打造自主知识产权的优质稻米，实现农业绿色发展、粮食安全、农民增收，以满足市场对优质稻米的需求，从而推动粮食生产的可持续发展。

成果推广应用情况及在农业生产中的持续作用

本项目选育的“闵粳 366”熟期适中，综合抗性好，特别是抗稻瘟病性状突出。

稻米口感滑润、咀嚼有弹性、适口性好、略带清香，且稻米的陈化慢，深受市民欢迎。通过加强提纯复壮，以保持和提升稻米的品质。现已在上海闵行区、嘉定区、金山区、奉贤区、浦东新区及上海周边的江苏和浙江地区种植，深受种植户欢迎，种植产业化率达 100%，每年推广面积稳定在 2 万亩左右。

新品种审（认）定

- **名称：**闵粳 366
- **公开号：**沪审稻 2019003

011 | 利用小孢子高效育种技术快速选育滩涂食用裸大麦

- **主持及参加单位：**上海市农业科学院、江苏省沿海地区农业科学研究所
- **参与人员：**陈志伟、沈会权、郭桂梅等

- **科研成果简介**

本项目围绕盐渍化滩涂地的利用，通过对裸大麦小孢子培养进行技术攻关，并利用该方法结合分子标记技术选育了耐盐优质裸大麦新品系。开发了区分不同裸大麦亲本的 SSR 分子标记；针对取材时期等关键环节，建立并优化了裸大麦小孢子培养技术体系；在全基因组水平鉴定了大麦 *SnRK* 基因家族成员，利用转录组对不同裸大麦品种开展了耐盐性分子机理研究，并获得了候选基因 *SnRK3.19* 和 *SnRK3.28*；获得耐盐优质食用裸大麦新种质 4 份，从中筛选出优质裸大麦新品系 2 份。

- **成果推广应用情况及在农业生产中的持续作用**

本项目育成耐盐、优质、丰产的食用裸大麦品系“盐食裸 1 号”，在盐城顺泰农场含盐量 0.3% ~ 0.4% 田块进行大田种植示范，累计种植 30 亩，平均产量约为 360 千克/亩。

¤ 发明专利

- **名称：**一种耐盐食用裸大麦品种的培育方法
- **公开号：**CN202110167745.7

- **名称：**一种元麦萌发期耐盐材料的筛选方法
- **公开号：**CN202111092390.6

¤ 植物新品种权

- **名称：**盐食裸 1 号
- **公开号：**CNA20201004322

- **名称：**盐食裸 2 号
- **公开号：**CNA20221006057

012 | 细胞工程大麦观赏和保健功能开发

- **主持及参加单位：**上海市农业科学院、上海百信生物科技有限公司
- **参与人员：**周龙华、刘成洪、王荣谈等

- **科研成果简介**

本项目以上海的传统农作物大麦为对象，运用成熟的高效基因突变与重组及一步纯合技术，研发集观赏与保健功能为一体的特色大麦。项目成功筛选出富含单个营养与功能成分（蛋白质、总黄酮、纤维素、β－葡聚糖、矿物质元素、维生素 E 和 γ－氨基丁酸等）的大麦特色纯合材料 10 份；创制观赏用细胞工程特色大麦材料 2 份（紫色籽粒和花朵状穗型）、保健用细胞工程特色大麦新品系 1 份；建成特色观赏用细胞工程大麦展示方 3 个。

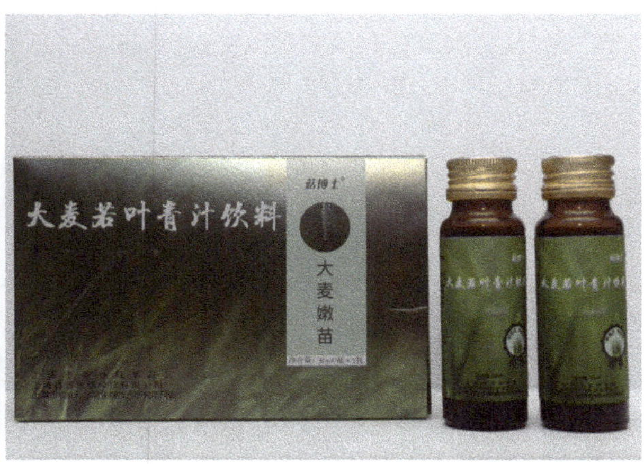

- **成果推广应用情况及在农业生产中的持续作用**

本项目开发以特色细胞工程大麦为原料的固体型饮料1个（大麦若叶青汁固体饮料）、软体型饮料1个，其中大麦若叶青汁固体饮料产品销量达到3 200份。

发明专利

- **名称：**一种富含钙、硒元素大麦苗的培养方法及应用
- **公开号：**ZL202210026309.2

- **名称：**一种大麦茶饮料及其制备方法
- **公开号：**CN202211384221.4

013 | 藜麦种质创新与新品种栽培配套技术的优化研究

- **主持及参加单位：**光明农业发展（集团）有限公司、中国科学院分子植物科学卓越创新中心
- **参与人员：**张平、易峰、赵春钊等

- **科研成果简介**

本项目围绕适合上海地区种植的藜麦品种筛选、提纯复壮，以及高产优质性状改良、高产优质生态种植技术研究及新品种示范与展示，聚焦藜麦种源、种植两个产业环节，开展技术创新与示范应用，建立了藜麦研究资源库。“光明藜麦1号”和“光明藜麦2号”分别通过了上海市非主要农作物品种认定，是上海地区首次认定的藜麦品种。挖掘了藜麦中控制生长和耐盐性及叶绿素合成的关键基因，率先在基因水平解析了控制藜麦重要农艺性状的分子元件。建立了藜麦原生质体的制备和瞬时表达系统，并探索了藜麦体内瞬时表达外

源基因的体系。研究并制定了上海地区藜麦机械化生产技术规程，为藜麦产业化应用奠定了基础。建立了藜麦百亩示范方3个，亩产均超过210千克。

- **成果推广应用情况及在农业生产中的持续作用**

本项目藜麦亩产值在2400元以上，经济效益比传统的稻、麦种植模式增加500～600元。可种植在大田及其四周，大面积推广藜麦对保障我国粮食安全和农民增收具有现实意义。藜麦营养全面、可直接食用，对提升市民健康指数具有一定作用。藜麦的茎秆、花序和果实都呈现出丰富的颜色变化，色彩艳丽，有较高的观赏价值，可形成原生态农业旅游观光景点，符合崇明世界级生态岛建设需要。

¤ 新品种审（认）定

- **名称：**光明藜麦1号
- **公开号：**沪农品认藜麦2021第001号

- **名称：**光明藜麦2号
- **公开号：**沪农品认藜麦2021第002号

014 | 黄籽油菜种质改良及其高品质油脂产品开发

- **主持及参加单位：**上海市农业科学院、上海市粮食科学研究所有限公司、上海良友海狮油脂实业有限公司
- **参与人员：**朱吉凤、陈凤香、顾斌等

- **科研成果简介**

本项目针对双低油菜特异种质开展黄籽油菜种质创新和品种改良工作，定向创制了一批高含油量的黄籽油菜新种质，同步创新油菜育种技术，并定向选育了含油量达50.5%的双低黄籽油菜新品种“沪油5203”，年均亩产约190千克，在上海郊区累计示范面积350亩；此外，以“沪油5203”为试材，对黄籽油菜压榨油开展品质分析及相关工艺研究，确定黄籽油菜宜用于制造浓香型菜籽油产品。建立了黄籽油菜籽油压榨和精炼工艺流程及操作规程，开发了1款油品清亮的浓香型黄籽油菜籽油小试产品，并制定了产品质量企业标准。

- **成果推广应用情况及在农业生产中的持续作用**

本项目选育的黄籽油菜新品种“沪油5203”的耐冻性和抗倒性较强且产量较高，按照浓香型菜籽油工艺压榨制得的压榨黄籽油菜籽油小试产品各项理化指标较好，其油品清亮且香味浓郁。此外，该品种的菜薹品质优，得到消费者一致好评。

发明专利

- **名称：**一种甘蓝型油菜不育细胞质的置换方法
- **公开号：**ZL202211610460.7

植物新品种权

- **名称：**沪油 5203
- **公开号：**CNA20231006426

015 | 鲜食玉米抗非生物逆境胁迫种质创新

- **主持及参加单位：**上海市农业科学院、复旦大学、沈阳农业大学、新疆农业大学、上海市农业技术推广服务中心、上海蔬菜研究所、上海华耘鲜食玉米研究所、上海孰美种业有限公司
- **参与人员：**关媛、郑洪建、王慧等

- **科研成果简介**

本项目针对上海及长三角地区夏季高温多雨等非生物逆境胁迫，利用位于上海的 CIMMYT- 中国特用玉米研究中心平台，通过对鲜食玉米种质进行高温和水淹胁迫精准表型的鉴定，利用全基因组关联分析及逆境生理学、分子生物学方法对鉴定的优异自交系进行高温和水淹等逆境胁迫分子机理研究。利用分子育种结合常规育种方法进行抗逆鲜食玉米种质创新，育成适宜上海及南方地区抗逆、优质甜玉米杂交新品种（组合）“申科甜 811” 和 “申科甜 2 号”。在嘉定区、金山区、奉贤区、浦东新区等建立抗逆鲜食玉米新品种标准化栽培技术示范基地 4 个，累计示范面积 565 亩。该项目实施可为鲜食玉米抗逆育种提供新

的种质资源，也为持续提升上海鲜食玉米国际竞争力奠定基础。

- **成果推广应用情况及在农业生产中的持续作用**

本项目育成的抗逆、优质甜玉米品种“申科甜2号”和“申科甜811”近3年在上海、浙江、江苏、安徽、福建、江西等全国20多个省市累计示范推广55万亩，满足了上海及长三角地区对优质抗逆鲜食玉米品种的需求。其中，“申科甜811”2023年通过国家玉米品种审定，入选2023年、2024年农业农村部玉米主导品种；“申科甜2号”等在马来西亚等国家进行种植示范，服务了“一带一路”倡议，把中国优良品种推向世界，提升了这一品种的国际影响力。

发明专利

- **名称：**一种检测鲜食玉米耐水淹强弱程度的方法及其应用
- **公开号：**ZL202111121410.8

- **名称：**一组用于玉米自交系SHL03品种保护的InDel分子标记及其使用方法
- **公开号：**ZL202110907563.9

实用新型专利

- **名称：**一种新型玉米灌溉装置
- **公开号：**ZL201921797965.2

软件著作权

- **名称：**玉米灌溉设备物联网智能控制系统 V1.0
- **公开号：**2020SR0456040

- **名称：**玉米灌溉轨迹规划设计应用软件 V1.0
- **公开号：**2020SR0446208

- **名称：**鲜食玉米种质耐高温鉴定预测软件
- **公开号：**2022SR0352565

- **名称：**甜、糯玉米种质耐水淹鉴定预测软件
- **公开号：**2022SR0352538

¤ 植物新品种权

- **名称：**SHL14
- **公开号：**CNA20201003942

- **名称：**SHL16
- **公开号：**CNA20201003057

- **名称：**SHL17
- **公开号：**CNA20201003058

- **名称：**申科甜 811
- **公开号：**CNA20211002289

- **名称：**申科糯 191
- **公开号：**CNA20211003107

¤ 新品种审（认）定

- **名称：**申科甜 2 号
- **公开号：**国审玉 20200512

- **名称：**申科甜 811
- **公开号：**国审玉 20233461

016 | 优质超甜水果玉米新品种“申科甜 811”绿色生产技术研究与示范

- **主持及参加单位：**上海枫泾农业科技有限公司、上海市农业科学院
- **参与人员：**陈强、郑洪建、卫季辉等

- **科研成果简介**

本项目通过“产学研”联合攻关模式，开展超甜水果玉米新品种“申科甜 811”优质、高效、绿色生产研究，在鲜食玉米新品种绿色生态栽培技术试验研究的基础上，集成制定了鲜食玉米绿色生态栽培技术操作规程、良种良法配套示范推广；制定以育苗移栽、培育壮苗、隔离种植、精细耕田、适时播种、合理密植、科学施肥、病虫鼠害绿色防控及采收贮存等关键技术为主要内容的甜玉米绿色生态栽培技术规程；建立绿色生产技术体系；建立“申科甜 811”新

品种高产高效栽培种植基地，进行新品种绿色保优栽培技术的示范，以点带面，逐步影响辐射带动周边种植大户、合作社、家庭农场扩大种植面积，促进农民增收。

- **成果推广应用情况及在农业生产中的持续作用**

本项目以上海市金山区枫泾镇盛新村为重点，建立“申科甜 811”绿色生产示范点 1 个，完成试验示范种植 104 亩，进行超甜水果玉米新品种高效生产栽培技术示范。通过示范带动，辐射周边，以点带面，逐步影响周边种植大户、合作社、家庭农场。在金山区多家种植专业合作社进行优质鲜食甜玉米新品种“申科甜 811”的示范推广种植。推广种植总面积 1 500 多亩，每亩新增经济效益 500 元，为金山区鲜食甜玉米新品种、新技术推广及促进农民增收起到了重要作用。

¤ 植物新品种权

- **名称：**申科甜 811
- **公开号：**CNA20211002289

¤ 新品种审（认）定

- **名称：**申科甜 811
- **公开号：**国审玉 20233461

017 | 鲜食玉米新优品种制种与栽培技术研究与示范

- **主持及参加单位：**上海惠和南瓜种植专业合作社
- **参与人员：**李怀志、郑惠彪、李晓辉等

- **科研成果简介**

本项目围绕鲜食玉米产业链研究，以惠和合作社为制种研究、产品示范展示基地，从品种制种技术、栽培标准化和示范推广 3 个方面进行研究，聚焦制种、栽培、保鲜和品牌建设产业链环节，制定了高效制种、标准化栽培、鲜食玉米保鲜技术操作规程，发挥了西北制种基地的优势，在上海建立了标准化栽培基地、实现了良种良法配套，并辐射到长三角和其他主要产区。项目加强了玉米品牌建设，打造“三品一链”，即品种、品质、品牌和产业链，从而提升产品附加值。通过技术攻关和品牌营销模式的建立，使“和甜三号”“白美人”品种的科技成果得以大面积推广应用，创新的技术模式可复制、可推广，为全市鲜食玉米优质品种商业化提供典型案例。

- **成果推广应用情况及在农业生产中的持续作用**

本项目选育的“和甜三号”和“白美人”在全国多个省份推广种植，至 2024 年底示范推广种植面积超过 5 000 亩，提升了其商品性和市场竞争力。随着居民消费需求不断升级，人们对合理膳食、均衡营养、多样化的玉米鲜穗的要求越来越高，种植面积呈上升趋势。本项目产品实现了优质优价，助力上海鲜食玉米产业的可持续发展。

新品种审（认）定

- **名称：**和甜三号
- **公开号：**国审玉 20200517

- **名称：**白美人
- **公开号：**沪审玉 2021005

018 | 草菇分子育种关键技术研究及新品种选育

- **主持及参加单位：**上海市农业科学院、上海范顺食用菌专业合作社
- **参与人员：**赵妍、陈明杰、余昌霞等

- **科研成果简介**

本项目开发了利用草菇交配型基因来区分单孢或单核体的交配类型并鉴定杂交子的方法，逐步建立并优化以交配型基因为分子标记的辅助杂交育种技术体系；开展草菇杂交子的室内高效筛选平台研究，为草菇分子标记育种走出了切实可行的实践道路。项目共收集栽培和野生草菇种质资源 58 个，筛选获得高产菌株 3 个、特色野生种质资源 5 个；制定了草菇单孢杂交育种技术规程 1 个，并开展了 4 对草菇亲本菌株的分子标记杂交育种研究，获得 1 253 个可能的杂交子；建立了草菇杂交子真实性快速鉴定技术和耐低温特性评价技术室内高效筛选平台各 1 个；获得低温高产草菇“申兰 3 号”和低温耐储运草菇“申兰 4 号”新菌株 2 个。

- **成果推广应用情况及在农业生产中的持续作用**

本项目建立的分子标记育种技术已在真姬菇、羊肚菌、灰树花、大球盖菇等食用菌中得到应用。与此同时，“申兰”系列草菇已在山东齐河、山东冠县、安徽阜阳、安徽亳州、河北灵寿、陕西汉中、福建三明等地开展推广应用，为全国草菇产业发展做出重要贡献。

发明专利

- **名称：**草菇子实体中性蛋白酶提取纯化方法及其应用
- **公开号：**CN202111448386.9

- **名称：**从草菇子实体中提取纯化蛋白酶的方法
- **公开号：**CN202111473810.5

- **名称：** 草菇抗氧化肽及其应用
- **公开号：** ZL202310592946.0

- **名称：** 来源于草菇子实体的抗氧化肽及其应用
- **公开号：** ZL202310592903.2

- **名称：** 抗皮肤氧化损伤的草菇多肽及其应用
- **公开号：** ZL202310611164.7

- **名称：** 抗氧化肽及其在制备清除自由基药物中的应用
- **公开号：** ZL202310608343.5

- **名称：** 来源于草菇的抗皮肤氧化和抑制氧化应激的多肽及其应用
- **公开号：** ZL202310612247.8

019 | 工厂化食用菌优质种质创制与新品种示范

- **主持及参加单位：** 上海市农业科学院、上海联中食用菌专业合作社、上海国森生物科技有限公司、上海光明森源生物科技有限公司、上海雪榕生物科技股份有限公司
- **参与人员：** 尚晓冬、刘建雨、徐珍等

- **科研成果简介**

本项目针对我国工厂化生产金针菇、双孢蘑菇种质自主长期未突破这一难题，在开展新种质资源搜集、保护、鉴定工作的基础上，改良和创制新品种，建立配套栽培工艺，进行产业化、规模化示范，满足我国工厂化生产这两种食用菌用种需要。建立了金针菇中基于 CRISPR/Cas9 的基因敲除遗传改造技术体系；阐明了蓝光调控金针菇子实体整齐度与双孢蘑菇耐高温等重

要性状的遗传机制，获得相关重要优异等位基因资源。创制3 000余份工厂化栽培种质资源，选育出早熟的“上研A130”及高产的“X69”等金针菇新种质2个，并实现规模化生产应用。获得双孢蘑菇高产新组合“14C”，并申请植物新品种权。建立了双孢蘑菇菌株“W192”培养料隧道三次发酵技术和配套菇房管理、栽培工艺参数。

- **成果推广应用情况及在农业生产中的持续作用**

本项目实现了选育的金针菇新品种的生产性应用，其中“X18”在上海雪榕山东生产基地示范栽培达到6万瓶/天，替代率36%，平均单产455克/瓶；“X69”在山东生产基地应用达到22万瓶/天，平均单产541克/瓶；“上研A130”在光明森源河北基地示范栽培2.80万瓶/天，平均单产451克/瓶；在上海联中食用菌合作社完成自主双孢蘑菇菌株三次发酵培养料示范超过1.30万吨，占三次发酵料比例31%，其中“W192”0.80万吨、“申K6”1.26万吨，平均产量达28千克/米^2（未加添加剂）。

发明专利

- **名称：**一种快速筛选双孢蘑菇W192菌株的耐高温菌株的引物及方法
- **公开号：**ZL202011383787.6

- **名称：**一种金针菇蓝光受体蛋白Ffcry-DASH蛋白及其应用
- **公开号：**ZL202210466588.4

植物新品种权

- **名称：**金6168
- **公开号：**CNA20201005030

- **名称：**金7007
- **公开号：**CNA20201005032

- **名称：**金1767
- **公开号：**CNA20201005082

- **名称：**金3809
- **公开号：**CNA20201005883

- **名称：**金2641
- **公开号：**CNA20201005083

- **名称：**上研2号
- **公开号：**CNA20201003897

- **名称：**上研3号
- **公开号：**CNA20201004642

- **名称：**X69
- **公开号：**CNA20231003023

¤ 新品种审（认）定

- **名称：**上研 1820
- **公开号：**沪农品食用菌 2020 第 008 号

- **名称：**上研 A130
- **公开号：**沪农品食用菌 2022 第 002 号

- **名称：**申美 1 号
- **公开号：**沪农品食用菌 2020 第 005 号

020 | 香菇早熟、耐高温性状的全基因组选择育种

- **主持及参加单位：**上海市农业科学院、上海国森生物科技有限公司、上海星秀食用菌种植专业合作社
- **参与人员：**于海龙、谭琦、章炉军等

- **科研成果简介**

本项目围绕香菇产业的两大核心问题，针对现有香菇种质资源背景不清，育种周期长、效率低，集约化生产专用品种匮乏的问题，在表型和基因型二维研究空间，从种质资源评价、种质创新和种质应用三层级实施，通过种质资源全基因组鉴定、菌龄温型性状分子标记开发、分子标记辅助筛选等技术开发，选育出满足集约化生产需求的香菇新品种“沪香 F7”。构建了新品种配套的集约化生产技术体系，形成农业行业标准，获得了全国农业主推技术。

新品种及新技术在上海、山东、河南等地进行示范推广；提升了上海市在全国香菇产业中的影响力和上海香菇品种在国内市场的占有率；创新了我国香菇生产的新模式，引领了香菇产业转型升级。

成果推广应用情况及在农业生产中的持续作用

本项目获得的新品种“沪香 F7”在上海、山东、河南等地推广示范 1 205 万棒（袋）以上，创新的香菇集约化生产模式获得 2023 年农业农村部全国农业主推技术，并制定农业行业标准。目前该模式已经成为香菇的主要生产模式。项目通过线上和线下培训的方式举办培训班 4 次，累计培训 265 人次。项目的实施巩固了上海市在全国香菇领域的领先地位，促进了产业提质增效，经济和社会效益显著提升。

发明专利

- **名称：**一种香菇 CV108 菌株的 InDel 标记指纹图谱及其构建方法
- **公开号：**ZL202011568680.9

- **名称：**一种香菇 L135 菌株的 InDel 标记指纹图谱及其构建方法
- **公开号：**ZL202011567184.1

- **名称：**一种用于鉴定香菇同一菌株不同单核体交配型 A 的 InDel 分子标记及方法
- **公开号：**ZL202011567184.1

- **名称：**一种用于鉴定香菇同一菌株不同单核体交配型 B 的 InDel 分子标记及方法
- **公开号：**ZL202110638053.6

植物新品种权

- **名称：**沪香 F7
- **公开号：**CNA 20221009411

新品种审（认）定

- **名称：**沪香 F7
- **公开号：**沪农品食用菌 2020 第 007 号

软件著作权

- **名称：**香菇菌棒工厂化养菌环境监控系统
- **公开号：**2021SR0417100

标准

- **名称：**香菇菌棒集约化生产技术规程
- **公开号：**NY/T3627—2020

021 | 功能营养食药用菌挖掘

- **主持及参加单位：** 上海市农业科学院、上海交通大学、上海百信生物科技有限公司、华东理工大学、江苏神华药业有限公司、上海大山合菌物科技股份有限公司
- **参与人员：** 张劲松、杨焱、唐庆九等

- **科研成果简介**

本项目运用杂交育种、诱变育种与分子生物学辅助育种技术，针对灵芝、猴头菌、蛹虫草等食药用菌，分别选育出多糖、三萜、麦角甾醇、虫草素和N-羟乙基腺苷含量高的新品种5个。同时，利用代谢调控技术定向诱导合成高产灵芝三萜、猴头菌麦角甾醇和蛹虫草核苷类活性小分子成分的规模化发酵技术3项，获得高含量活性菌丝体原料。基于上述原料，优化功能成分规模化制备技术、生物活性及质控技术，成功研发出具有保护胃黏膜和调节免疫等功能性食品加工技术3项，开发灵芝保护肝损伤保健食品加工技术1项，并在企业实现生产示范。

- **成果推广应用情况及在农业生产中的持续作用**

本项目选育的“沪农芝8号”灵芝新品种，三萜含量提升100%，抗逆性强、产量高，生物转化效率达8.00%，易于管理，解决了高三萜灵芝品种短缺的问题。该品种在陕西推广124万袋，产值达610万元。选育的“沪涵2号”“沪涵3号”蛹虫草新品种分别在上海、广东江门等地进行中试和示范。所育新品种栽培技术成熟，为传统食药用菌品种升级换代提供新资源。项目建立的定向高产活性因子的规模化发酵技术已在江苏神华药业有限公司进行工厂化生产应用。通过建立的活性成分规模化制备技术，获得高品质食药用菌原料，研发出免疫调节、抗淀粉消化等健康食品，在上海百信生物、上海大山合等公司示范应用，其中猴头菇饼干已上市，取得良好经济效益。

¤ 发明专利

- **名称：**灵芝液体发酵胞外活性多糖的制备及其增强免疫用途方法
- **公开号：**CN110438180A

- **名称：**一种紫芝担孢子萌发培养基及紫芝担孢子的萌发方法
- **公开号：**CN109892169A

- **名称：**一种灵芝菌丝体固体发酵盒
- **公开号：**CN110029042A

- **名称：**一种阿拉伯糖醇的制备方法
- **公开号：**CN109336738A

- **名称：**一种液态深层发酵生产灵芝三萜的方法
- **公开号：**CN110172492A

- **名称：**一种猴头菌高产麦角甾醇优良菌株的选育方法及猴头菌株
- **公开号：**CN111690542A

- **名称：**一种猴头菌发酵菌丝体 β－葡聚糖及其制备方法和应用
- **公开号：**CN111704679A

- **名称：**一种提高猴头菌液体发酵菌丝体中麦角甾醇含量的方法
- **公开号：**CN112094882A

- **名称：**一种基于算法的大规模复方优化方法
- **公开号：**CN111635926A

- **名称：**一种液态发酵规模化生产灵芝三萜的方法
- **公开号：**CN113046407B

- **名称：**一种基于蒙特卡罗算法的回归建模方法
- **公开号：**CN113284550A

- **名称：**一种综合评价灵芝菌丝体抗氧化活性的方法
- **公开号：**CN113298381A

¤ 新品种审（认）定

- **名称：**沪涵 2 号
- **公开号：**沪农品认食用菌 2019 第 007 号

- **名称：**沪涵 3 号
- **公开号：**沪农品认食用菌 2019 第 008 号

- **名称：**沪农芝 7 号
- **公开号：**沪农品认食用菌 2020 第 002 号

· **名称：**沪农芝 8 号
· **公开号：**沪农品认食用菌 2020 第 003 号

022 | 食药用菌——蛹虫草定向优质菌种的开发及高效运用

- **主持及参加单位：**上海市农业科学院、中国科学院分子植物科学卓越创新中心
- **参与人员：**汪滢、邹根、高新华等

科研成果简介

本项目建立并完善了蛹虫草种间 SSR 差异分析系统，筛选出 30 对有效的 SSR 引物。通过蛹虫草退化性状检测技术分析了蛹虫草退化菌株和正常菌株的代谢差异，探索了蛹虫草退化的遗传规律。通过杂交育种及系统选育方法，选育出新品种 4 个。其中，“沪蛹 1 号”“沪蛹 2 号”和“沪蛹 3 号”不易退化，其生物学转化率都稳定大于 120%（盆栽）；“沪蛹 1 号”和“沪蛹 2 号”的粗多糖和腺苷含量均高于蛹虫草国标。发表论文 8 篇，其中 SCI 收录论文 3 篇；专利授权 2 项。推广新品种 156.5 万盆（瓶）。

成果推广应用情况及在农业生产中的持续作用

本项目围绕蛹虫草产业品种的稳定性和高值两大核心问题，在充分收集野生及栽培种的基础上，基于蛹虫草全基因组设计筛选出 30 对 SSR 引物，通过对收集的蛹虫草菌株的农艺性状统计，筛选产量高、活性物质含量高或栽培周期短的菌株，结合菌株间的遗传差异选择差异较大的菌株作为杂交亲本，分离单孢杂交配对得到超亲性状的杂交子代。在选育过程中，积累了丰富的选育和栽培经验。杂交品种“沪蛹 1 号”的原基期为 20 天，生长期为 53 天。连续制备菌种，没有出现退化现象，颜色金黄。相较于亲本 20‰的污染率，“沪蛹 1 号”的污染率小于 5‰；抗退化性状明显提高，菌种的稳定性好。目前分别在安

徽省百麓现代农业科技有限公司、徐州鸿宇农业科技有限公司、辽宁省灯塔市虫草合作社等地推广，累计推广新品种100多万盆（瓶）。

发明专利

- **名称：**一种蛹虫草菌株的复壮方法
- **公开号：**ZL202111326214.4

- **名称：**斜顶菌 QYL-10 的发酵液及其生产的生物添加剂和应用
- **公开号：**ZL202010711483.1

新品种审（认）定

- **名称：**沪蛹 1 号
- **公开号：**沪农品认食用菌 2018 第 011 号

- **名称：**沪蛹 2 号
- **公开号：**沪农品认食用菌 2019 第 004 号

- **名称：**沪蛹 3 号
- **公开号：**沪农品认食用菌 2019 第 005 号

- **名称：**沪蛹 4 号
- **公开号：**沪农品认食用菌 2019 第 006 号

023 珍稀食药用菌——羊肚菌稳产品种的选育及其分子辅助育种体系的建立

- **主持及参加单位：**上海市农业科学院、上海菇林源菌业专业合作社
- **参与人员：**张津京、陈辉、王倩等

- **科研成果简介**

本项目建立了基于羊肚菌同核体的分子标记辅助育种技术体系，获得了羊肚菌同核体280株、杂交菌株185株；构建了基于羊肚菌同核体交配型的种质资源库。同时，建立了基于羊肚菌高温适应性广、低温适应性强和采后保鲜3个性状为指标的优质羊肚菌筛选指标和优质新品种评价体系，加快羊肚菌新品种选育的进程。基于建立的新品种选育体系，选育获得产量稳定（100千克/亩）、温度适应性广（0～18℃）的新种质20个，其中系统选育品种“申羊3号”和杂交品种“申羊4号”获得了上海市非主要农作物品种认定。

- **成果推广应用情况及在农业生产中的持续作用**

本项目选育的 2 个羊肚菌新品种在上海示范栽培超 100 亩，平均产量 208 千克 / 亩；在青海示范栽培 14 亩，平均产量 256 千克 / 亩，为上海的羊肚菌产业发展奠定了种源基础。

发明专利

- **名称**：一种羊肚菌产量的预测方法
- **公开号**：CN202410278376.2

- **名称**：一种羊肚菌菌株菌丝活力判定的方法
- **公开号**：CN202410311695.9

- **名称**：一种筛选耐高温的羊肚菌杂交菌株的方法
- **公开号**：CN202410447216.6

- **名称**：一种筛选产量超亲羊肚菌杂交菌株的方法
- **公开号**：CN202410447218.5

- **名称**：一种羊肚菌纤维二糖水解酶的生产方法
- **公开号**：CN202410504648.6

新品种审（认）定

- **名称**：申羊 3 号
- **公开号**：沪农品认食用菌 2023 第 003 号

- **名称**：申羊 4 号
- **公开号**：沪农品认食用菌 2023 第 004 号

024 | 蔬菜全程绿色高效生产技术的集成示范

- **主持及参加单位：**上海市崇明区蔬菜科学技术推广站、上海市农业技术推广服务中心、上海市农业科学院、上海市崇明区农业质量安全中心、上海市崇明区中兴镇农业综合技术推广服务中心、上海静捷蔬菜专业合作社、上海汲浜经贸发展公司、上海乡风园果蔬专业合作社、上海崇明花菜研发中心、上海汤商大葱专业合作社、上海丰绿粮食专业合作社、上海万禾果蔬专业合作社
- **参与人员：**沙勤、李建勇、朱玉英等

- **科研成果简介**

本项目以蔬菜生产保护镇为实施区域，开展蔬菜绿色（有机）标准化生产，通过对产地环境监控、农业投入品监管、产品质量检测，开展土壤生态活化技术、秸秆无害化处理和资源化利用，以及减肥、减药、减工等技术集成，实现节本、提质、增收和增效绿色标准化生产。项目实现了6个核心示范基地良种全覆盖，全镇蔬菜保护区整建制良种覆盖率达96.5%；蔬菜面积绿色认证率达90.8%；开展绿叶蔬菜耕种机械化，绿叶蔬菜耕、种、收等主要田间操作环节综合机械化率达63.3%，减少人工成本32.2%；实现蔬菜主导品种每亩每茬化学肥料（纯量）用量和化学农药（纯药）用量下降30%以上；露地蔬菜年亩均产值增收20%以上，年亩均经济效益增收25%；设施菜地年亩均产值增收15%以上，年亩均经济效益增收20%以上；建立2个智能化产销管控基地。

- **成果推广应用情况及在农业生产中的持续作用**

本项目蔬菜绿色生产技术的集成示范应用，以绿色、高效、生态、安全为主线，实现蔬菜的健康生产，大大减少蔬菜生产对周边环境的影响；以蔬菜绿色标准化生产为基础，实现蔬菜的标准化生产、规模化种植、产业化经营和品牌化销售目标，并利用崇明绿色蔬菜区域品牌，通过品种结

构的不断调整，逐步优化品种结构，达到省工、节本、增效、增收目标，做强、做大、做实蔬菜产业，带动全区蔬菜产业的持续健康发展。

¤ 发明专利

- **名称：**蔬菜投入品一体化智能管控系统
- **公开号：**CN202011636578.8

025 | 都市生态型蔬菜绿色健康生产控制体系构建

- **主持及参加单位：**上海市闵行区农业技术服务中心、上海交通大学、上海市农业技术推广服务中心、上海市农业科学院
- **参与人员：**路凤琴、陆奕、刘杨等

- **科研成果简介**

本项目通过对以青菜和生菜为主的绿叶菜主栽品种筛选、绿色健康栽培技术、全程机械化专业化生产、区域品牌创建等方面的探索研究，总结形成都市生态型蔬菜绿色健康生产控制技术规程 1 套，创建区域性优质蔬菜公共品牌“闵鲜青蔬”。形成绿叶菜 + 番茄、绿叶菜 + 黄金瓜的高效茬口模式 2 种；集成有机肥增施替代化肥技术、土壤保育生物炭施用技术、蔬菜水肥一体化技术、蔬菜病虫害绿色防控技术、微生物肥增施增效技术、高温闷棚土壤消毒技术、ACT 植物活水器水质处理技术等新技术，达到土壤改良、减肥减药、生态环境保护、增收节本等效果。以绿叶菜为重点，全面推进耕、整地和直播环节的机械化生产，重点强化机械化移栽环节的示范，着力提升示范点绿叶菜机械化生产的综合能力，

形成主要绿叶菜（青菜、生菜）全程机械化生产的技术体系。

- **成果推广应用情况及在农业生产中的持续作用**

本项目通过蔬菜品种引、筛试验，筛选出适合周年生产的优质蔬菜品种，并在8家蔬菜产业联盟单位示范种植优质绿叶菜4 092亩次，集成高温闷棚消毒技术、微生物菌剂增施增效使用技术、生物炭改良技术、水肥一体化技术、病虫害绿色防控技术等主要生态技术。以3家示范基地为主，全区辐射推广应用绿色防控、施用微生物菌肥和新型肥料等生态技术9 489亩次，土壤有机质提升5%以上，化肥、农药分别减量30%以上。通过项目实施提升了闵行区蔬菜机械装备和技术水平，提质增产效果显著；依托区域品牌建设，促进产销融合，进一步提升农产品品牌区域效应，可提升企业经济效益5%以上。通过技术辐射和人员培训等，带动全区农业产业的发展，提高闵行区农业竞争力和农业生产的综合效益。

发明专利

- **名称：**不结球白菜（红明青菜）指纹图谱的建立方法
- **公开号：**CN202210252169.0

026 | 上海地区“双淡”保供蔬菜新优品种选育与示范推广

- **主持及参加单位：**上海市农业科学院、上海市农业技术推广服务中心、上海师范大学、上海申耕农业发展有限公司、上海瑞奇种业有限公司
- **参与人员：**李晓锋、朱红芳、朱玉英等

- **科研成果简介**

本项目针对上海地区7—9月和12月至次年2月蔬菜生产淡季的市场需求，开展以叶菜（青菜、生菜、菠菜、苋菜和芹菜）为主，以耐寒绿色松花菜、耐热耐寒黄瓜和耐热苦瓜为辅的种质鉴定、种质创

新与新品种培育及栽培技术研究，集成示范推广应用。创新种质鉴定筛选方法，获得在高温高湿或低温弱光条件下优异蔬菜新种质 12 份，培育以青菜“艳青”“海青 3 号”为代表的、适应上海地区夏淡季和冬淡季生产的蔬菜新品种 9 个。这些品种均获得登记或认定，并建立了与新品种相配套的绿色安全栽培技术，通过集成示范推广，满足了市民对“双淡”季蔬菜，尤其是叶菜类蔬菜的基本需求，丰富了“双淡”季蔬菜品种，提高了蔬菜供应量，提升了上海“双淡”季蔬菜的稳产保供能力。

- **成果推广应用情况及在农业生产中的持续作用**

本项目在上海市涉农区建立核心示范基地 9 个，新品种、新技术累计推广应用 32 218 亩次。目前，本项目培育的新品种已在全国 10 余个省份推广种植，进一步提升了上海蔬菜品牌的影响力，为全国蔬菜产业发展做出了重要贡献。

植物新品种权

- **名称：**艳青
- **公开号：**CNA20211005467

- **名称：**海青 3 号
- **公开号：**CNA20211005466

- **名称：**沪绿松 100
- **公开号：**CNA20221010334

- **名称：**青脆 2 号
- **公开号：**CNA20201006263

新品种审（认）定

- **名称：**艳青
- **公开号：**沪农品认蔬果 2021 第 017 号

- **名称：**海青 3 号
- **公开号：**沪农品认蔬果 2021 第 016 号

- **名称：**青脆 2 号
- **公开号：**沪农品认蔬果 2021 第 005 号

- **名称：**沪菠 10 号
- **公开号：**沪农品认蔬菜 2022 第 010 号

- **名称：**申选 7 号
- **公开号：**沪农品认蔬菜 2022 第 009 号

- **名称：**沪绿松 100
- **公开号：**沪农品认蔬菜 2022 第 014 号

- **名称：**黄心四月慢
- **公开号：**沪农品认蔬菜 2022 第 008 号

- **名称：**申苋 1 号
- **公开号：**沪农品认蔬菜 2022 第 012 号

- **名称：**长靓 1 号
- **公开号：**GPD 黄瓜（2021）310100

027 | 蔬菜绿色循环优质高效生产技术的示范与推广

- **主持及参加单位：**上海市农业科学院、上海市农业技术推广服务中心、上海市金山区廊下镇农业技术推广服务站、上海宣桥农业发展有限公司、上海交通大学、上海垄上信息技术有限公司
- **参与人员：**朱为民、牛庆良、张瑞明等

- **科研成果简介**

本项目致力于廊下、宣桥两个保护镇蔬菜产业的培育和品种结构优化，针对不同镇的特点，廊下镇主打生菜产业，着力推动番茄产业，提升产业竞争力，而宣桥镇则着重培育优质青菜品牌。通过土壤保育、废弃物资源化利用、绿色防控技术等绿色生产技术的集成示范，实现了资源循环利用和环境友好生产。同时，应用现代装备技术提升了蔬菜机械化生产水平和育苗水肥一体化技术，促进了农业生产的智能化和高效化。此外，通过培育优质品牌、提高订单农业比例等措施，优化了产销对接体系，为蔬菜产业的健康发展奠定了坚实基础。

- **成果推广应用情况及在农业生产中的持续作用**

本项目优化了保护镇的品种结构，强化主导产业，推动廊下生菜、番茄产业发展以及宣桥青菜产业尤其是以“艳青”为代表的青菜品种的示范推广。两个保护镇大力发展蔬菜生产全程机械化，为蔬菜产业升级奠定基础。在保护镇开展了土壤保育、绿色防控等技术应用推广，实现了废弃物100%资源化利用。构建了物联网云平台，可实时观测基地蔬菜生产现状。建立了“上海廊下”“金山味道”等蔬菜品牌，申报“廊下生菜”国家名特优新农产品名录。健全了产销衔接体系，推动两镇订单农业发展。

发明专利

- **名称**：一种抗番茄枯萎病和提高番茄产量的栽培方法
- **公开号**：ZL202111318342.4

实用新型专利

- **名称**：一种提升番茄品质的补光装置
- **公开号**：ZL202020332597.0

- **名称**：一种生菜制种大棚
- **公开号**：ZL202120562948.1

028 | 优质高效生菜新品种选育

- **主持及参加单位**：上海市农业生物基因中心、上海市农业科学院、上海交通大学、中国农业科学院都市农业研究所
- **参与人员**：魏仕伟、火国涛、葛国军等

- **科研成果简介**

本项目聚焦生菜种质资源的搜集、评价与创新利用，在全球范围内搜集生菜种质资源近3 000份，在全国范围内提供利用；系统地进行生菜种质资源的精准鉴定，挖掘出多酚合成代谢的相关基因，阐明多酚与温度逆境的调控机制，解析了生菜木樨草素对乙肝病毒的抑制机理，研制了生菜新品种测试指南；获得国内首个生菜新品种保护权，并集成优质高效生菜栽培技术，在生产上大面积推广。项目发表论文19篇（单篇论文被引用次数达到53次），获得发明专利2项、国内首个生菜新品种权1项，认定新品种1个，新品种和新栽培技术推广7 000余亩，产值5 000余万元。

- **成果推广应用情况及在农业生产中的持续作用**

本项目先后选育生菜新品种4个，其中“浩农1号”“沪芊”和“缤纷3号”占据了上海市生菜生产主要合作社30%以上的份额，为上海市绿叶菜的保供和乡村振兴做出了重要贡献。同时，新品种还在云南、福建和河北等地实现了规模化推广，年推广面积3万余亩，有力地促进了中国生菜产业的提质增效。

发明专利

- **名称：**一种通过组织培养获得生菜单倍体植株的方法
- **公开号：**ZL202111383541.3

植物新品种权

- **名称：**碧霄
- **公开号：**CNA20191001344

新品种审（认）定

- **名称：**浩农1号
- **公开号：**沪农品认蔬果2021第22号

- **名称：**缤纷3号
- **公开号：**沪农品认蔬菜2023第002号

- **名称：**沪芊
- **公开号：**沪农品认蔬菜2023第001号

- **名称：**红珊瑚
- **公开号：**沪农品认蔬果2021第23号

029 | 菠菜草酸连锁标记的挖掘及分子育种

- **主持及参加单位：**上海师范大学、上海瑞奇种业有限公司、上海市农业技术推广服务中心
- **参与人员：**王全华、徐晨曦、蔡晓锋等

- **科研成果简介**

本项目针对菠菜育种中基因组信息缺乏，草酸连锁的分子标记少，缺少优质、抗病、低草酸含量的品种等制约我国菠菜产业发展的瓶颈问题，通过对480份菠菜种质资源的草酸含量进行分析，构建了菠菜种质资源草酸多样性的评价体系，筛选出低草酸含量菠菜种质资源78份，其中抗霜霉病材料3份；利用现有优良自交系创制低草酸含量的优良菠菜自交系材料12份；解析了菠菜染色体级别基因组信息，创建了首个菠菜基因组数据库平台，利用全基因组关联分析挖掘出草酸代谢关键候选基因16个和显著关联的SNP位点11个，开发了分子标记5个；选育出优质低草酸含量的菠菜新品种1个，并示范推广6 731.45亩次。项目成果有力地推动我国菠菜的分子育种水平，具有重要的意义。

- **成果推广应用情况及在农业生产中的持续作用**

本项目选育出的菠菜新品种已在10余个省份进行推广，累计推广6 731.45亩次，每亩增加收入539.55元。此外，选育的菠菜新品种兼顾霜霉病抗性，可以有效降低化学农药的使用量，对于菠菜的绿色生产及食品安全具有重要意义。

新品种审（认）定

- **名称：**沪菠7号
- **公开号：**沪农品认蔬果2019第006号

030 | 优质抗病菠菜新品种示范推广与高效栽培技术研究

- **主持及参加单位：**上海百蒂凯蔬果种植专业合作社、上海师范大学
- **参与人员：**欧普国、蔡晓锋、王全华等

• 科研成果简介

本项目针对菠菜生产中抗霜霉病品种匮乏、菠菜生产用种对国外种子公司的依赖等问题，以上海师范大学近年来自主选育获得的优质、耐热、抗霜霉病菠菜杂交新品种“沪菠5号”和“沪菠7号”为核心，采取“科研单位+企业+农户”的产业化经营模式，实现品种选育、繁种供种、绿色安全栽培技术一体化联合模式，形成了上海地区菠菜夏季设施栽培关键技术和菠菜高效周年栽培技术，并在此基础上制定了菠菜高效、绿色栽培技术操作规程。研究确立了菠菜杂交种制种技术，明确了亲本和杂交种制种父本播种时间在10月中下旬最佳，且以幼苗越冬进行繁种。

• 成果推广应用情况及在农业生产中的持续作用

本项目在嘉定区安亭镇向阳村建立生产示范基地1个，累计推广面积达到3 525亩次。在云南崇明天茂、河北沽源县燕明种植专业合作社和浩达种植专业合作社采用绿色生产、夏秋提前种植和越冬栽培等技术，共推广种植面积960亩，累计推广种植面积达3 000亩次，较同时期种植其他绿叶菜的亩产值高出150元（河北）和500元（云南），4年共计为农户新增产值87万元，帮助农民增收致富，获得当地农民的一致好评。此外，由于品种抗病，减少了农药的使用，每亩节省农药开支45元（河北）和64元（云南），共节约开支15.78万元。同时，有效地保护了生态环境，有利于农业的可持续发展。

发明专利

- **名称：**一种引物、检测试剂、试剂盒以及霜霉病菌的检测方法
- **公开号：**CN202310059172.5

031 | 青扁豆周年智能化生产技术开发与集成

- **主持及参加单位：**上海交通大学、上海红刚青扁豆生产专业合作社、上海农业信息有限公司
- **参与人员：**姚陆铭、王黎娜、姚俊等

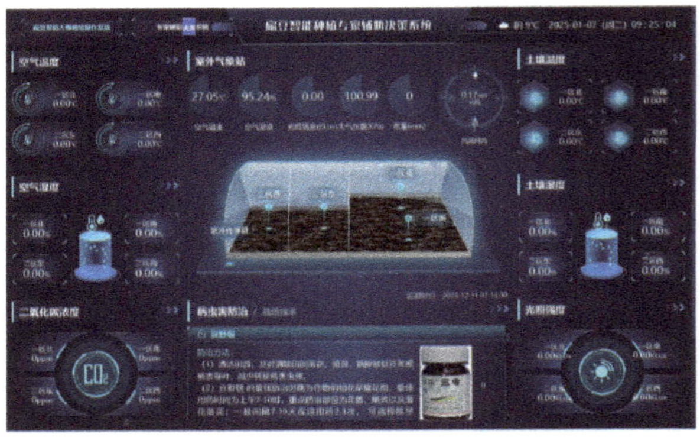

- **科研成果简介**

本项目针对青扁豆产业的周年智能化生产需求，综合运用遗传育种、智能控制、农业信息技术等多学科的原理与方法，构建了优质青扁豆新品种选育及智能化周年生产管理的三维研究体系。项目从种质资源鉴定、新品种选育、栽培技术标准化到智能种植专家系统开发，实现了青扁豆周年生产的全链条技术创新。成功选育出耐低温、耐高温的优质青扁豆新品种，制定了周年绿色生产技术操作规程，开发了扁豆智能种植专家辅助决策系统，显著提升了青扁豆的生产效率与产品质量。

- **成果推广应用情况及在农业生产中的持续作用**

本项目至2024年累计示范智能大棚栽培模式52亩次，新品种及新技术累计示范面积580亩次。智能化生产技术的推广应用，使得扁豆生产更加精准、高效，降低了生产成本，提升了农民的经济收益。同时，通过使用扁豆智能种植专家辅助决策系统，有效预防和控制了病虫害的发生，减少了农药使用量，促进了农业可持续发展。这些成果的推广应用，不仅增强了我

交扁101

交扁102

交扁103

国扁豆产业的竞争力，也为全球扁豆产业 的技术创新提供了参考。

发明专利

- **名称：** 一种基于扁豆基因组开发的 SSR 标记库及应用
- **公开号：** CN202310546180.2

- **名称：** 一种利用提高扁豆干旱抗性的基因构建抗旱扁豆株系的方法
- **公开号：** CN202211334770.0

软件著作权

- **名称：** 扁豆智能种植专家辅助决策系统
- **公开号：** 2023SR1276353

- **名称：** 青扁豆智能大棚栽培操作系统
- **公开号：** 2024R11L0752821

新品种审（认）定

- **名称：** 交扁 101
- **公开号：** 沪农品认蔬菜 2022 第 024 号

- **名称：** 交扁 102
- **公开号：** 沪农品认蔬菜 2022 第 025 号

- **名称：** 交扁 103
- **公开号：** 沪农品认蔬菜 2022 第 026 号

032 | 嘉定白蚕豆优良种质资源收集评价与提纯复壮技术研究

- **主持及参加单位：** 上海市嘉定区农业技术推广服务中心、上海惠和种业有限公司、上海市农业生物基因中心
- **参与人员：** 邹丹蓉、陈珏、石晗等

- **科研成果简介**

本项目建立了 13 亩蚕豆种质资源圃，收集整理各地蚕豆种质资源共计 304 份，通过鉴定保存 202 份，筛选出嘉定白蚕豆优良品系 7 份，其中 1 份分枝性强、种皮绿白色、种脐白色、百粒鲜重 253.6 克、百粒干重 149.3 克、口感粉糯；其他地方品种资源优良品系 7 个，非“三白”本地蚕豆株系 6 个。明确得出日本大白蚕豆与嘉定白蚕豆亲缘关系接近，共筛选到 64 个 SNP

位点，构建了1个具有254份种质资源的区分蚕豆亲缘关系的遗传图谱。

- **成果推广应用情况及在农业生产中的持续作用**

本项目实施期间，在嘉定区、青浦区共栽培150亩。通过对嘉定白蚕豆进行春化处理，可将蚕豆上市日期提早50天。春化处理的鲜荚蚕豆亩产值达9 152元，较未春化处理的鲜荚蚕豆经济效益增加41.34%，经济效益增加显著。该种质资源于2024年入选全国优异种质资源。

发明专利

- **名称：**鉴定嘉定蚕豆地方资源的分子标记体系及其应用
- **公开号：**CN202410815725.X

植物新品种权

- **名称：**嘉白一号
- **公开号：**CNA20231009843

- **名称：**嘉白二号
- **公开号：**CNA20231009842

- **名称：**嘉白三号
- **公开号：**CNA20231009892

033 | 优质高抗灰霉病番茄新品种的培育

- **主持及参加单位：** 华东师范大学、上海兆茗农业专业合作社
- **参与人员：** 姜伊娜、王双双、秦明辉等

- **科研成果简介**

本项目针对我国番茄种质资源相对匮乏、遗传资源狭窄，以及番茄灰霉病影响严重、无可利用抗性栽培资源等痛点，利用矮化品种 Micro-Tom 作为番茄育种新底盘，完成 Micro-Tom 高质量基因组测序，并进行 SSR 分子标记检测技术体系开发。建立了 M_2 代单株数量＞ 2 万株的番茄 MT 高密度突变体资源库，从中鉴定获得番茄高抗灰霉病种质资源 8 份。综合运用商品性状、灰霉菌抗性表型、分子标记联合分析等方法，以 MT 诱变高抗灰霉病突变体 18M-716 与栽培品种 SH1 进行系统选育，培育番茄高抗灰霉病优质新品种“大夏 1 号”并申请新品种登记；与杂交亲本材料 SH1 相比，新品种的田间整体发病率降低 5.25%。此外，本项目发表 SCI 论文 3 篇，申请国家发明专利 3 项。

- **成果推广应用情况及在农业生产中的持续作用**

本项目在上海市闵行区、嘉定区等郊区建立试种示范基地 5 个，品种累计示范

推广 121 亩。实行科研与应用相结合，以科研促生产、生产带动科研，从而实现科研成果的顺利转化。整个项目聚焦特色种源农业，创新提出利用矮化番茄为育种新底盘的集约化育种概念，实现“新种质创制－新基因鉴定－新品种申请”的番茄快速精准育种技术体系，创建具有我国自主知识产权的高科技、高精度、智能化的种源创新与健康绿色生态农业生产模式。

发明专利

- **名称：**番茄雄性不育基因 *SlABCG26* 及其应用
- **公开号：**CN118086328A

- **名称：**一种月桂酸甲酯在增强番茄植株抗旱性中的应用
- **公开号：**CN118000203A

- **名称：**加州月桂树 *UcFatB* 基因的 DNA 密码子优化序列在改善植物抗旱性上的应用
- **公开号：**CN116376958A

034 | 优质、特色番茄和茄子分子育种体系的建立及新品种选育

- **主持及参加单位：**上海交通大学、上海富农种业有限公司、上海申耕农业发展有限公司、上海乾德种业有限公司
- **参与人员：**刘杨、陈火英、邰连赛等

- **科研成果简介**

本项目针对种业“卡脖子”问题，通过基础研究推动成果转化，逐步形成“机理探究－优异基因挖掘－育种技术创新－优质、抗病、抗逆新品种培育－配套栽培技术培训－多地示范推广”的产学研技术体系，攻克产业化技术瓶颈，实现产业提质增效。通过不断探索，建立了番茄、茄

子基因编辑技术，开发了茄子耐弱光分子标记，优化了番茄、茄子分子育种技术体系，创制了优质新种质40余份，培育了番茄和茄子新品种各1个。番茄新品种“浦粉500”与对照“浦粉一号”相比，抗黄化曲叶病毒病、灰叶斑病和根结线虫病，产量提高20%以上，获得国家非主要农作物品种登记；茄子新品种“迎鑫1号”，品质、着色性和抗病性等指标优于对照“艳丽长”，产量提高10.55%，获得上海市非主要农作物品种认定；形成了相应的配套优良栽培技术。

- **成果推广应用情况及在农业生产中的持续作用**

本项目在上海及周边地区共推广“浦粉500”和“迎鑫1号”新品种面积2 000余亩。项目组将继续优化茄果类蔬菜高效分子育种技术体系，利用搭建的育种平台为蔬菜种子企业服务，实现科研成果的高效转化，科研促进生产、生产带动科研，进一步提升上海茄果类蔬菜在全国的影响力和行业竞争力，助力上海种源农业高质量发展。

新品种审（认）定

- **名称：**浦粉 500
- **公开号：**GPD 番茄（2022）310118

- **名称：**迎鑫 1 号
- **公开号：**沪农品认蔬果 2021 第 004

035 | 优质青皮茄子新品种绿色生产技术集成示范

- **主持及参加单位：**上海乡风园果蔬专业合作社、上海市农业科学院
- **参与人员：**刘锦逵、张爱冬、查丁石等

- **科研成果简介**

本项目利用上海市农业科学院选育的具有自主知识产权的青皮茄子新品种“绿秀丽”“绿麒麟”在上海建立示范基地4个，并向江苏省南通市、云南省临沧市及山东兰陵地区辐射推广。建立青茄+茼蒿、米苋+青茄2个茬口模式，并建立优质安全高效栽培技术体系，使优质商品果率达88.9%以上。市场销售方面对接盒马鲜生超市，打造上海乡风园果蔬专业合作社“崇明青茄子”品牌。在示范推广过程中，进行新品种、新技术培训，累计达160人次。本项目的实施充分发挥新品种的潜能，建立高品质规模化特色示范基地，为上海建设具有全球影响力的科技创新中心、实现乡村振兴提供支撑。

- **成果推广应用情况及在农业生产中的持续作用**

本项目针对选育出的青茄新品种，建立示范基地4个，分别为上海市乡风园果蔬专业合作社、上海佳贤农业专业合作社、上海思瑶蔬菜专业合作社、上海百蒂凯农业科技有限公司，累计示范面积136亩次。在江苏省南通市、云南省临沧市、上海市及山东兰陵地区辐射推广，辐射带动面积1 530余亩次。本项目完成后，基地青茄通过绿色认证，按照产量4 000千克/亩、产值12 000元/亩计算，示范推广1 000亩次，年总产值达1 200万元。

软件著作权

- **名称：**茄子农药残留检测管理系统 V1.0
- **公开号：**2022SR1024973

036 | 黄瓜白粉病抗性基因挖掘与华南型新品种选育

- **主持及参加单位：**上海交通大学、上海惠和种业有限公司
- **参与人员：**王刚、何欢乐、蔡润等

- **科研成果简介**

本项目围绕国产华南型黄瓜品种抗病性不强、品种更新慢的问题，筛选出优质、高产的华南型黄瓜和白粉病抗病材料33份，并挖掘了一个新的黄瓜白粉病抗病基因*CsPM5.2*。利用与白粉病抗病基因*CsPM5.1*和*CsPM5.2*完全连锁的分子标记，通过现代分子聚合育种技术，育成了优质、高抗白粉病的华南型黄瓜新品种“申杂七号”和“申杂八号”。总结了一套适合“申杂七号”和“申杂八号”的高产栽培技术，做到良种良法配套。构建了用于“申杂七号”

和“申杂八号”品种权保护的DNA指纹图谱。“申杂七号”和“申杂八号”的育成改变了上海华南型黄瓜白粉病抗性差、不适合高温高湿条件种植的局面，为上海夏季蔬菜保供做出了重要贡献。

- **成果推广应用情况及在农业生产中的持续作用**

本项目育成两个抗白粉病黄瓜品种“申杂七号”和“申杂八号”，种植表现高产、抗病、口感香甜脆嫩，计划用于更新“宝杨”系列黄瓜品种，并与宝山当地从事黄瓜销售的农业公司和配送公司一起组成“新宝杨”黄瓜产业联盟，以本项目培育的黄瓜品种为核心，形成育种、推广、销售三位一体的产业链条，推进这两个品种的产业化。2024年在江西抚州、江苏阜宁、山东寿光等地合计种植500多亩，2025年计划种植2 000多亩。

发明专利

- **名称：**与黄瓜白粉病抗病和感病主效基因共分离的InDel分子标记及其应用
- **公开号：**ZL202111338138.9

- **名称：**与黄瓜果实长短基因共分离的dCAPs分子标记及其应用
- **公开号：**ZL202210936769.9

- **名称：**与黄瓜温度不敏感型下胚轴基因共分离的Indel分子标记及其应用
- **公开号：**ZL202210936763.1

植物新品种权

- **名称：**申杂七号
- **公开号：**CNA20221008475

· **名称：**申杂八号
· **公开号：**CNA20231000846

037 | 优质、抗病特色瓜类蔬菜新品种选育及绿色高效生产技术集成与示范

- **主持及参加单位：**上海市农业科学院、上海富农种业有限公司、上海市农业技术推广服务中心
- **参与人员：**张红梅、马坤、刘娜等

科研成果简介

本项目针对上海都市绿色农业发展要求，以及对调整本市瓜类蔬菜品种结构、增加优质特色瓜类蔬菜品种种植比例的需求，开展了特色瓜类蔬菜种质资源收集、鉴定和评价，创制出了富含营养或功能成分、抗白粉病、具有较强适应性的特色瓜类蔬菜新种质，选育出了适宜上海地区种植的优质特色瓜类蔬菜新品种。建立了与新品种配套的绿色高效栽培技术，形成了与绿叶蔬菜合理轮茬的高效茬口模式，建立了特色瓜类蔬菜新品种示范基地。将新品种、新技术在上海郊区农业合作社进行集成示范和推广应用，满足了市民对“新、奇、特”，以及营养、健康、安全农产品的需求，丰富了上海市民的菜篮子。

成果推广应用情况及在农业生产中的持续作用

本项目选育的优质特色瓜类蔬菜品种属于“新、奇、特”产品，适应现代农业的发展需求，可以增加上海地区春淡和夏淡蔬菜的花色品种种类，丰富和改善郊区合作社、采摘园等的蔬菜种植结构，再加上建立的与绿叶菜合理轮茬的周年高效茬口生产模式，可以实现土地的高效利用，提高合作社和种植户的经济效益。截至2024年，本项目选育的新品种及配套栽培技术示范推广达1 200亩次，瓠瓜新品种

“碧喜 1 号”实现成果转化，转化金额 25 万元。

实用新型专利

- **名称：**一种南瓜花粉采集和储藏的容器
- **公开号：**ZL202222295295.2

新品种审（认）定

- **名称：**玉美人
- **公开号：**沪农品认蔬果 2021 第 006 号

- **名称：**灰贝 1 号
- **公开号：**沪农品认蔬菜 2022 第 021 号

- **名称：**菲绿达 1 号
- **公开号：**沪农品认蔬果 2021 第 007 号

- **名称：**碧喜 1 号
- **公开号：**沪农品认蔬果 2023 第 012 号

038 | 优质抗病西甜瓜新品种选育及配套绿色高效栽培技术集成与应用

- **主持及参加单位：**上海市农业科学院
- **参与人员：**张永平、顾卫红、李菊芬等

科研成果简介

本项目创建了西瓜枯萎病和蔓枯病、甜瓜白粉病和蔓枯病大棚病圃自然逆境胁迫“苗期→成株期”复合抗病性鉴定选择技术，借助分子标记手段，创制富含番茄红素的西瓜、富含 β－胡萝卜素的甜瓜且复合抗病兼具优质和高配合力的新种质 14 份，选育出适合上海及长三角地区设施栽培的优质抗病网纹甜瓜新品种“科红蜜一号”“明珠 5 号”和西瓜新品种“申蜜五号”；建立了配套的绿色、安全、高效栽培技术体系，并进行示范推广。

成果推广应用情况及在农业生产中的持续作用

本项目育成的优质、抗病抗逆西瓜新品种“申蜜五号”具有在南方早春多阴雨弱光照天气下坐果能力强、抗西瓜枯萎病兼抗西瓜蔓枯病、品质优、丰产潜力大等优势，适合我国长三角地区春播早熟设施栽培，对缓解我国西瓜主产区连作障碍具有一定的促进作用；选育的甜瓜品种“科红蜜一号”橙肉网纹甜瓜，抗病性强，目前

在上海、山东、内蒙古和广西等地进行示范推广应用；“明珠5号”属于白皮白肉甜瓜，抗病、抗逆、优质，目前在上海、山东、浙江和江苏等地进行示范推广。截至目前，3个品种共计推广面积约为2 300亩。

发明专利

- **名称：**一种提高厚皮甜瓜坐果率的授粉方法
- **公开号：**ZL202111188189.8

软件著作权

- **名称：**甜瓜病虫害施药方案管理系统V1.0
- **公开号：**2022SR0981424

植物新品种权

- **名称：**科红蜜一号
- **公开号：**CNA20221000629

- **名称：**明珠5号
- **公开号：**CNA20231007230

- **名称：**申蜜五号
- **公开号：**CNA20231012051

新品种审（认）定

- **名称：**科红蜜一号

- **公开号：**GPD 甜瓜（2024）310014
- **名称：**明珠 5 号
- **公开号：**GPD 甜瓜（2024）310257

039 | 优质多抗甜瓜新品种配套绿色高效栽培技术集成及示范推广

- **主持及参加单位：**上海华耘种业集团有限公司
- **参与人员：**徐永平、曹燕燕、张永平等

- **科研成果简介**

本项目的实施保证了甜瓜新品种的安全，形成了高效的配套栽培和良种繁育技术操作规程。通过示范基地的种植示范，提高了新品种的产量和品质，节约了成本，使种植户的经济收入得到提高，从而推动设施甜瓜生产的产业化、规模化及品牌化。通过完善新品种的良繁体系，建立了稳定的良繁基地，为甜瓜生产提供优质新品种种子，加速了新品种的推广。

- **成果推广应用情况及在农业生产中的持续作用**

本项目提供的两个甜瓜品种，具有多抗、优质的特性，综合性状达到甚至超过了国内外同类产品，结合配套高效栽培技术的研究，减少农药和化肥的使用量。在国内的甜瓜主要产区，把甜瓜的种植作为农业产业结构调整中的主要经济作物。在

示范基地进行技术培训后提高了种植户的种植水平，带动了当地高效农业的快速发展。

发明专利

- **名称：**一种促进甜瓜糖分积累的肥料及施肥方法
- **公开号：**ZL202211263916.7

040 | 葡萄产业提质增效关键技术的研究示范

- **主持及参加单位：**上海市嘉定区农业技术推广服务中心、上海市农业技术推广服务中心、上海葡冠生态农业有限公司、上海市嘉定区马陆镇农业服务中心、上海马陆葡萄研究所、上海市农业广播电视学校、上海林享信息科技有限公司、上海市农业科学院、上海交通大学、上海农家苑葡萄有限公司
- **参与人员：**程秋华、张晋盼、王秀敏等

科研成果简介

本项目引进葡萄新品种 18 个，示范面积共计 357 亩；通过 3 个水肥一体化示范基地的建设，定制了一批水溶肥并开展研究；集成示范水肥一体化技术和病虫害绿色防控核心技术，面积达 580 亩；制定巨峰、阳光玫瑰葡萄产品标准，通过品种展示宣传、现场会、专家研讨、品牌宣传等形式，把嘉定葡萄区域特色品牌团体标准辐射到市郊其他区，带动市郊葡萄产业发展；组织培训 25 次，培训总人数 1 044 人次，推进嘉定葡萄绿色食品认证水平提升。

成果推广应用情况及在农业生产中的持续作用

本项目集成示范葡萄新品种引进、水肥一体化追肥、病虫害绿色防控技术以及嘉定地域品牌产品标准，形成上海地产果品提质增效、转型升级的生动案例。这种

日光红

京蜜

蜜光

早夏无核

妮娜皇后

阳光玫瑰

阳光乙女

金田美指

融合了品种、技术、品牌的产业扶持模式将在整个郊区果业乃至南方葡萄产业中具有广泛的市场前景。此外，通过集成示范加培训推广的模式，不仅让葡萄种植户看得到，更能跟着做、跟着进步；不仅提高了葡萄品质，更提高了农民的科技种植水平。在生态效益方面，通过项目的实施，达到了降低化学农药、肥料的使用量，减少了面源污染，具有极大的生态效益。

发明专利

- **名称：**葡萄水肥一体化营养液及其施肥方法
- **公开号：**CN202210253417.3

实用新型专利

- **名称：**一种葡萄避雨棚支架
- **公开号：**ZL202022359569.0

- **名称：**一种葡萄种植支架
- **公开号：**ZL202022339677.1

软件著作权

- **名称：**果园土壤墒情数据采集监测系统 V1.0
- **公开号：**2021SR0267530

- **名称：**葡萄病虫害监测及预警管理系统 V1.0
- **公开号：**2021SR0267511

标准

- **名称：**绿色食品　马陆葡萄生产技术规范
- **公开号：**T/SHMLPT001—2021

041 | 葡萄高温胁迫相关 miRNA 与种质资源的关联分析及耐热品种选育

- **主持及参加单位：**上海交通大学、上海市农业科学院
- **参与人员：**马超、查倩、和雅妮等

- **科研成果简介**

本项目通过大量收集葡萄种质资源（525 份），从中筛选葡萄耐热种质资源 25 份；利用核心种质与优质品种杂交获得杂交群体，然后从中筛选耐热优系。同时，利用 miRNA 高通量测序方式筛选出高温胁迫相关核心 miRNA 共 5 个，开发了基于 miRNA-SSR 耐热性鉴定的分子标记，形成基于 miRNA 的葡萄耐高温育种技术规程 1 份。利用核心种质与优质品种杂交获得 4 个耐热优质葡萄杂交群体，并筛选出耐热优系 10 份。本项目申请葡萄新品种权 2 项，发表 SCI 论文 7 篇，申请发明专利 1 项。

- **成果推广应用情况及在农业生产中的持续作用**

本项目育成的葡萄新品种“申园”和“申霞”已在上海施泉葡萄合作社和上海平棋葡萄种植专业合作社进行种植。基于 miRNA 的研究开发了 miRNA-SSR 耐热性鉴定的分子标记，并进行了 40 份种质资源的耐热性鉴定；形成耐热优质葡萄高效杂交育种技术规程。耐热种质资源圃的建立能够为葡萄耐热品质的选育和杂交育种奠定一定的基础。同时，本项目鉴定的热胁迫相关 miRNA 体系及相关耐热性鉴定方法，不仅可以应用在葡萄产业领域，而且对其他果树产业生产中解决高温胁迫问题具有一定的借鉴作用和指导意义。这一技术具有良好的推广价值，对我国农业（果树）耐热种质资源的选育具有积极的推动作用。

发明专利

- **名称：**miRNA-SSR 分子标记引物在葡萄耐热性鉴定方面的应用
- **公开号：**CN202210684058.7

植物新品种权

- **名称：**申园
- **公开号：**CNA20211004371

- **名称：**申霞
- **公开号：**CNA20221007099

042 | 多功能兼用优质圆叶葡萄新品种选育

- **主持及参加单位：**上海交通大学
- **参与人员：**卢江、傅佩宁、高宇等

- **科研成果简介**

本项目围绕本市主栽葡萄品种抗性弱、结构单一的产业难题，聚焦葡萄主要病虫害和品质核心指标，综合利用遗传学、食品化学、园艺学等多种技术手段，从资源收集、种质创制到种植技术研发等层面实施。在大量筛选的基础上，针对亲本筛选、优株选择和栽培技术攻关三大关键方向，进行了原创性研发和集成创新应用。选定核心杂交亲本，构建多类型杂交群体，选育出“南洋 1 号”和“龙珠”两个在上海及周边地区均表现为抗病、优质的新品种，改变了我国南方地区长期以来葡萄无法露天栽培的产业难题；集成轻简化栽培关键技术 1 套，良种配良法极大地改善了上海甚至我国大部分地区缺乏抗病、优质葡萄新品种的局面，提升了上海在全国葡萄产业的影响力。

- **成果推广应用情况及在农业生产中的持续作用**

本项目选育的“南洋 1 号”和“龙珠”葡萄品种已在国内 10 多个省（自治区和直辖市）推广区试，总体表现优秀。同时，开发的轻简化栽培技术推广使用面积超过 1.1 万亩，累计创造经济价值超过 4 000 万元。新品种的研发和新型栽培技术的推广为我国葡萄产业长期、快速、高质量发展做出了重要贡献。

¤ 发明专利

- **名称：**一种应用圆叶葡萄提升传统葡萄酒陈酿潜力的方法
- **公开号：**CN117946828A

- **名称：**一种应用圆叶葡萄酒中提取物质提升葡萄酒香气品质的方法
- **公开号：**CN117801901A

- **名称：**一种葡萄霜霉病抗性相关的 QTL 位点的 SNP 分子标记及其应用
- **公开号：**CN114395637A

¤ 实用新型专利

- **名称：**一种手持式葡萄采摘悬挂接收装置
- **公开号：**CN202223349053.3

- **名称：**一种适用于不同类型果穗葡萄的外包装
- **公开号：**CN202222108246.3

¤ 软件著作权

- **名称：**基于果粒大小和颜色的圆叶葡萄果品等级评价软件 V1.0
- **公开号：**软著登字第 10027598 号

- **名称：**基于图像识别的葡萄霜霉菌孢子囊自动计数系统 V1.0
- **公开号：**软著登字第 10090778 号

- **名称：**基于图像识别的葡萄霜霉病抗性等级离体鉴定自动识别软件 V1.0
- **公开号：**软著登字第 10162945 号

- **名称：**基于温度和空气湿度的葡萄园霜霉病发生预警系统 V1.0
- **公开号：**软著登字第 10249972 号

¤ 新品种审（认）定

- **名称：**南洋 1 号
- **公开号：**沪 S-SV-MR-006-2021

- **名称：**龙珠
- **公开号：**沪 R-SV-MR-003-2021

- **名称：**威尔德
- **公开号：**沪 R-ETS-MR-002-2021

043 | 奉贤黄桃产业提升关键技术研究与集成示范

- **主持及参加单位：**上海市农业科学院、上海市农业技术推广服务中心、上海市奉贤区农业技术推广中心、奉贤区青村镇农业技术推广服务中心、上海市奉贤黄桃业协会、上海桃源里城镇建设有限公司、上海锦香桃业种植专业合作社、上海贤佑农业专业合作社、上海岱柏农产品产销专业合作社、上海贤风农产品产销专业合作社、上海龙欣果蔬种植专业合作社
- **参与人员：**叶正文、吴淑杭、杜纪红等

- **科研成果简介**

本项目针对奉贤黄桃“树老、地老、人老”等现状，以品种结构优化、果品绿色优质、土壤健康、节本增效及产业升级换代为主要目标，选育出熟期配套新品种“锦辉”和“锦冠”，延长了鲜食黄桃市场供应期；研发出适合机械化操作的新型栽培模式及配套的省力化栽培技术、桃园再植障碍因子消除及土壤修复技术、主栽品种专用肥配方、平衡施肥等土壤保育和主要病虫害绿色防控技术；制定了奉贤黄桃无损分级标准，研发了黄桃贮藏保鲜、绿色流通及货架品质保持技术；开展了果实质量监控、品牌提升与经营策略工作，培育了新型经营主体5个和区域特色品牌3个。

- **成果推广应用情况及在农业生产中的持续作用**

本项目研究出的省力化栽培模式，改善了传统黄桃种植模式，可早期投产，果品优质率高，农药使用量少，达到标准化果品生产的要求，增加果园的经济效益。在奉贤黄桃主产区，依托新型经营主体建立了5个核心示范基地，集成示范新品种、新模式和产业提升关键技术，并向周边产区辐射推广，稳步推进奉贤黄桃产业提质增效工程，促进了上海地区果树产业的快速发展。

植物新品种权

- **名称：**锦辉
- **公开号：**CNA20221009825

- **名称：**锦冠
- **公开号：**CNA20221005408

新品种审（认）定

- **名称：**锦辉
- **公开号：**沪 S-SV-PPE-005-2021

- **名称：**锦冠
- **公开号：**沪 S-SV-PPE-004-2021

044 | 新优早熟水蜜桃“桃咏蜜露”配套栽培技术研究与示范推广

- **主持及参加单位：**上海桃咏桃业专业合作社、上海市农业技术推广服务中心
- **参与人员：**陆峰、李璇、王秀敏等

- **科研成果简介**

本项目围绕新优早熟水蜜桃“桃咏蜜露”开展了品种性状观测，建立了示范基地 26 亩，研究集成了配套栽培技术，形成了新优早熟水蜜桃“桃咏蜜露”绿色高效栽培技术规程并在核心期刊发表论文 1 篇。开展技术培训 3 次，累计培训 105 人次；开展“桃咏蜜露”品鉴现场会 1 次，推进了地产水蜜桃品种的创新和配套栽培技术的示范推广。

- **成果推广应用情况及在农业生产中的持续作用**

本项目在浦东新区、崇明区、松江区等地累计推广新优早熟水蜜桃“桃咏蜜露”100余亩，填补了上海地产水蜜桃上市空窗期，充分发挥了“桃咏蜜露”“新、优、特”的品种特性。

新品种审（认）定

- **名称：**桃咏蜜露
- **公开号：**GDP 桃（2020）310002

045 | 蟠桃品种优化与生态种植模式研究示范

- **主持及参加单位：**上海市蟠桃研究所、上海市农业科学院、上海市农业技术推广服务中心、上海市金山区农业技术推广中心、上海市金山区吕巷镇农业农村服务中心
- **参与人员：**金平、叶正文、杨储丰等

- **科研成果简介**

本项目重点开展了适合本地区的蟠桃新优品种选育及省力化生态种植模式研究与示范，引进蟠桃新品种20余份，经过多年的考评，从中筛选出适合本地栽培、品质优良的蟠桃新品种2个。其中，新品种“沪蟠2号”通过上海市审定，“金霞油蟠”通过上海市认定。以生草栽培、施用优质有机肥和新型生物菌肥、病虫害绿色防控技术及水肥一体化技术开展生态种植模式的研究示范。同时，从蟠桃的生长发育特性和立地条件，以及高标准建园、棚体结构、宜机化和省力化等方面出发，集成了避雨栽培技术和省工化栽培技术规程。建立农产品质量安全追溯体系，促进蟠桃产业绿色高效发展。

- **成果推广应用情况及在农业生产中的持续作用**

本项目通过基地示范、培训等方法对项目成果进行推广应用，达到成果示范、技术推广的效应，以培育为基础、以发展为动力、以成熟为效益，带动周边区域蟠桃生产基地的种植水平提升，打造一批代表性强的示范基地。建立了2个核心基地，面积达410亩，辐射推广1 859亩（含核心示范基地），其中绿色产品认证面积达1 586.5亩，绿色认证率达85.34%。同时，引进了20余个蟠桃新优品种，可实现5月下旬至10月上旬上市，从而提升了种植户的经济效益，促进蟠桃产业健康、稳定发展，进而实现蟠桃产业的发展壮大。

新品种审（认）定

- **名称：**沪蟠2号
- **公开号：**沪S-SV-PPE-003-2021

- **名称：**金霞油蟠
- **公开号：**沪R-ETS-PPE-003-2023

标准

- **名称：**蟠桃绿色生产技术规程
- **公开号：**T/SHSPTYJS0001—2023

046 | 梨园绿色高效生产技术研究示范

- **主持及参加单位：**上海市农业科学院、上海常奉农产品专业合作社、上海农林职业技术学院、上海市崇明区农业技术推广中心
- **参与人员：**骆军、施春晖、王晓庆等

- **科研成果简介**

本项目选育出了具有自主知识产权且适合省力化栽培的梨新品种3个，供应期延长到40天以上，平均单果重250克以上，可溶性固形物含量达到12.1%以上，亩产量达到1 300千克以上。筛选出适宜梨园除草、施肥、植保、登高作业、枝条粉碎等农机各1台套；建立了100亩以上示范基地3个，培育优质梨品牌“崇研甄选”“瀛洲暑冠”2个，皆通过农产品绿色生产认证，商品果率较常规管理提高20.8%，经济效益提高20%以上。同时，开展技术培训1 236人次，新品种、新技术推广辐射面积达3 336亩。

- **成果推广应用情况及在农业生产中的持续作用**

本项目对梨不同品种在省力化栽培模式下的表现，环境、梨园土壤肥水优化管理、绿色防控、采后等技术对梨产量、品质影响进行了系统研究，并形成梨绿色高效生产技术，同时在示范基地进行示范，达到绿色高效目标。项目对新品种、新技术进行推广，取得了良好的效果。本项目的推广应用提高了梨的经济、社会和生态效益，提升了上海地产梨品牌的影响力，有利于促进上海梨（果树）产业的绿色高效发展。

发明专利

- **名称：**一种鉴定梨果实硬度的 KASP 分子标记及其 KASP 引物和应用
- **公开号：**ZL202211674501.9

外观设计专利

- **名称：**梨包装箱（一）
- **公开号：**ZL201930376875.5

- **名称：**梨包装箱（二）
- **公开号：**ZL201930376926.4

软件著作权

- **名称：**梨园辅助智能管理系统 V1.0
- **公开号：**2022SR1583973

- **名称：**上海梨树管理专家系统 V1.0
- **公开号：**2023SR0991932

新品种审（认）定

- **名称：**沪晶梨 18 号
- **公开号：**沪 S-SV-PPY-002-2021

· **名称：** 沪晶梨 67 号
· **公开号：** 沪 S-SV-PPY-001-2021

· **名称：** 七夕蜜
· **公开号：** 沪 R-SV-PP-001-2018

047 | 草莓穴盘苗规模化高效育苗关键技术集成与示范应用

- **主持及参加单位：** 上海孰美农业投资有限公司、上海市农业科学院、上海市农业技术推广服务中心、上海交通大学、上海孙桥现代温室种子种苗有限公司、上海惠和蔬果种苗有限公司
- **参与人员：** 姜武、钱海忠、邹小花等

- **科研成果简介**

本项目聚焦草莓高效育苗关键技术，围绕草莓脱毒苗品质鉴定、品种种性鉴定、花芽分化调控、苗期病虫害绿色防控与检测及低成本基质配方等内容开展研究。建立了草莓穴盘苗生产示范基地，实现穴盘基质育苗本地化，为上海草莓生产提供了大量优质种苗，有效提升了草莓苗商品率，降低了育苗成本，减少了化学农药用量。同时，形成了草莓原种苗快繁驯化、穴盘苗规模化生产、种苗病毒快速检测、苗期病虫害绿色防控等多项技术规范，积极助推上海及国内草莓产业的高质量发展。

- **成果推广应用情况及在农业生产中的持续作用**

本项目实现年繁育草莓基质穴盘苗 1 300 余万株，形成的优质商品苗及配套技术在服务上海草莓主产区产业发展的同时，已辐射至江苏、浙江、湖南等多个省份，并于 2024 年尝试拓展草莓苗出口业务。

发明专利

- **名称**：用于草莓子苗培育生产苗的复合基质配方及培育方法
- **公开号**：CN202110506004.7

实用新型专利

- **名称**：一种节水控水育苗装置及育苗系统
- **公开号**：CN202123063684.4

048 | 上海地区设施蓝莓基质栽培绿色生产技术研究与示范

- **主持及参加单位**：上海汇蓝农业股份有限公司、吉林农业大学、上海市农业技术推广服务中心
- **参与人员**：周少英、王秀敏、李亚东等

- **科研成果简介**

本项目明确了基质栽培蓝莓的修剪时期和方法及营养液使用中铵态氮和硝态氮的比例点，突破蓝莓基质栽培中基质配方、肥料配方和营养液管理方案，以及基质栽培中蓝莓修剪技术、病虫害防治技术和营

养液循环利用等技术难题，选育出适宜上海地区基质栽培的蓝莓优良品种 2 个，实现蓝莓在上海地区的无土、离地、全基质、全滴灌、水肥一体化管理的创新栽培模式。

- **成果推广应用情况及在农业生产中的持续作用**

本项目建设蓝莓新品种基质栽培新技术示范基地 100 亩，以种植基地为中心，辐射带动周边地区蓝莓产业的健康发展，培育以为上海市场提供优质健康鲜果为目标的蓝莓鲜果生产基地。蓝莓的基质栽培是一个革命性的种植技术和种植模式，具有基质标准化、生产环境可控和管理精准化等特点。未来蓝莓生产将朝着标准化、数字化、智慧化、可循环化和绿色生产化的方向发展，加之与基于大数据的互联网和物联网的融合，势必会实现农业生产的智慧化。

标准

- **名称：**设施蓝莓基质栽培绿色生产技术企业标准
- **公开号：**Q/HL 006—2024

049 | 适生性球根花卉规模化繁育关键技术研究与产业化开发

- **主持及参加单位：**上海市崇明区农业技术推广中心、上海市农科院、上海辰山植物园、上海交通大学、上海虹华园艺有限公司、上海源怡生态科技有限公司、兰桂骐农业科技（上海）有限公司、上海市崇明区港沿镇农业综合技术推广服务中心、上海市崇明区庙镇农业综合技术推广服务中心
- **参与人员：**黄卫峰、周琳、唐东芹等

- **科研成果简介**

本项目围绕引进的郁金香、百合、欧洲水仙、鸢尾、朱顶红、紫娇花六大球根花卉品种，共计引进 317 个新品种，经适生性栽培，筛选出 32 个适合崇明地区栽培和市场需要的花卉品种。制定六大球根花卉综合评价体系、良种繁育技术规范和商品化生产技术规范；建立集良种繁育和新技术研发于一体的核心示范基地 532.61 亩，开展良种繁育，共计繁育优质种球 565.65 万只（株），其中一级种球 256.69 万只、二级种球 206.64 万只、三级种球 102.32 万只。组织培训 25 场次，共计培训 811 人次。

- **成果推广应用情况及在农业生产中的持续作用**

本项目通过集中展示和开展技术培训，在崇明港西建立紫娇花种源保护基地，在虹华公司建立欧洲水仙新品种保存基地。同时，通过新品种的引进，实现了国庆节在崇明庙镇建立以郁金香为主的郁金香节，

在崇明森林公园建立以郁金香为主的球根花卉展，同时在崇明花边路旁建立以紫娇花、百合、鸢尾为主的花田路景，在崇明农村宅基地种植朱顶红，为崇明花卉产业的发展提供广阔市场。

发明专利

- **名称：**一种以奇异四倍体百合作杂交亲本获得远缘杂交后代的胚培方法
- **公开号：**CN202110669746.1

- **名称：**用于朱顶红杂交后代鉴定的SSR分子标记组合、SSR引物组合及其应用
- **公开号：**CN 202210641501.2

050 | 观赏与食用兼备型百合优异资源挖掘与新种质创制

- **主持及参加单位：**上海市农业科学院、上海种业（集团）有限公司、上海农林职业技术学院、上海盛林农业种植专业合作社
- **参与人员：**陈敏敏、张永春、杨柳燕等

科研成果简介

本项目针对百合种质资源开发利用不够、赏食兼用型优异种质匮乏、育种效率低下等问题，从种质研究、种质创新和种质鉴定等方面开展系统性工作。收集、保存百合种质资源110份，建立百合种质资源圃1个。根据资源高温适应性、观赏表型性状、种球食用品质等指标，筛选出核心种质资源25份。挖掘百合可溶性糖等食用品质相关SSR分子标记4个，挖掘种球糖代谢相关优异基因5个。建立远缘杂交后代幼胚离体挽救培养技术体系，形成百合幼胚离体挽救培养技术规程1份。选育“橙星”“黄柠檬”新种质2个，较对照品

粉胭脂

梦蝶

橙星

黄柠檬

种“卷丹”，可溶性糖含量分别增加11.47%、15.75%，秋水仙碱含量分别降低12.88%、11.39%。申请国家植物新品种权4个，申请国家发明专利2项，其中授权1项；发表核心期刊论文2篇。

- **成果推广应用情况及在农业生产中的持续作用**

本项目选育的赏食百合已在上海崇明区建设镇、港沿镇，奉贤区金汇镇，以及福建三明市将乐县推广应用，示范种植效果良好。作为高附加值项目，百合花可以美化乡村景观，百合种球不仅可以鲜食，还可以开发成百合粉、百合干、百合面等多种健康产品，有效帮助解决乡村农民的就业问题，带动乡村特色产业发展，延伸产业链。新品种可在长三角地区乃至全国范围内推广种植，应用前景广阔。

发明专利

- **名称：**一种以奇异源四倍体百合作父本获得远缘杂交后代的胚培方法
- **公开号：**CN202110669746.1

- **名称：**一种用于鉴定‘Tiny double you’和兰州百合杂交种真实性的SSR标记及其应用
- **公开号：**CN202310406129.1

植物新品种权

- **名称：**粉胭脂
- **公开号：**CNA20231004228

- **名称：**梦蝶
- **公开号：**CAN20231004229

- **名称：**橙星
- **公开号：**CAN20231004275

- **名称：**黄柠檬
- **公开号：**CAN20231004389

051 | 抗病、常绿、大花萱草新品种选育与应用示范

- **主持及参加单位：**上海应用技术大学
- **参与人员：**秦巧平、张志国、刘翔等

- **科研成果简介**

本项目围绕生产实践中迫切需要的抗病、常绿、大花萱草新品种，开展了萱草种质资源评价、育种、重要性状功能基因挖掘和示范应用等方面的工作。通过项目实施获得了自主知识产权的常绿、抗病性好的5个大花萱草品种，国际萱草新品种登录21个，培育的萱草新品种适宜在南方地区园林绿化、家庭园艺、生态旅游等领域广泛应用。建立了以子房为外植体的组织培养快速繁殖体系，完成了萱草全基因组测序和染色体组装，鉴定了低温、干旱胁迫响应等的重要性状基因，开发了可以用于辅助育种的EST-SSR分子标记。鉴定了萱草锈病致病菌、叶枯病致病病原菌、叶斑病致病病菌，并筛选了防治药剂。

- **成果推广应用情况及在农业生产中的持续作用**

本项目培育的萱草新品种在浙江、河北、山东、北京、吉林、湖南等地大面积推广应用，为推动乡村振兴和美丽中国建设发挥了积极作用。在云南弥勒、浙江金华、河南鄢陵、山东东营、上海崇明、山西大同等地通过与企业合作，建立了1 000多亩种苗扩繁和生产基地。依托本项目，在极早花、极大花、观食两用等多个育种方向填补了我国萱草产业的空白。国家林业和草原局批准建设上海应用技术大学国家萱草种质资源库，本校“上海市萱草种质资源库”成为第二批上海市农业种质资源保护

单位，承担了种质资源保护、研发、科普及新品种展示等功能，收集萱草种质资源近千份，累计创制新种质上万份，持续为产业提供服务。

发明专利

- **名称：**一种鉴定萱草耐涝性的综合评价体系
- **公开号：**CN113079850A

- **名称：**一种捆绑式可折叠植物标牌
- **公开号：**CN114639302A

新品种审（认）定

- **名称：**俏粉荷
- **公开号：**沪农品认花卉 2019 第 007 号

- **名称：**清涟
- **公开号：**沪农品认花卉 2019 第 008 号

- **名称：**粉佳人
- **公开号：**沪农品认花卉 2019 第 009 号

- **名称：**姬粉荷
- **公开号：**沪农品认花卉 2019 第 010 号

- **名称：**娥皇
- **公开号：**沪农品认花卉 2019 第 011 号

052 | 优质高效绣球新品种选育及种苗规模化繁育

- **主持及参加单位：**上海种业（集团）有限公司
- **参与人员：**余池坚、杨娟、叶志琴等

科研成果简介

本项目围绕绣球新品种选育、种苗规模化繁育两个研究方向，聚焦“引－育－繁－推”花卉产业发展。收集绣球种质资源 203 份，建立资源评价体系，筛选适生优质绣球品种 47 份；挖掘具有优良特性的亲本，选育新种质 3 个；开展种苗繁育技术研究，开发水肥一体化灌溉系统；实施期间组织生产优质种苗 86.3 万株、优质盆花 53.5 万盆，在家庭园艺、城市景观、公园绿化等领域推广应用，效果显著。在第十届花博会产品展推介的绣球品种获得第十

届中国花卉博览会产品奖 6 项。通过标准化、规模化生产示范推广，提高了精品绣球的市场占比，促进绣球花卉产业发展。

- **成果推广应用情况及在农业生产中的持续作用**

本项目通过绣球新优品种、新技术的应用与实施，不仅丰富了国内绣球市场的品种，而且增加了花农种植品种的选择，提高了成品花的产量和质量，增加了农户的收益，成效显著。“柏林粉”“火红”“贝拉”等绣球热销品种在江苏、浙江、云南、山东、北京等地的家庭园艺、城市景观等领域的应用效果良好。

标准

- **名称：**八仙花盆花生产技术规程
- **公开号：**T/FA 1—2023

053 | 可食用芳香植物资源开发及家庭园艺市场推广

- **主持及参加单位：**上海上房园林植物研究所有限公司
- **参与人员：**申瑞雪、李秋静、林丹等

- **科研成果简介**

本项目收集种质资源达 81 种，利用 AHP 层次分析法建立可食用芳香植物筛选评价体系，筛选出优良可食用芳香植物资源 66 种，在家庭园艺市场推广应用 32 种。制定营销方案，形成周期性的产品包装和视觉传达；建立网络化的销售渠道，利用科普教育、短视频电商平台和线下线上销售平台，对可食香草产品进行市场拓展，推出有品牌的特色系列产品 32 种。创新可食用芳香植物的应用形式，探索“场地设计 + 施工建设 + 后期运营 + 科普课程”的香草

园营建模式，推广面积达 1 万平方米。

成果推广应用情况及在农业生产中的持续作用

本项目的可食香草产品在长三角地区以产业园、植物园、学校、农场和公园 5 种形式进行“香草园”模式推广，推广种植可食香草产品 15 万余丛，示范总面积达 4 070 平方米。结合可食香草的应用推广，打造科普品牌课程“闻香食草”，发挥企业香草种质资源优势，从香草的种类、文化、香草园的营建、香草的应用等方面对中小学生进行全方位的香草知识普及，旨在让青少年对与生活息息相关的香草有更加深入的了解。同时，探索出“产品销售 + 专类科普园营建 + 自然教育课程设计 + 示范应用”的开发模式。

发明专利

- **名称：**一种穗花牡荆的露天扦插繁殖方法
- **公开号：**CN202011282134.9

- **名称：**一种预制草甸花块的制备方法
- **公开号：**CN202111602419.0

外观设计专利

- **名称：**盆栽包装盒 I
- **公开号：**CN306126460S

- **名称：**盆栽包装盒 II
- **公开号：**CN306126459S

054 | 优质夏花型鸢尾新品种选育及规模化生产关键技术研究

- **主持及参加单位：**上海植物园
- **参与人员：**肖月娥、王翠梅、于凤扬等

- **科研成果简介**

本项目针对我国在夏花型鸢尾种质创新及规模化生产上滞后的问题，以引进的花菖蒲品种和前期收集的国产野生鸢尾种质资源为基础，通过化学方法克服了种间杂交障碍，培育出适应上海气候和土壤条件且观赏价值高的种质，在国内首次获得鸢尾属、种间杂交种，并从分株和组培两方面建立了新品种规模化生产技术体系，加速了优良种质的推广应用。本项目共筛选出优良种质 80 份，从不定芽诱导、增殖、生根和炼苗 4 个步骤建立了糖果鸢尾组培快繁技术体系，实现了糖果鸢尾优良株系的工厂化生产。探索夏花型鸢尾在水景、花境、花田花海、专类园等不同场景下的应用模式，为上海绿地景观提供丰富素材。

- **成果推广应用情况及在农业生产中的持续作用**

本项目获得的新优种苗已在上海杨浦区、青浦区、黄浦区、徐汇区、虹口区等区域进行示范种植应用；探索了夏花型鸢尾新品种在园林景观中的配置形式，包括专类园、花境、花田、水景等，有效地提升了当地区域景观效果，尤其是糖果鸢尾在花境中取得了良好的景观效果，为蜜源植物营造了小型生境，丰富了物种多样性，为夏花型鸢尾的应用提供了丰富的素材和应用模式。

发明专利

- **名称：**一种鸢尾属植物新品种属、种间杂交的育种方法
- **公开号：**CN117770126A

植物新品种权

- **名称：**淡烟流水
- **公开号：**CNA20211009313

- **名称：**霞冠
- **公开号：**CNA20211009370

055 | 功能性白及新品种种苗规模化繁育和应用示范

- **主持及参加单位：**上海辰山植物园、上海市农业科学院、上海龙湖生态园林有限公司、中国铁塔智联有限公司上海市分公司
- **参与人员：**曾歆花、朱娇、陆敏等

- **科研成果简介**

本项目通过开展功能性白及种苗规模化繁育技术研究，建立了功能性白及组培快繁体系，制定了功能性白及繁育与栽培技术规程，在松江区、金山区等地建立白及应用示范基地 12 亩。同时，通过对白及功能性成分的分析，制定了白及面膜原料技术规程，研制白及面膜产品 1 种，获授权发明专利 1 项。通过白及规模化繁育技术和标准化种植技术培训 52 人次，带动 20 户农户就业。发表论文 4 篇，培养研究生 2 名。项目的开展对于推动白及等药用兰花在上海乃至长三角地区推广应用和保护及可持续开发利用具有重要意义。

- **成果推广应用情况及在农业生产中的持续作用**

本项目为下一步继续加大白及种苗规模化繁育技术和优良新品种推广，以及白及衍生产品的开发奠定了坚实的基础。

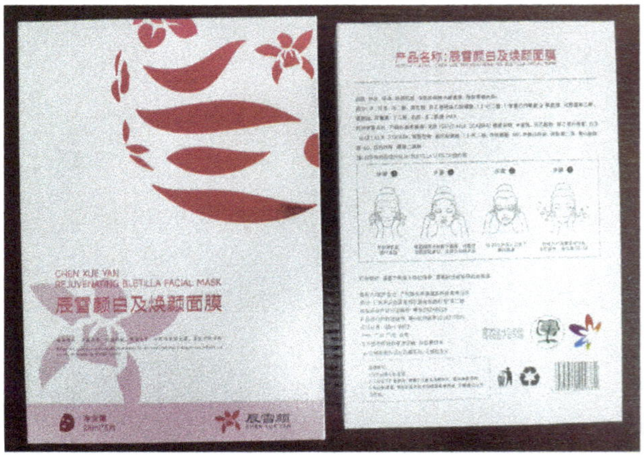

发明专利

- **名称：**一种白及组培苗的快速培育方法
- **公开号：**ZL202111575297.0

056 | 紫花苜蓿冬季栽培及轮作作物双减关键技术的研究示范

- **主持及参加单位：**上海鼎瀛农业有限公司、上海交通大学、扬州大学
- **参与人员：**王仪明、安渊、魏臻武等

科研成果简介

本项目针对上海地区农田高效种植、土壤质量提升、农药化肥减施等关键问题开展研究。通过品种筛选和培育及建立品种资源圃，为上海地区紫花苜蓿高效种植和多功能苜蓿产品开发提供适宜的苜蓿品种资源；探索出紫花苜蓿－水稻、紫花苜蓿－玉米周年轮作新模式和栽培技术体系；形成了紫花苜蓿半干青贮技术和工艺流程，实现了产品的产业化发展，推动农业从二元结构向三元结构转变，带动上海及南方地区紫花苜蓿的规模化种植、集约化发展、本地化供应，为畜牧产业的可持续发展提供了有力支撑，为长三角区域一体化发展和乡村振兴提供了新思路。本项目发表论文 5 篇；申请和授权发明专利共 6 项；审定苜蓿新品种 1 个。

成果推广应用情况及在农业生产中的持续作用

本项目收集紫花苜蓿品种资源共 113 份，最终筛选出适宜上海地区种植的“淮扬 4 号”和“大银河”2 个品种作为南

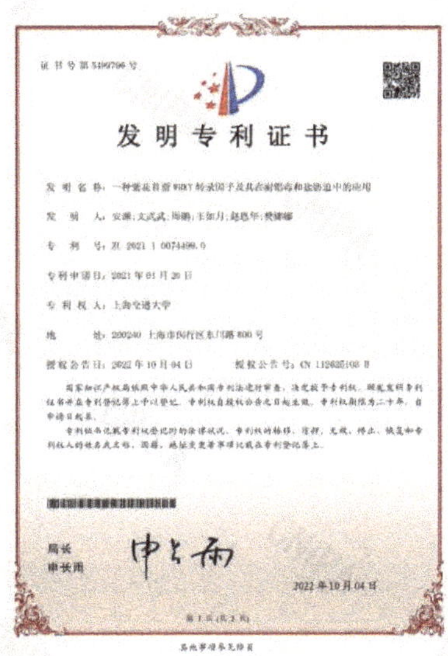
发明专利证书

专利权人：上海交通大学

地址：200240 上海市闵行区东川路800号

2022年10月04日

方当家栽培品种，示范推广种植20042亩；建立的紫花苜蓿与水稻、玉米生态轮作栽培技术体系和规程，为当前紫花苜蓿生产提供了技术支撑；开发的“裹包苜蓿”和“裹包苜蓿＋燕麦”2个产品已经成为当前半干紫花苜蓿产品市场的主导品类。上海地区种植紫花苜蓿，一方面弥补了紫花苜蓿地理分布区域上的空缺，另一方面在市场干草供应紧张的4—7月为南方市场提供充足产品供应。

发明专利

- **名称：**一种紫花苜蓿WRKY转录因子及其在耐铝毒和盐胁迫中的应用
- **公开号：**ZL202110074499.0

新品种审（认）定

- **名称：**淮扬4号
- **公开号：**国S-BV-MS-001-2020

057 | 白羽雉鸡专门化品系选育及杂交组合筛选

- **主持及参加单位：**上海欣灏珍禽育种有限公司
- **参与人员：**袁红艳、周瑾、张江等

- **科研成果简介**

本项目首次利用基因技术对雉鸡的白羽开展显性和隐性基因型检测分析，通过选种选育建立白羽雉鸡专门化品系，以填补国内没有白羽雉鸡的空白。同时，开展杂交组合试验，筛选出符合市场需求的优秀组合，为培育雉鸡配套系打下基础。通过项目实施，挖掘新的畜禽遗传资源，培育申鸿白羽雉鸡专门化品系1个，有效降低了白羽雉鸡群体羽色的杂色比例，筛选出羽色七彩、适于肉

用和狩猎的优秀杂交组合1个。发表论文4篇，授权实用新型专利1件。

- **成果推广应用情况及在农业生产中的持续作用**

本项目使上海的种雉鸡养殖产业得到显著提升，更加突出上海作为国内雉鸡的重要种源基地作用。培育的专门化品系可以作为培育新品种和配套系的育种素材，应用潜力巨大。同时，筛选出适合肉用和狩猎的雉鸡可以向国际市场推广，市场前景广阔。上海地区种雉鸡养殖产业的发展，特别是雉鸡商业化育种工作的开展，不仅符合上海种源畜牧业发展的要求，而且符合做大做强优势特色产业、满足上海市民对“名、特、优、新”产品的需求。

实用新型专利

- **名称：** 一种负压集精装置及保温集精器
- **公开号：** CN202221835207.7

058 | 上海肉羊品种遗传改良及健康绿色养殖技术示范推广

- **主持及参加单位：** 上海市农业科学院、上海市农业技术推广服务中心、上海师范大学、上海申耕农业发展有限公司、上海瑞奇种业有限公司
- **参与人员：** 方永飞、邢磊、章伟建等

- **科研成果简介**

本项目围绕湖羊与崇明白山羊的种质资源改良、饲养管理、品牌创建及生物安全等方面展开，取得了系列成果。针对湖羊，通过遗传多样性分析和繁殖性状基因挖掘，提升了核心群规模与群体质量，开发了基于物联网的信息化管理系统，优化了各生长阶段的营养需求与饲养标准，完成了羔羊早期断奶及代乳料配方研发，建立健全了规模化羊场的生物安全体系。针对崇明白山羊，利用基因芯片技术解析了群体遗传结构，通过杂交育种试验提升了肉羊生产性能与经济效益。此外，制定了绿色养殖技术标准，崇明白山羊羊肉被认定为绿色食品。本项目通过提升湖羊与崇明白山羊的种质资源，不仅提高了肉羊的生产性能和产品经济效益，也为我国肉羊产业的高质量发展提供了有力的支撑。

- **成果推广应用情况及在农业生产中的持续作用**

本项目通过科技提升，湖羊年平均销售数量7000只左右，主要销往新疆、甘肃、安徽、浙江等地，为肉羊产业发展提供了高质量的种质资源。崇明白山羊（冷鲜肉）被认定为绿色食品A级产品，累计已销售34吨，有效拓宽了高品质羊肉的市

场供给，满足了消费者对优质羊肉的需求。这一系列成果不仅丰富了肉类产品结构，更引领了肉羊产业转型升级，彰显了科技创新在推动现代农业发展中的关键作用。

实用新型专利

- **名称：**一种羔羊过渡阶段的专用食槽
- **公开号：**ZL202121910035.0

- **名称：**一种羔羊代乳粉哺乳器
- **公开号：**ZL202022922881.6

- **名称：**一种具有快速更换信息组件的插牌
- **公开号：**ZL202122112190.4

- **名称：**一种具有辅助杀菌组件的粪便收集装置
- **公开号：**ZL202122185365.4

- **名称：**一种排泄物输送带用残渣清理收集装置
- **公开号：**ZL202122181541.7

- **名称：**一种具有快速装配的羊槽
- **公开号：**ZL202122112778.X

- **名称：**一种搅拌机用自动上料装置
- **公开号：**ZL202122183110.4

软件著作权

- **名称：**永辉羊场湖羊育种信息管理系统
- **公开号：**2021SR1449508

- **名称：**基于同态加密技术的基因组选择软件
- **公开号：**2021SR1185920

¤ 标准

- **名称：**湖羊营养需要量技术规范
- **公开号：**Q/310114SHYH001—2023

059 | 高效优质黑山羊新品系选育

- **主持及参加单位：**上海市动物疫病预防控制中心、上海歧创农业科技有限公司、上海市松江区动物疫病预防控制中心
- **参与人员：**陆雪林、章伟建、邢磊等

- **科研成果简介**

本项目利用全基因组水平的SNP遗传变异来挖掘山羊重要经济性状的遗传标记，分析群体结构并构建家系。在此基础上，针对育种体系不健全、选育方式不科学和生物安全防控不完善等问题，在上海歧创农业科技有限公司开展纯种选育和杂交试验，筛选出能让企业增收并被市场认可的黑山羊新品系；设计山羊智能生产育种信息管理系统，实现群体管理数字化，提高育种和饲养的效率；建立生物安全防控体系，实现主要疫病的全场净化。本项目集成了品系培育、智能系统管理和生物安全体系构建，能够有效提升企业市场竞争力和便于市场推广，在国内处于领先水平。

- **成果推广应用情况及在农业生产中的持续作用**

本项目黑山羊年平均销售数量达3 000只，主要供应上海地区农贸市场和品牌酒店，为丰富市民菜篮子提供优质山羊肉产品。本项目培育的黑山羊新品系和建立的生产管理模式已成功应用到本市首家楼房养羊场，为本市种源农业和设施农业的发展打造了新样板。

软件著作权

- **名称：**岐创羊场育种信息管理系统
- **公开号：**2023SR0974565

标准

- **名称：**羊场布鲁氏菌病净化技术规范
- **公开号：**Q/SJYK002—2024

- **名称：**羊传染性脓疱病防控技术规范
- **公开号：**Q/SJYK001—2024

060 | 长江口刀鲚资源及生境的调查评估

- **主持及参加单位：**中国水产科学研究院东海水产研究所
- **参与人员：**赵峰、宋超、张涛等

- **科研成果简介**

本项目围绕长江口刀鲚资源变动及衰退机制、生活史特征与生境需求、资源养护与栖息地修复等开展了系统研究，从分子、细胞、个体和种群等层面查明了种群特征与变化，揭示了过度捕捞导致种群稳定性下降是资源衰退的关键成因及机制。集成耳石微化学和分子遗传学技术，发现刀鲚存在河口半咸水繁育场的直接证据。运用栖息地适合度指数和食物网关系等建模分析，查明了关键生境因子需求。基于资源变化规律和生境需求研究，创建了长江口滩涂湿地加速发育生境修复技术，修复重建了长江口刀鲚育幼场和索饵场；建立了以国家级水产种质资源保护区为核心的长江口刀鲚资源养护和管理措施。

- **成果推广应用情况及在农业生产中的持续作用**

本项目成果在国家和地方相关政策制定中得到采纳并应用，为农业农村部、生态环境部、水利部和交通运输部设立长江口禁捕管理区、编制《长江流域水生生物

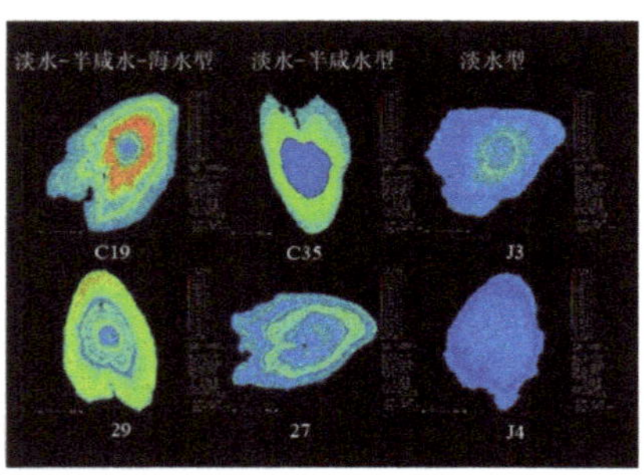

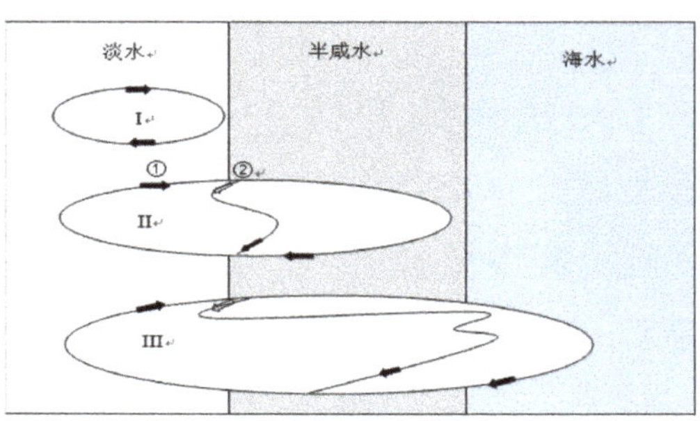

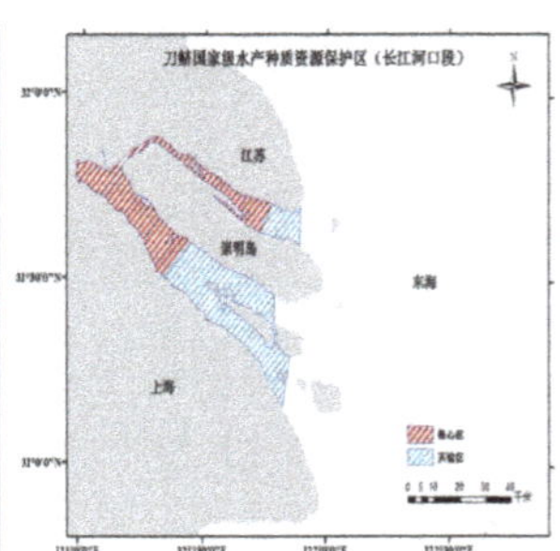

资源及生境状况公报》及划定长江口生态保护红线等提供了科学支撑和数据资料。项目成果广泛应用于长江口涉渔工程环境影响评价，新增涉水工程对长江刀鲚国家级水产种质资源保护区（长江河口段）环境影响评价专题项目6项，争取到补偿资金4 800.8万元。项目成果在长江口青草沙水库等生态修复中得到推广，累计投入生态修复资金5 024.0万元。推广示范效果显著，项目成果不仅成为上海涉水工程渔业生态修复和资源养护的范例，而且被其他沿海省份借鉴。

¤ **发明专利**

- **名称：**一种收集浮游生物网采样品的网底装置及其制作方法
- **公开号：**CN202010245673.9

- **名称：**一种高度可调节的分层采样装置及其使用方法
- **公开号：**CN202110162163.X

- **名称：**一种多方位可调节的生物样品处理装置及其使用方法
- **公开号：**CN202110160664.4

- **名称：**一种适于潮汐变化水域的漂浮垃圾收集装置及定量评估方法
- **公开号：**CN202010090670.2

¤ **实用新型专利**

- **名称：**一种高度可调节的分层采样装置
- **公开号：**CN214844160U

- **名称：**一种便携多方位可调节的生物样品精细处理装置
- **公开号：**CN214894884U

- **名称：**一种适于潮汐变化水域的漂浮垃圾收集装置
- **公开号：**CN202020166680.5

061 | 长江口鳗鲡种质资源保护及仔鱼培育技术

- **主持及参加单位：**上海海洋大学
- **参与人员：**刘利平、李慷、鲍宝龙等

- **科研成果简介**

本项目围绕长江口鳗鲡种质资源衰退、鳗鲡人工繁殖难的问题，通过种质资源收集，综合DNA条形码技术、肠道微生物群落构成分析技术及优化的人工繁殖技术，3年累计收集日本鳗鲡5 515尾，并

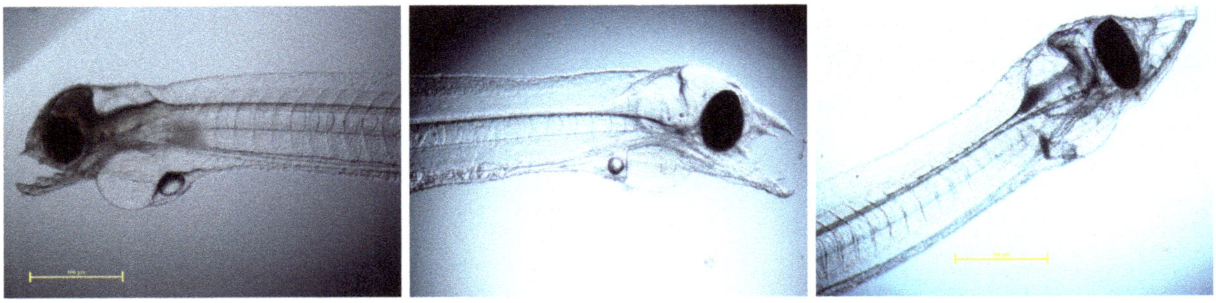

在池塘中驯化，作为长江口鳗鲡种质储备库；跟踪观察了人工繁殖日本鳗鲡受精卵至初孵仔鱼的不同发育阶段，获得了显微高清图片和视频资料；测定了日本鳗鲡受精卵至初孵仔鱼共 5 个不同发育阶段的转录组，完成了数据的筛选和分析，建立了转录组文库，探讨了与仔鱼生长相关的营养代谢机制；获得了开口摄食仔鱼约 1 万尾，成为柳叶鳗前体。

- **成果推广应用情况及在农业生产中的持续作用**

本项目鳗鲡繁育相关成果国内领先，项目主持单位成为农业农村部首批国家水产联合育种攻关计划之鳗鲡繁育联合攻关牵头单位。

发明专利

- **名称：**一种具有自动水循环功能的鱼苗孵化装置
- **公开号：**ZL202220786393.3

实用新型专利

- **名称：**一种微水流海洋浮性鱼卵的孵化育苗装置
- **公开号：**ZL202321578441.0

062 | 美洲鲥耐热相关基因、分子标记的筛选及应用研究

- **主持及参加单位：**上海市水产研究所（上海市水产技术推广站）
- **参与人员：**于爱清、施永海、徐嘉波等

- **科研成果简介**

本项目聚焦美洲鲥对高温的耐受能力，采用差异转录组测序技术、极端表型的全基因组重测序技术及全基因组关联分析技术，解析了美洲鲥耐热性状产生显著分化的分子遗传基础，获得 10 个与美洲鲥耐热性状相关基因的全长序列、30 个与美洲鲥耐热性状显著相关的变异位点及 74 个适用

于美洲鲥耐热种质资源评估的分子标记，建立了 1 个耐热性能较好的繁育群体，其繁育的 F_1 代的半致死温度较普通养殖群体提高了 1.75℃，填补了美洲鲥耐热新品系创制的研究空白，对美洲鲥的良种选育研究具有较好的参考价值。

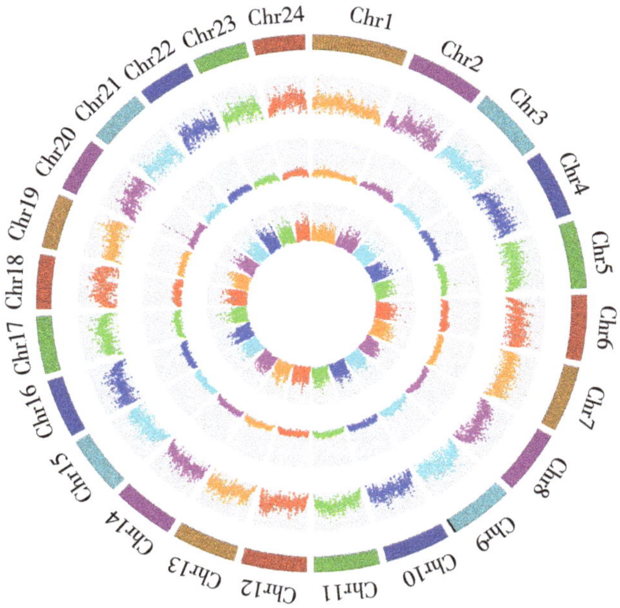

- **成果推广应用情况及在农业生产中的持续作用**

本项目以美洲鲥耐热新品系的创制为切入点，获得的相关研究成果在美洲鲥的推广应用上成效显著，对美洲鲥养殖产业的可持续发展产生了积极的影响。该美洲鲥耐热新品系经初步耐热性状测试，其耐热性能比市面上其他美洲鲥养殖群体获得了显著提升，有效地扩大了其可适养范围，提升了其养殖产业健康、可持续发展的可行性和经济效益。在农业生产中，美洲鲥耐热新品系的创制不仅丰富了养殖品种，提高了整体效益，而且为应对全球气候变暖提供了有效方案。未来，通过进一步选育优化，有望实现美洲鲥的更高产量和更优品质，为上海市农业生产做出更大贡献。

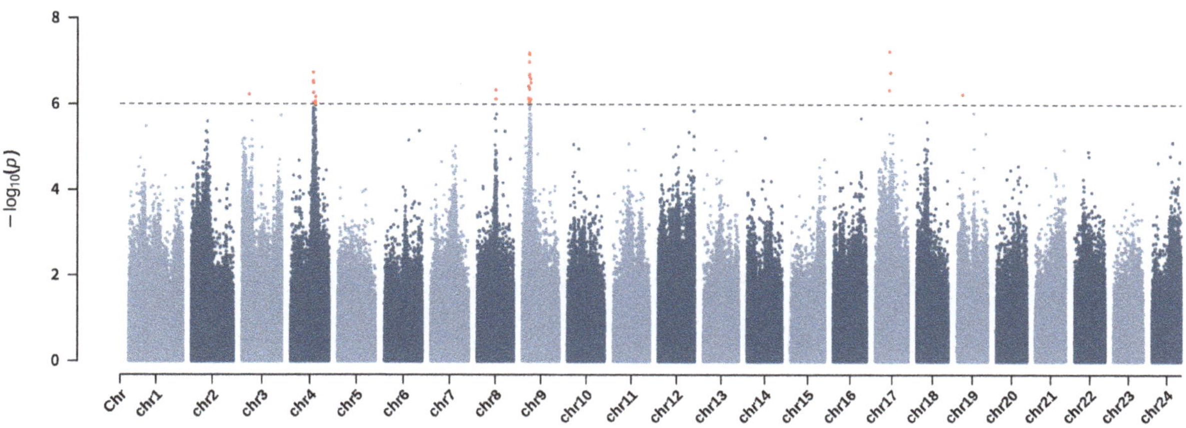

发明专利

- **名称：**与美洲鲥体重和肥满度两个性状显著相关的 SNP 分子标记及其检测引物和应用
- **公开号：**CN202410365022.1

- **名称：**美洲鲥耐热性状显著相关 SNP 分子标记的开发、检测和应用
- **公开号：**CN202410365020.2

063 | 水产原种冷冻保存技术研究

- **主持及参加单位：**上海海洋大学、上海淀原水产良种场
- **参与人员：**张俊芳、韩兵社、张全根等

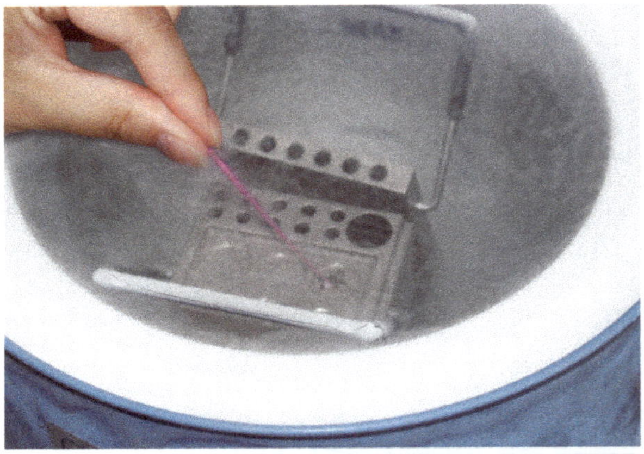

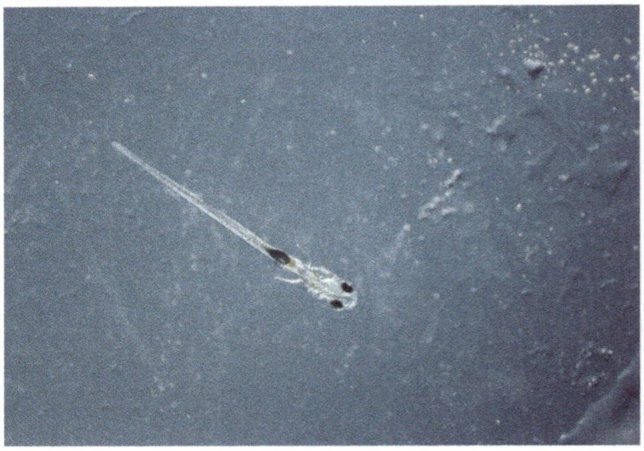

- **科研成果简介**

本项目经过优化得到以渗透性抗冻剂乙二醇与非渗透性抗冻剂海藻糖结合的抗冻剂配方，冷冻保存翘嘴鲌和蒙古鲌精子6个月后能保持70%以上激活率，两种鱼冻精人工授精均成功得到子代。本项目使用玻璃化法冷冻保存鱼类卵母细胞，比传统的慢冷冻法效果更好。经过优化得到含有抗氧化剂褪黑素的抗冻剂配方，冷冻保存翘嘴鲌和蒙古鲌卵母细胞7天后存活率分别可达到63.52%和63.09%，突破现有鱼类卵母细胞的冷冻保存技术。本项目经过研究得到以复合有机溶剂结合四氧化三铁纳米材料组成的抗冻剂，通过固体表面玻璃化法降温、梯度法升温，解决了玻璃化过程中的重结晶难题，实现短期冷冻保存翘嘴鲌和蒙古鲌胚胎，解冻后孵化率分别可达到12.20%和19.57%。

- **成果推广应用情况及在农业生产中的持续作用**

本项目建立了水产原种种质资源低温冷冻保种技术体系；建立上海市淀山湖特色土著鱼类翘嘴鲌、蒙古鲌的配子冷冻保存库，实现胚胎冷冻保存技术突破，为上海市水产良种保种及珍稀鱼类的种质资源保护提供有力的技术保障。

发明专利

- **名称：**一种蒙古鲌卵母细胞冷冻保存的方法
- **公开号：**CN202311019403.6

- **名称：**一种蒙古鲌胚胎冷冻保存的方法
- **公开号：**CN202311019400.2

- **名称：**一种基于玻璃化法冷冻保存斑马鱼卵母细胞的方法
- **公开号：**CN202211423741.1

064 | 翘嘴鳜大规格苗种全人工配合饲料驯化技术研发

- **主持及参加单位：** 中国水产科学研究院东海水产研究所、松江区水产技术推广站
- **参与人员：** 来琦芳、江芝娟、季强等

科研成果简介

本项目针对翘嘴鳜养殖中长期依赖鲜活鱼作为主要饵料导致养殖成本高、病害风险大等瓶颈问题，从摄食行为、诱食策略、驯化策略和投喂策略等多维度开展技术攻关，解析了不同规格苗种对光色、光照强度的喜好，筛选出具有诱食、保肝及促生长功能的添加剂产品，先后形成了软颗粒饲料和膨化饲料的驯食技术，苗种饲料驯化成功率超过 70%；研究鳜的摄食行为和习性，确定并优化了人工饲料投喂策略，集成苗种饲料驯化技术和水质调控技术，构建了鳜池塘网箱、池塘围网养殖等模式，养殖平均成活率达 66%，为鳜全人工配合饲料养殖技术提供了技术支撑。

成果推广应用情况及在农业生产中的持续作用

本项目翘嘴鳜的人工饲料驯化成活率达 70% 以上，人工饲料养殖成活率达 60% 以上。本项目成果在上海、河北、宁夏等地开展应用，取得了较好的效益。

发明专利

- **名称：**一种饲料鳜大规格苗种的驯化培育方法
- **公开号：**CN202410232874.3

- **名称：**杀虫剂和抗生素联用在制备治疗鳜出血病药物中的应用
- **公开号：**CN202410232965.7

065 | 脊尾白虾良种选育与低盐度养殖示范

- **主持及参加单位：**上海市水产研究所（上海市水产技术推广站）
- **参与人员：**张年国、周裕华、潘桂平等

科研成果简介

本项目通过对不同地理群体脊尾白虾进行生物学特性分析，筛选出 4 组合适种群进行脊尾白虾低盐良种选育研究，形成了包括亲本投放、饵料投喂、日常管理、起捕收获等关键技术的脊尾白虾低盐养殖技术操作规范；通过低盐良种选育，筛选获得 1 项适宜在 3‰ ~ 5‰养殖区域示范推广的脊尾白虾优良品系“启海 1 号”，并对其进行了脊尾白虾低盐良种初步申报工作；至性成熟时，“启海 1 号”平均体长 5.45 厘米，平均体重 2.63 克，较普通脊尾白虾分别提高 9.2%、25.7%，其平均体长、体重特定生长率由每天 0.5%、1.5% 提高至 0.61%、1.76%，分别提高 22.0% 和 17.3%。

成果推广应用情况及在农业生产中的持续作用

本项目筛选获得的脊尾白虾低盐优良品系“启海 1 号”累计示范面积 40 余亩，起到了以点带面、示范引领的作用；下一步，项目组将继续进行脊尾白虾低盐良种养殖示范推广工作，并对其低盐养殖技术进行深入研究，如饲料营养、品质调控及低盐生态养殖技术的集成与生产推广，使脊尾白虾低盐养殖技术更加完善，早日让

相关的技术成果得到推广应用。

发明专利

- **名称：** 一种耐受低盐的脊尾白虾品系育种方法
- **公开号：** ZL202210066478.9

实用新型专利

- **名称：** 一种网具
- **公开号：** ZL202123372869.3

066 | 翘嘴鲌良种选育方法的建立与效果评估

- **主持及参加单位：** 上海松江水产良种场有限公司、上海海洋大学
- **参与人员：** 张国奇、王军、张友良等

- **科研成果简介**

本项目开展了 2 个翘嘴鲌育种基础群体的效果评估，完成了表型性状和生长性能等评估，其中北方和南方 F_2 选育群体较对照群体生长速度提高 12.05% 和 8.43%，平均提高 10.24%。明确了以生长性状为主要选育目标性状，制定了世代实行 3 次选择的选育标准，即：第一次为 1 龄鱼种阶段，实行群体选择，选留率为 1%；第二次为 2 龄鱼种阶段，实行个体选择，选留率为 10%；第三次为后备亲本阶段，实行个体选择，选留率为 50%，总选择强度为 0.05%。建立了翘嘴鲌 2 个选育群体的繁育亲本各 60 组和后备亲本各 200 组。创新了翘嘴鲌选育路线和体系，为最终产生翘嘴鲌种质资源开发利用新模式、填补翘嘴鲌系统选育的空白奠定了基础。

- **成果推广应用情况及在农业生产中的持续作用**

本项目通过改良翘嘴鲌种质，使得品质得到明显提高，经选育的南、北水系翘嘴鲌特别是北方水系翘嘴鲌，养殖 3 年后规格达 2.5 千克以上，比一般翘嘴鲌增加 1 千克，年上市超 10 吨，塘口售价 30 元 / 千克，饭

店售价可达 288 元/半条，深受市民喜爱。将翘嘴鲌投放到垂钓池塘，也广受垂钓爱好者欢迎。

067 | 南美白对虾良种培育及分子辅助育种研究

- **主持及参加单位：**上海海洋大学、上海市奉贤区水产技术推广站
- **参与人员：**刘红、李云、叶军强等

- **科研成果简介**

本项目获得一个淡水养殖条件下生长快于常规品种、苗期低盐耐受性好的 SPF 南美白对虾品系；构建了基于候选家系和野生种虾的南美白对虾遗传连锁图谱 1 个，获得 44 个连锁群及与体重、体长等生长性状相关的 79 个 QTL 定位；建立了综合常规生物学特征和分子生物学技术的南美白对虾种质资源评价技术；建立了“洋山选种育种、海南扩繁制种、上海推广养殖”的南美白对虾遗传育种技术路线和工艺；挖掘出与生长、盐度相关的基因各 2 个，分别为 *HDAC1*、*AST-AR* 和 *CLCA1*、*SLC37A2*；培育出能替代进口种虾、适合上海气候条件和淡水土池养殖、具生长快性状的 SPF 南美白对虾种虾。

- **成果推广应用情况及在农业生产中的持续作用**

本项目实施期间培育种虾 865 对，繁育虾苗 1 077 万尾，养殖面积 209 亩。本项目为上海数十家养殖场无偿提供虾苗开展中试养殖，养殖总面积约 1 200 亩。

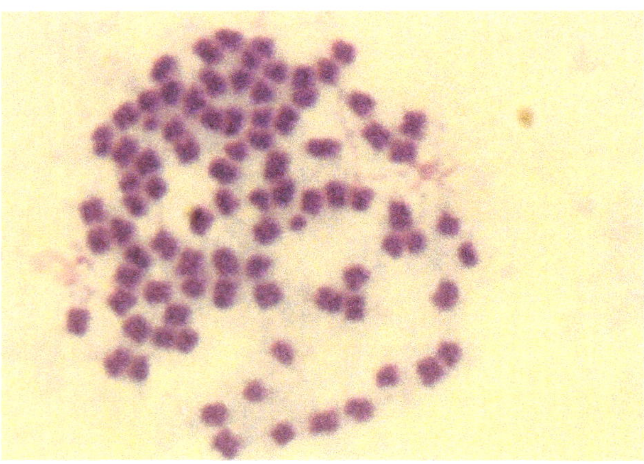

068 | 设施葡萄绿色轻简化栽培技术集成与示范

- **主持及参加单位：**上海平祺葡萄种植专业合作社、上海市浦东新区农业技术推广中心、上海市农业科学院
- **参与人员：**叶竞荣、奚晓军、殷向静等

- **科研成果简介**

本项目针对上海地区葡萄产业发展的突出问题，以省工型品种筛选、轻简化树体管理、绿色施肥、病虫草害绿色防控等关键技术为重点研究内容，筛选获得“申丰”“申玉”“申玫”3个省工型葡萄品种，分别比主栽品种“醉金香”省工12%、13%、12.5%。总结形成设施葡萄绿色轻简化生产技术规程1套，建设1个绿色轻简化栽培生产技术集成示范基地125亩。实现化肥纯用量和化学农药减量25%，劳动力投入减少17.3%，经济效益提高17.5%，辐射推广面积170亩，从而推动病虫害绿色防控和优质轻简化生产，达到省工化栽培管理的目的。

- **成果推广应用情况及在农业生产中的持续作用**

本项目研发的设施葡萄绿色轻简化栽培集成技术已在本市葡萄主产区示范应用1 000余亩，通过轻简化树体管理和高效机械化施肥，实现病虫害绿色防控和优质轻简化生产，在提高葡萄品质、减少劳动用工、降低环境污染等方面效果显著，促进了本市葡萄产业高质量发展。

申丰

申玉

申玫

069 | 优良早熟蟠桃 m-2 绿色生产集成与示范

- **主持及参加单位：**上海皇母蟠桃种植专业合作社、上海市农业技术推广服务中心、上海市金山区吕巷镇和平村村民委员会
- **参与人员：**马金林、周京一、马春风等

科研成果简介

本项目紧紧围绕蟠桃设施栽培技术研究与示范、早熟蟠桃品种示范、基地建设示范、绿色生产技术应用与示范等实施内容，坚持依靠科技引领，通过应用蟠桃设施栽培温、湿度人为控制关键技术和早熟蟠桃人工授粉等重要手段，达到了抗逆性强、坐果率高、成熟早等目的。同时，在绿色生产技术方面，通过应用物理和生物防治及应用生物有机肥、自制有机肥等方法，既确保了绿色生产，又提升了果实品质，由此取得整个项目的实施成果。示范基地商品果率，m-2 提高至 81.08%，玉露蟠桃提高至 90.7%；化学农药施用量比面上减量 36.3%；m-2 比玉露蟠桃提早成熟 28 天；商品果平均可溶性固形物含量达 14.08%，均达到或超额完成了项目考核指标。

成果推广应用情况及在农业生产中的持续作用

本项目实施内容之一的 m-2 蟠桃早熟品种具有成熟早、品种优、产量高等优势，深受行业系统及广大种植户的一致认可，赢得了积极种植、快速发展的好势头。每年增加种植面积 50 多亩，已成为本地区优化蟠桃产业发展的重中之重，且发展空间大、潜力足。这一品种的推广应用对调整种植结构，形成地方名特优产业有着不可低估的现实意义。

070 | 优质早熟梨新品种引选及轻简化新型栽培技术体系构建和示范

- **主持及参加单位：** 上海市农业技术推广服务中心、上海市浦东新区农业技术推广中心、上海市奉贤区农业技术推广中心、上海市崇明区农业技术推广中心、上海新弘生态农业有限公司、上海千荟温室工程技术有限公司、河北农业大学
- **参与人员：** 王秀敏、张玉星、荆晶等

- **科研成果简介**

本项目针对上海梨树产业存在的品种单一、成熟期集中，以及栽培模式不适宜机械操作、化肥和农药使用较多的问题，优选了成熟期早、外观漂亮、品质优，且非常适合上海地区发展的“苏翠 1 号”等品种，使梨的成熟期提早到 6 月中旬。通过对树高、干周、刻芽时期、拉枝时期及留果量等技术参数的试验对比，确定了上海地区的梨圆柱形整形栽培模式的具体操作方式和时期；开展了梨树生长量、栽培密度、树干高度与生产成本、机械应用等的相关性研究，构建了上海地区梨树轻简化栽培技术体系并形成技术规程。建立了梨树优质丰产树相参数标准和叶片营养元素含量标准，形成了梨园生态栽培技术及精准施肥技术，极大地减少了化学农药和肥料的使用。

- **成果推广应用情况及在农业生产中的持续作用**

本项目通过现场观摩及品种推介，“苏翠 1 号”得到较大应用，成为目前发展梨园的首选品种。到 2024 年，“苏翠 1 号”栽培面积近千亩。本项目形成的轻简化圆柱形整形模式和生态栽培技术成果得到了较好的应用和推广，推广面积达 2 000 余亩，且未来依然有较大的应用推广前景。

071 | 蜜梨脊背式高效栽培新模式研究与示范

- **主持及参加单位：**上海潘庄蜜梨种植专业合作社、上海市奉贤区农业技术推广中心
- **参与人员：**陆志兴、雷磊、顾艾节等

- **科研成果简介**

本项目紧紧围绕蜜梨园适合自然排水防涝、宽行窄距、无沟自然坡面、适合机械化操作的特点，通过梨园机械选型，结合生态化种植，形成蜜梨脊背式主干形栽培技术企业标准1份，进行全面推广，带动周边农户改造提升，为老梨园改造及产业提升提供蓝本。

- **成果推广应用情况及在农业生产中的持续作用**

本项目在形成的蜜梨脊背式主干形栽培技术规范指导下，截至2024年共推广蜜梨种植面积400余亩，在庄行蜜梨产业发展尤其是老梨园改造过程中为解决“三老问题”持续发挥作用。

072 | 适宜上海地区的柑橘新优品种引种筛选及种苗繁育技术研究

- **主持及参加单位：**上海绿众果蔬专业合作社、上海市闵行区农技服务中心
- **参与人员：**沈杰、徐美红、金明弟等

- **科研成果简介**

本项目从32个引试柑橘品种中筛选出8个适合上海地区种植的柑橘品种，有效弥补了上海市冬、春季节果品少的短板，丰富了地产果品市场供应，满足了当地市场对高档柑橘果品的需求；同时，调优当地柑橘品种种植结构，提高柑橘种植收益，促进果业增效、果农致富。建立了适合上海地区柑橘种苗繁育的技术方法，筛选出适合的砧木，明确了建圃、播种、移栽、嫁接苗管理等生产环节的技术要求。建立了适合上海地区的柑橘栽培技术规程，规定了适合上海地区柑橘品种的建园、田间管理、修剪、病虫害防治等生产环节的技术要求，具有较强的实用性和可推广性。

- **成果推广应用情况及在农业生产中的持续作用**

本项目在绿众浦江基地及南汇基地已建设完成矮砧密植、省力化栽培的柑橘种植基地，种植面积115.77亩。浦江基地建成苗圃采穗圃网室2 000平方米、育苗温室5 000平方米；南汇基地建成柑橘苗圃10亩。两地苗圃共计约20.5亩，年产种苗2万株以上，有效带动周边果农的果业生产。

073 | 红柚全产业链开发研究与示范

- **主持及参加单位：**上海大莲湖果业专业合作社、上海青浦区红柚研究所、上海市农业技术推广服务中心、江西齐力发展实业有限公司、上海交通大学
- **参与人员：**夏贤水、王秀敏、朱文霞等

科研成果简介

本项目引进马家柚、泰国青柚等柑橘品种 50 个，并建立优良柑橘资源圃 10 亩。通过性状观测，初步筛选出适宜上海地区栽培的红柚品种 2 个——马家柚（命名青浦红柚）和泰国青柚。经专家测产，马家柚平均可溶性固形物含量为 10.48%，可食率为 61.2%；泰国青柚平均可溶性固形物含量为 13.94%，可食率为 72.5%。示范基地形成了红柚苗木繁育技术规范，并在项目实施期间繁育良种苗木 5.2 万株。形成了有机红柚省力化高效生产技术规程，并建立 1 个示范基地，面积 332 亩，辐射推广面积 1 083 亩。2022 年示范基地通过果园翻耕机、开沟机、割草机、弥雾机等机械操作实施省力化栽培，相比 2020 年常规栽培节省人工 50.3%。开发出具有食品生产许可证的柚子酒、柚子皮果脯 2 个新产品。

成果推广应用情况及在农业生产中的持续作用

本项目根据有机栽培技术要求，从生产全过程严格实施有机栽培，实现化学肥料和化学农药零投入。经对 3 年田间对比，机械省力化栽培通过技术考察和技术培训，示范推广优良品种和关键技术，在青浦区、崇明区、浦东新区、金山区等地示范优良新品种，推广增施有机肥技术、宽行密植省力化栽培技术、释放天敌等有机病虫害防控技术等。

074 | 火龙果产业提质增效关键技术集成示范

- **主持及参加单位：**上海合庆火龙果科技开发有限公司、上海合庆火龙果产业股份有限公司、上海市农业技术推广服务中心
- **参与人员：**吴奇能、王秀敏、陈凤婷等

- **科研成果简介**

本项目围绕优良品种选育、栽培及深加工标准化建设等方向开展工作。共引进优质高产的“帝龙”“糖龙”“喜香红”等27个火龙果新品种，并从中优选出两个耐2℃低温、果肉中心可溶性固形物达18度以上的优质火龙果品种。项目制定了火龙果标准化栽培技术规程和火龙果质量标准，为上海绿色火龙果种植及等级划分、质量评定提供参考。基于现代化设备优化发酵工艺流程，筛选出高效发酵火龙果的复合微生物菌群1组；建立了火龙果酵素精深加工流水线；构建了深加工质量标准控制体系，并通过ISO22000管理体系认证。开发出富含11种短链脂肪酸的“酉神”“甘眠”火龙果酵素新产品2个，并获得食品生产许可证，实现火龙果产业升级、提质增效。

- **成果推广应用情况及在农业生产中的持续作用**

本项目扩大了火龙果品种资源库，优化品种结构，制定了火龙果标准化设施生产管理技术规程及火龙果商品质量标准各1份；示范栽培面积528亩，仅果实即可实现亩产值6万元。同时，通过规范化的发酵饮品生产操作规程和标准化的生产质量管理体系，将实现年产10 000升发酵原液，处理50吨火龙果，产率提高15%。不仅有效解决了火龙果种植户的销售问题、改善了生态环境，还大大提升了火龙果的附加值，预计火龙果的价值可由原本的40元/千克增加到400元/千克，生态效益及经济效益均得到显著提升。

075 | 玉簪新优品种容器化栽培关键技术研究与示范应用

- **主持及参加单位：**上海棠茵农产品产销专业合作社、上海市农业科学院
- **参与人员：**唐英、刘建忠、朱娇等

- **科研成果简介**

本项目围绕新优玉簪品种在上海适生性种植和示范应用两方面，通过AHP层次分析法对引种的102份玉簪资源进行系统性评价，筛选出适合上海生长的玉簪品种27个。根据玉簪生长习性筛选出适合玉簪栽培种植的容器、基质配比，形成玉簪容器化栽培技术规程（草案）和玉簪组培繁育技术企业标准（草案）。此外，形成了不同景观应用条件下玉簪适宜配置模式3个：乔木－玉簪林下配置、玉簪路缘配置、玉簪花境配置，在提升玉簪景观配置效果和品种抗性方面意义重大。发表SCI论文1篇。

- **成果推广应用情况及在农业生产中的持续作用**

截至2024年，本项目繁育玉簪种苗品种11个，共计22.3万株；示范面积达10 180平方米，成为上海玉簪种苗繁殖和销售主要来源地，为玉簪产业发展做出重要贡献。

076 | 无（少）侧芽切花菊优质种苗规模化繁育技术研究

- **主持及参加单位：**上海虹华园艺有限公司、上海市农业科学院、上海应用技术大学
- **参与人员：**姚建军、周琳、尹冬梅等

- **科研成果简介**

本项目围绕在菊花产业中单头菊花的优良无（少）侧芽品种的规模化种苗繁育展开，从品种收集与筛选、母株栽培与管理、扦插繁殖技术优化、组培快繁技术研究等方面，聚焦单头切花菊生产过程中的种苗、扩繁母株、商品插穗、生根扦插苗等重要环节，进行了条件摸索和示范应用。项目筛选出 3 个优良的无（少）侧芽菊花品种，完成相关品种的组培快繁体系建立，形成无（少）侧芽切花菊种苗的标准化生产技术规程，确定其相关的切花菊插穗出圃前停水停药策略和种苗分级标准，从品种、种苗、技术等方面为推广无（少）侧芽切花菊生产提供了积极的帮助。

- **成果推广应用情况及在农业生产中的持续作用**

本项目无（少）侧芽切花菊品种的推广工作已涉及上海、云南、海南等地，示范推广 60 余亩、420 余万株。切花菊是我国主要切花和优势出口花卉之一，为获得只有顶芽主花蕾发育的单头切花菊，需要控制侧芽伸长形成侧枝，生产上采取人工抹除。在整个生长发育期不断去除侧枝，一方面极大地增加了生产成本，另一方面如果摘除侧芽、侧蕾不及时还会影响切花质量。无（少）侧芽切花菊优质种苗的高效繁育可从种质源头切入，可减少菊花生产过程中的劳动力投入，提高生产效率。

第二章

生态农业

001 基于水产养殖全过程的重金属污染快速精准监测体系的构建及其示范应用

- **主持及参加单位：**上海理工大学、月旭科技（上海）股份有限公司、上海市农业科学院、深圳市易瑞生物技术股份有限公司、上海瑞鑫科技仪器有限公司
- **参与人员：**徐斐、白冰、任兴发等

- **科研成果简介**

本项目针对水产养殖中的重金属污染风险问题，对本市水产养殖的全过程进行污染风险排查，形成污染暴露筛查报告，分析了水产品中重金属污染的主要来源。针对水产品中重金属的快速检测需求，开发了一系列重金属的精准识别材料，创新研发适配体－表面印迹技术，研制了速测试剂盒和配套速测装置，实现水产养殖过程中铅、镉、汞、砷 4 种重金属的同步速测，单次检测成本低于 20 元，改变了重金属检测主要依靠大型昂贵仪器的局面，为上海市养殖水产品的品质安全防控提供重要保障。

本项目相关成果获 2023 年度上海市科

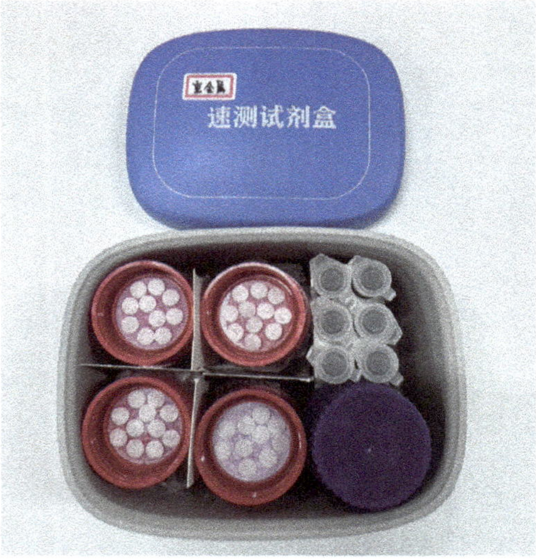

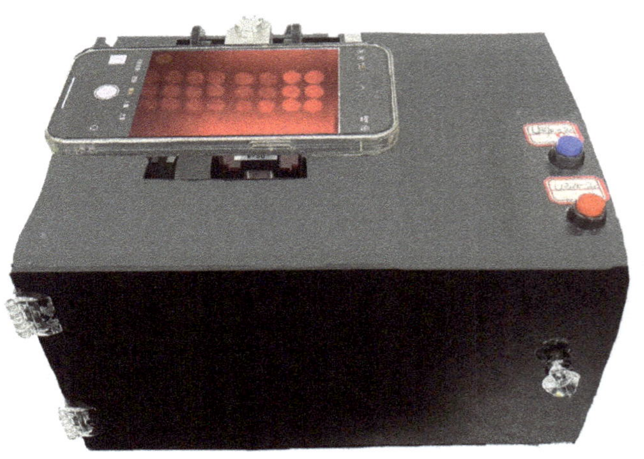

学技术奖技术发明奖一等奖。

- **成果推广应用情况及在农业生产中的持续作用**

本项目研发的速测仪和试剂盒在上海渔明水产、玉叶虾业、塘之趣等7家本地水产养殖基地进行示范应用，针对水产养殖全程中各个环节进行在线实时监测，协助企业实现年产值约2 200万元，促进了水产养殖产业的健康发展。

发明专利

- **名称：** 一种纸基电化学芯片及其制备方法和应用
- **公开号：** CN202210414203.X

- **名称：** 一种同步提取水产品中多种重金属的复合酶及应用方法
- **公开号：** CN202410476250.6

002 | 水稻穗期病害发生规律与防治策略研究

- **主持及参加单位：** 上海市农业技术推广服务中心、中国水稻研究所、上海市浦东新区农业技术推广中心、上海市崇明区农业技术推广中心、上海市金山区农业技术推广中心、上海市松江区农业技术推广中心
- **参与人员：** 沈慧梅、武向文、胡育海等

- **科研成果简介**

本项目明确了全市16个水稻主要品种穗期病害抗病表现，并针对不同品种特性制定穗期病害防治措施。优质水稻品种穗期的主要病害为稻瘟病和稻曲病，穗期两次药剂防治分别在破口期和齐穗期进行。杂交稻品种穗期抗病性较好，主要病害为稻曲病，穗期50%植株剑叶与倒二叶

叶枕平时一次用药即可。常规稻品种整体抗病性较好，不易感稻瘟病、稻曲病，穗期主要病害为穗腐病，用药时间可以放在齐穗期。

- **成果推广应用情况及在农业生产中的持续作用**

本项目成果在浦东、崇明、金山、松江等地进行推广，针对优质稻品种如“南粳46”“松香粳1018”“闵粳366”继续采取穗期（破口期、齐穗期）两次用药预防稻曲病和稻瘟病，杂交稻品种如“花优14”“秋优金丰”在穗期（叶枕平时）一次用药预防稻曲病。在产量不损失的前提下，穗期用药减少一次，不仅节省药剂成本与人工施药成本，而且产生了较好的生态效益和社会效益。

¤ 标准

- **名称：**水稻穗腐病抗性鉴定技术规程
- **公开号：**NY/T 3624—2020

003 | 稻田杂草稻和抗药性杂草绿色防控技术研究

- **主持及参加单位：**上海市农业科学院
- **参与人员：**田志慧、沈国辉、袁国徽等

- **科研成果简介**

本项目摸清了上海地区机械直播和移栽两种栽培方式下稻田杂草稻的发生和分布特征、危害现状，以及抗药性杂草发生、危害现状与抗性水平。明确了稻田4种优势杂草的抗性水平及抗性机理，并构建了快速药敏性检测技术1项；创建了水稻免疫浸种与土壤封闭除草剂配套防除稻田杂草稻的新路径，形成了水直播稻田杂草稻“前封、中护、后控”的链式防控技术，对稻

田杂草稻的防除效果可达 86.4% 以上；筛选出防控杂草稻的茎叶处理除草剂品种和配方 2 个，株防效可达 95.0% 以上；筛选出能有效控制稻田抗药性杂草的芽前除草剂品种和配方 2 个，以及苗后茎叶处理除草剂品种和配方 7 个，各药剂对抗药性靶标杂草防除效果均可达 90.0% 以上，形成了抗药性杂草综合治理技术。

- **成果推广应用情况及在农业生产中的持续作用**

本项目形成稻田杂草稻和抗药性杂草绿色防控技术操作规程各 1 套。建立杂草稻和抗药性杂草绿色防控技术集成示范基地，合计示范面积 4 430 余亩。示范基地杂草稻总体防除效果 86.8% 以上，抗药性杂草总体防除效果 88.5% 以上。

文字著作权

- **名称：**《图说稻田杂草与绿色防控》
- **公开号：**ISBN978-7-5478-5373-3

004 | 稻田秸秆还田生物调控关键技术研究与示范

- **主持及参加单位：**上海市农业科学院、上海市农业技术推广服务中心、浦东新区农业技术推广服务中心、上海松江区水稻研究所、上海上实现代农业开发有限公司、上海大井生物工程有限公司
- **参与人员：**张翰林、吕卫光、金海洋等

- **科研成果简介**

本项目针对水稻秸秆还田腐烂缓慢与附带病菌风险等难题，从稻田环境质量提升、绿色健康土壤培育等生态需求出发，协同秸秆机械化还田技术与秸秆还田营养调控技术，创制了具有促腐解、促生、防病的多功能复合微生物菌剂，跟踪监测了稻田生态系统结构与功能，秸秆腐熟效率提升 22.48% ~ 44.10%、水稻纹枯病发病率降低 24.89% ~ 27.60%、土壤腐殖质含量提升 6.85% ~ 7.55%，显著提升了秸秆还田与水稻生产效率，改变了秸秆还田传统轻型耕作模式，突破了后茬耕作与保苗难的问题。形成了水稻 – 绿肥和水稻 – 深翻秸秆还田生物调控技术体系与操作规范，有力推进了稻田秸秆循环利用与生态环境的可持续发展。

- **成果推广应用情况及在农业生产中的持续作用**

本项目构建了水稻秸秆还田生物调控技术，创制了具有促腐解、促生、防病的多功能复合微生物菌剂产品，在崇明区、松江区、浦东新区等地开展示范推广，面积达 1 万亩次以上。通过化肥替代及水稻增产与

稻田耕作机械应用相结合，节省人力成本、提高秸秆还田效率、提升水稻品质，对水稻安全优质生产起到显著促进作用。

发明专利

- **名称：**一种 γ-聚谷氨酸生物有机肥及其制备方法和应用
- **公开号：**CN202310944955.1

- **名称：**绿针假单胞菌橙色亚种、菌剂及其在病害防治中的应用
- **公开号：**CN202311532832.3

实用新型专利

- **名称：**一种秸秆粉碎生物腐熟剂靶向喷淋装置
- **公开号：**CN202022869513.X

005 | 水稻绿色生产与稻田面源污染治理控制技术集成研究与示范

- **主持及参加单位：**上海市农业科学院、上海市农业生物基因中心
- **参与人员：**邹国燕、崔娜欣、周丽等

- **科研成果简介**

本项目围绕水稻面源污染造成的水环境问题和水稻绿色生产需求，研究上海地区稻田面源污染特征与产生机制，明确稻田面源污染产生的驱动因素和治理的关键时空节点。针对灌溉水有害藻华频发，研发光催化除藻技术及强化生态浮床水质净化技术，提高水稻灌溉水水质，保障水稻用水安全。构建稻田进出水生态廊道技术，对稻田排水进行近源阻控、灌水水质提升；研发构建强化生态沟渠，在稻田污染流失过程对多污染组分协同高效净化，利用常绿沉水植物和水稻秸秆碳源提高低温脱氮效率 50% 以上，保障周年运行。构建“源头控制 - 过程削减 - 末端提升”的全过程面源污染控制技术体系，改善农田生态环境，增强水稻生产与农业生态安全，减轻水环境压力。

- **成果推广应用情况及在农业生产中的持续作用**

本项目稻田排水口近源阻控技术、强化生态沟渠和生态浮床技术等已在上海、江苏、重庆等地稻田面源污染治理中得到广泛推广应用，涉及稻田面积 20 余万亩，有效降低了稻田退水中氮、磷等污染物排放，对于区域水环境质量提升起到重要作用。

发明专利

- **名称：**基于生物炭制备的智能化控制系统
- **公开号：**CN116286053B

006 | 新村乡优质米清洁高效生产技术集成示范

- **主持及参加单位：**上海市崇明区新村乡农业综合技术推广服务中心、上海市农业科学院、上海市崇明区农业技术推广中心
- **参与人员：**徐申中、曹黎明、周继华等

- **科研成果简介**

本项目实施期间在崇明区新村乡先后引选了多个水稻品种，在优质大米品鉴评比活动中脱颖而出，并被外界认可。筛选出“沪早粳193”“申粳1221”“崇尚2022”“太安1号”“申玉粳5号”“申优R1”6个优质食味新品种（系）。其中，“沪早粳193”“申粳1221”熟期较早，适合与秋播油菜绿肥茬口搭配种植；“崇尚2022”“太安1号”“申玉粳5号”为优质食味软米品种，适合作为新村乡优质大米品牌专用品种；“申优R1”是具有爆米花香味的优质杂交粳稻品种，可用于优质香型大米品牌的开发应用。

荣誉证书
HONORARY CREDENTIAL
崇香粳201
获得2021年新村乡优质大米品鉴评比
最佳口味奖
上海市崇明区新村乡人民政府
上海新村农业发展有限公司
2021年10月23日

荣誉证书
HONORARY CREDENTIAL
申优R1
获得2021年新村乡优质大米品鉴评比
最受欢迎奖
上海市崇明区新村乡人民政府
上海新村农业发展有限公司
2021年10月23日

- **成果推广应用情况及在农业生产中的持续作用**

本项目获得最佳口味奖的“崇香粳201”被崇明区种子公司命名为“崇尚2022”，在新村乡推广种植400亩，在崇明区推广种植面积达8 181.3亩；“崇香粳34”被太平洋安信农业保险股份有限公司冠名“太安1号”，2024年在崇明区种植2 500亩，在全市推广13 500亩。

发明专利

- **名称：**一种利用小孢子培养技术创制油菜新种质的方法及其应用
- **公开号：**CN202410431449.7

- **名称：**一种基于土壤地力评价的水稻轻简化的施肥方法与应用
- **公开号：**CN202410385724.6

- **名称：**一种含嗪吡嘧磺隆和禾草丹的除草组合物及其应用
- **公开号：**CN202410091751.2

- **名称：**一种含禾草丹和氯氟吡啶酯的除草组合物
- **公开号：**CN202111151602.3

植物新品种权

- **名称：**沪油 43
- **公开号：**CNA20211006488

- **名称：**申玉粳 3 号
- **公开号：**CNA20231005085

- **名称：**申玉粳 5 号
- **公开号：**CNA20231005166

007 | 防治玉米草地贪夜蛾新型药剂的研究开发

- **主持及参加单位：**上海生农生化制品股份有限公司、上海市农业科学院、上海市松江区农业技术推广中心
- **参与人员：**徐海燕、毕强、张芝平等

- **科研成果简介**

本项目利用甲维盐、氯虫苯甲酰胺作用机理不同、不存在交互抗性的特点，创造性地将两者复配用于防治玉米草地贪夜蛾、水稻二化螟，以达到延缓害虫抗药性产生、减少施药次数和化学农药用量、延长商品货架寿命的目的。同时，根据甲维盐原药和氯虫苯甲酰胺原药的理化性质，以 1∶3 的比例进行悬浮剂的开发研究，通过在甲维·氯虫苯复配悬浮剂中加入聚丙烯酰胺等高分子物质及松脂基等植物油，避免现代农业采用飞防施药时高温环境的蒸发及喷洒雾滴飘移现象的产生。

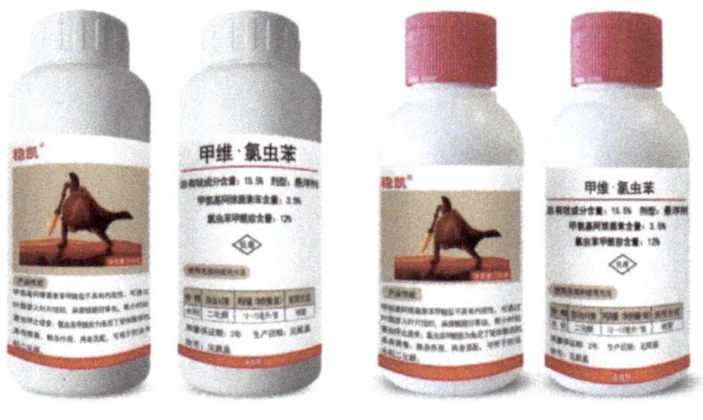

- **成果推广应用情况及在农业生产中的持续作用**

本项目在广西、河南、湖南和江苏开展了甲维·氯虫苯悬浮剂防治玉米草地贪夜蛾的 2 年 4 地田间药效试验，药后 7 天

防效在 80.72% 以上；在江苏、黑龙江、湖南和云南开展了甲维·氯虫苯悬浮剂防治水稻二化螟的 2 年 4 地田间药效试验，药后 10 ~ 25 天防效在 77.60% 以上。本项目成果后续将在我国水稻、玉米主产区推广应用。

发明专利

- **名称：**一种适用于飞防的除虫组合物及其制备方法
- **公开号：**CN114766494A

标准

- **名称：**15.5% 氯虫苯甲酰胺·甲氨基阿维菌素苯甲酸盐悬浮剂
- **公开号：**Q/GHFQ 01—2023

农药登记证

- **名称：**15.5% 甲维·氯虫苯悬浮剂
- **公开号：**PD20230885

008 | 设施蔬菜主要害虫天敌繁育技术体系构建及推广应用

- **主持及参加单位：**上海市农业科学院、上海市农业技术推广服务中心、上海廊优农业科技有限公司、山东鲁保科技开发有限公司、上海市金山区蔬菜技术推广中心、上海市崇明区蔬菜科学技术推广站、上海世鑫蔬菜种植专业合作社、上海浦东新区大洪蔬菜园艺场、上海田舍郎农业种植专业合作社、上海润庄农业科技有限公司
- **参与人员：**季香云、彭震、蒋杰贤等

- **科研成果简介**

本项目围绕市郊设施蔬菜害虫绿色防控的现实需求及崇明无农药化的战略目标，研究示范以天敌应用为主的设施菜田害虫防控技术。优选了用于防治设施蔬菜靶标害虫的主要捕食性天敌和寄生性天敌 11 种，筛选出适宜上海地区高效天敌品种 5 种；构建了 1 个天敌引种和繁育中心，制定了 3 种天敌的规模化繁育及应用操作规程，并建

立了 3 条生产线；构建了不同繁育模式的“天敌繁育岛”5 个；在上海郊区建立了以天敌释放为主的蔬菜害虫防治技术核心示范基地 5 个，核心示范区农药减量 50.0% ~ 58.0%，害虫防治效果达 81.72% ~ 87.90%。通过项目实施，辐射带动设施蔬菜天敌控害应用，培育蔬菜绿色生产企业保护利用天敌防控蔬菜害虫的绿色理念，促进传统害虫防治方法的改进升级，保证蔬菜质量安全，提升蔬菜品质。

- **成果推广应用情况及在农业生产中的持续作用**

本项目针对设施蔬菜上粉虱、蚜虫、蓟马和叶螨四大类害虫，示范推广天敌昆虫全覆盖应用技术。根据不同示范区的设施蔬菜种植模式及害虫发生情况，示范推广不同天敌品种的田间天敌生态岛繁育模式，同时通过多样化配置天敌功能植物，为天敌提供栖息场所，实现天敌产品设施菜田周年扩繁。结合技术培训，辐射带动周边设施蔬菜生产企业使用天敌防治害虫。通过该项目成果的推广应用，与常规化学防治区相比，田间化学农药使用量降低 50.0% ~ 58.0%。环保效应显现，示范区内天敌数量明显增加，天敌对害虫的控制作用明显增强。3 年累计推广 8 353 亩，提高了产量和产品附加值。

发明专利

- **名称：**一种淡足侧沟茧蜂 DNA 条形码序列及其应用
- **公开号：**ZL202110903662.X

- **名称：**茉莉酮用于制备寄生蜂引诱剂的应用
- **公开号：**ZL202311133962.X

009 | 蔬菜物理除草技术集成创新与示范

- **主持及参加单位：**上海正禾农业科技有限公司、上海市农业技术推广服务中心、上海市崇明区蔬菜科学技术推广站
- **参与人员：**李万祥、陈德章、王齐旭等

- **科研成果简介**

本项目通过地布打孔除草新技术的创新与集成示范，探索出一套具有推广价值的蔬菜种植“机器换人”技术模式，以满足多种蔬菜尤其是直播类蔬菜实际生产需要，最大限度发挥地布在蔬菜生产中的作用，以降低劳动力成本、提升基地效益。

- **成果推广应用情况及在农业生产中的持续作用**

本项目通过研制蔬菜物理除草多功能地布打孔机，弥补了农机市场该领域的空缺，实现高效、省工；完善和拓展蔬菜物理防草技术，特别是打孔地布在直播蔬菜上的应用，最大限度释放了地布防草的功能，解决了有机蔬菜杂草防治难、成本高的问题。项目成果对于蔬菜绿色生产，尤其是有机生产，提供了一种全新路径，可以在全市进行示范推广，前景广泛。

¤ 实用新型专利

- **名称：**一种轴杆易于拆装的新型收卷装置
- **公开号：**ZL202220475877.6

010 | 蔬菜害虫干扰剂的研究与创制

- **主持及参加单位：**上海市农业科学院、中国科学院分子植物科学卓越创新中心
- **参与人员：**蒋杰贤、苗雪霞、季香云等

- **科研成果简介**

本项目鉴定了高效致死的新靶标 6 个；开发了 RNA 农药专用的制剂，显著提升了 RNA 农药在自然条件下的稳定性，在高温、日晒、雨水冲刷等条件下均能表现较好的稳定作用；创制了 RNA 原药规模化生产工艺，建成了单批次百克 dsRNA 的生产体系，成本接近化学农药，且有较大下降空间；项目实现了桃蚜 5 天防效大于 90%，黄曲条跳甲 7 天防效大于 80% 的良好效果；安全性评估显示，RNA 农药具有良好的生物安全性和物种专一性，是一种绿色环保、低毒高效的新技术和新产品。

- **成果推广应用情况及在农业生产中的持续作用**

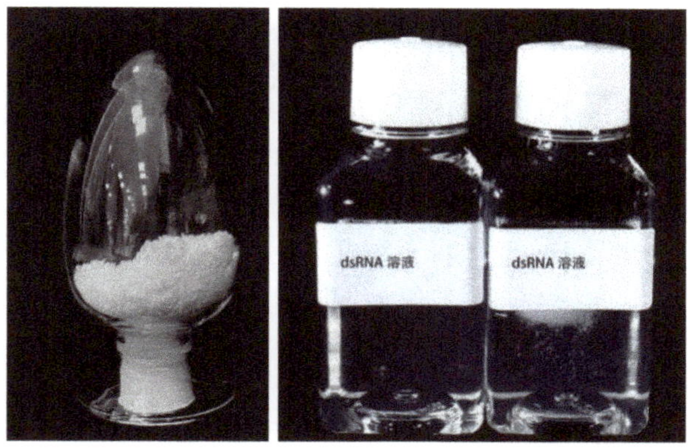

本项目研发的干扰剂目前已在上海、广东、河南、新疆等地进行了示范应用。基于本项目的研发成果已经进入商业化开发阶段，产品的推广应用将对我国农药的减施增效、绿色环保产生巨大推动作用，并产生良好的社会、经济及生态效益。

发明专利

- **名称：**一种提高 dsRNA 杀虫效果的配方
- **公开号：**ZL202010020939.X

- **名称：**对蚜虫高效致死的 RNAi 靶标基因及其应用
- **公开号：**CN201910401714.6

011 | 蔬菜菌核病早期检测技术研究及生防制剂的研发与示范应用

- **主持及参加单位：**上海市农业科学院、浙江大学
- **参与人员：**徐丽慧、张敬泽、戴富明等

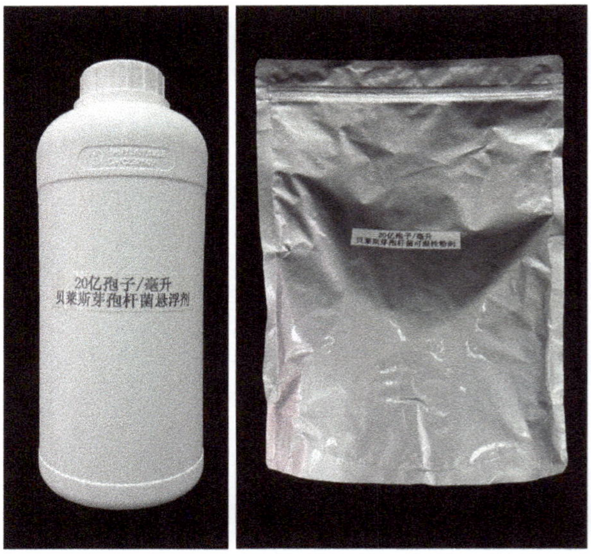

- **科研成果简介**

本项目围绕蔬菜的土传病害菌核病筛选高效生防菌株，明确其拮抗机制，开展生防产品的研发；结合农业防治技术，建立蔬菜菌核病的绿色综合防治体系，进行示范和推广，从源头上替代化学农药的使用，克服连作障碍，确保蔬菜产业安全、健康和可持续发展。明确了蔬菜菌核病发生规律，建立了蔬菜菌核病两种病原菌双重 PCR 快速检测技术 1 项，并形成了检测技术规程。研制出微生物生防制剂 4 个，建立芽孢杆菌生防制剂防治蔬菜菌核病配套技术，形成蔬菜菌核病综合防治技术操作规程，示范推广面积累计 1 840 亩。发表论文 6 篇，其中 SCI 论文 5 篇；授权发明专利 3 件。

- **成果推广应用情况及在农业生产中的持续作用**

本项目在青浦区建立生菜菌核病生防制剂示范基地，研制的 20 亿孢子 / 毫升贝莱斯芽孢杆菌悬浮剂，1 000 毫升 / 亩防治效果达 75.3%，示范推广面积两年累计达 1 280 亩。2022—2023 年在金山区建立了生菜菌核病生防制剂示范基地，研制的 20 亿孢子 / 毫升贝莱斯芽孢杆菌悬浮剂，1 000 毫升 / 亩防治效果达 76.2%，示范推广面积两年累计 560 亩。集成土传病害绿色综合防控技术的推广，不仅有助于减少化学农药的使用，降低农药残留和环境污染，而且能从源头上控制病害的发生和传播，保障蔬菜产业安全、健康和高质量发展。

发明专利

- **名称：**一种用于防治蔬菜菌核病的贝莱斯芽孢杆菌及其应用
- **公开号：**ZL202210494531.5
- **名称：**一种蔬菜菌核病的早期分子快速检测方法及其应用
- **公开号：**ZL202210495096.8
- **名称：**一种土曲霉菌株及其应用
- **公开号：**ZL202410174452.5

012 | 针对番茄主要病害的冠菌素研制与绿色防控技术示范应用

- **主持及参加单位：**上海交通大学、上海市农业技术推广服务中心
- **参与人员：**耿雪青、孔令娟、李雅乾等

科研成果简介

本项目针对上海番茄种植基地的番茄黄化曲叶病毒病、青枯病、叶霉病等重要病害，基于冠菌素激活番茄的系统性抗病途径，开发出冠菌素与具有生防效果的生物农药配方。通过盆栽试验及田间试验发现，施用该生物农药后，番茄对黄化曲叶病毒病、青枯病和叶霉病的防控率均达到80%以上。此外，该生物农药对番茄灰霉病也显示出一定的防控效果，表明该生物农药对番茄病害具有广谱抗病性。该项目的研究成果不仅提升了上海番茄绿色种植中的病害有效防控技术，而且为未来番茄大面积绿色生产的减药栽培奠定基础。

- **成果推广应用情况及在农业生产中的持续作用**

本项目研发的防治番茄病害的生物农药配方除了在上海地区使用外，还在贵州省遵义市、山西省晋中市等地对番茄、辣椒、烟草等不同农作物进行病害防控，均表现出良好的防控效果，为当地的农业发展做出贡献。

发明专利

- **名称：**一种番茄促生菌
- **公开号：**ZL202310992217.4

013 | 优质番茄－叶菜轮作高效生产技术集成示范

- **主持及参加单位：**上海惠群蔬菜种植专业合作社、上海市农业科学院、上海市奉贤区农业技术推广中心
- **参与人员：**朱剑华、杨学东、冯岩等

- **科研成果简介**

本项目筛选了“高糖 100”和“T1–08W”优良普通番茄品种 2 个，筛选出“沪樱 9 号”“珍味 4 号”和“黄冠 16”优良樱桃番茄品种 3 个；形成了 2 个番茄－绿叶菜高效种植茬口模式，春番茄－绿叶菜和秋番茄－绿叶菜茬口亩产量较常规绿叶菜种植茬口分别提高 36.7% 和 16.7%，亩产值均

比常规绿叶菜茬口提高 2.5 万元以上。

- **成果推广应用情况及在农业生产中的持续作用**

截至 2024 年，本项目在上海庆鑫果蔬种植专业合作社、上海飞益农产品产销专业合作社、上海岱柏农产品产销专业合作社等 10 多家合作社累计示范推广种植 5 个番茄品种，约 1 500 亩次；春番茄 – 绿叶菜和秋番茄 – 绿叶菜 2 个高效茬口模式累计推广约 2 500 亩次。

发明专利

- **名称：**哈茨木霉 HB40609 及其应用
- **公开号：**CN202210545934 .8

- **名称：**棘孢木霉 HB40619 及其应用
- **公开号：**CN202210546519 .4

014 | 植物活化水技术在设施草莓、番茄上的集成与应用

- **主持及参加单位：**上海宣通能源科技有限公司、上海市农业技术推广服务中心
- **参与人员：**俞超、李建勇、侯爵等

- **科研成果简介**

本项目通过研究植物活化水与水肥一体化耦合技术及配套的绿色防控、生态灌溉技术，研发设计适合草莓、番茄育苗等园艺设施作物滴灌施肥的 Act 植物活水器装置，集成设施草莓等作物 Act 植物活水器水肥一体化技术模式，在设施草莓、番茄栽培全过程进行示范应用，减少化肥、农药使用量，改善土壤微环境，提升作物品质，为农业绿色发展服务。

- **成果推广应用情况及在农业生产中的持续作用**

本项目研发设计的植物活化水技术可提升灌溉水质，促进草莓、番茄生长，提

高产量，改善品质，增加抗逆性，促进草莓、番茄种植和生产效益的提升。此项技术与水肥一体化集成的活化水水肥一体化灌溉新模式，有利于保护生态环境，节水、节肥、节药，增产、增效更为明显，是一项新型农业技术，为农业绿色发展、增强农业可持续发展能力、全面提升农产品质量安全水平奠定基础，在农业生产上有十分广阔的发展前景。

发明专利

- **名称：**一种草莓活化水肥施肥一体机专用设备
- **公开号：**CN202211415613.2

- **名称：**一种番茄活化水灌溉专用设备
- **公开号：**CN202211412154.2

实用新型专利

- **名称：**一种草莓活化水肥施肥一体机专用设备
- **公开号：**ZL202223004950.0

- **名称：**一种番茄活化水灌溉专用设备
- **公开号：**ZL202223008620.9

- **名称：**一种活化水打药装置
- **公开号：**ZL202220739307.3

- **名称：**一种活化水育苗专用设备
- **公开号：**ZL202220341712.X

- **名称：**一种农用施肥装置
- **公开号：**ZL202220739398.0

标准

- **名称：**水肥活化施肥一体机
- **公开号：**Q/310112shxtD001—2022

015 | 大球盖菇生态高效利用稻秸秆关键技术研究与应用

- **主持及参加单位：**上海市农业科学院、复旦大学、上海菇林源菌业专业合作社
- **参与人员：**陈辉、张津京、蒯本科等

- **科研成果简介**

本项目通过开展稻秸秆高效转化利用研究，筛选出适合以稻秸秆为原料的高产大球盖菇品种“申球2号”，并优化其栽培技术。深入探究了大球盖菇对稻秸秆的高效分解机制，发现关键酶类和调控因子在降解过程中的重要作用。构建了稻－菇轮作模式，促进了稻秸秆资源的高效利用，有益于后茬水稻的生产和土壤健康，实现粮食生产的良性循环。

- **成果推广应用情况及在农业生产中的持续作用**

本项目选育的大球盖菇品种“申球2号”已广泛应用于上海市郊，成为我市稻秸秆循环利用的主栽品种。该品种年生产栽培种达13.5万千克，栽培面积约750亩，每年直接利用稻秸秆8.84万吨，占全市离田稻秸秆总量的54.14%。项目成果的推广应用不仅推动了上海地区农业废弃物的有效利用，也为农业生产的可持续发展提供了新的思路和实践案例。

发明专利

- **名称：**一种异源表达大球盖菇 β－葡聚糖酶的方法
- **公开号：**ZL202110087099.3

- **名称：**一种利用大球盖菇降解秸秆残留有机氯农药2，4－二氯苯氧乙酸的方法
- **公开号：**ZL202210283640.2

实用新型专利

- **名称：**一种大球盖菇栽培料破碎铺料一体化设备
- **公开号：**ZL202122438936.0

¤ 新品种审（认）定

- **名称：**申球 2 号
- **公开号：**沪农品认食用菌 2021 第 003 号

016 | 稻 – 菇轮作生态循环模式的示范应用

- **主持及参加单位：**上海乔稼农产品专业合作社、上海市农业科学院
- **参与人员：**黄生飞、陈辉、黄建春等

- **科研成果简介**

本项目通过利用稻秸秆种植大球盖菇，菌菇采摘完后剩余菌渣实行就地还田，以菌渣替代化肥，有效减少化肥使用，既处理了秸秆直接得利收获了菇，又间接得利肥沃了土，进而为后茬水稻生长提供更加好的土壤条件。通过与市、区农业专家以科技入户形式开展技术培训和指导，初步形成了一套绿色、高产、高效的水稻 – 大球盖菇绿色循环轮作标准化生产技术，并形成标准体系。

- **成果推广应用情况及在农业生产中的持续作用**

本项目通过进一步示范应用，带动和辐射周边发展稻 – 菇绿色循环生产的开展。项目示范面积达 100 亩，水稻亩产量 450 千克，大球盖菇亩产量 700 千克，每亩产值达到 1 万元。生产的大米和大球盖菇获得了绿色食品认证，先后获得“全国农作物病虫害绿色防控技术示范推广基地、上海市生态循环农业示范基地”称号。项目成果既为市民提供了安全、营养、美味的食用菌产品，也为农业可持续发展提供了路径和方法，取得了良好的经济、社会、品牌和生态效益。

发明专利

- **名称：**一种大球盖菇牛肉酱的制作方法
- **公开号：**ZL202211013332.4

017 | 香菇废弃菌渣综合利用关键技术研究与产品开发

- **主持及参加单位：**上海市农业科学院、上海夯裕农业发展有限公司
- **参与人员：**张忠、杨焱、吴迪等

科研成果简介

本项目利用高压预处理技术辅助复合酶法提取香菇菌渣多糖，建立了高压－复合酶提取香菇菌渣多糖的工艺，提取物得率和总糖提取率比直接用水提取分别提高85%和65%。香菇菌渣提取物能够缓解生菜幼苗所受到的低温胁迫，显著提高生菜幼苗的耐寒性。同时，香菇菌渣提取物还能显著提高生菜对盐胁迫的耐受性及缓解青菜苗的高温胁迫。香菇菌渣提取物可以作为植物免疫剂显著促进苦菊生菜幼苗及定植青菜和生菜的生长，生菜产量提高9.77%～30.53%。本项目技术的实施促进了香菇废弃菌渣的高值化利用。香菇菌渣提取后的残渣经发酵生成有机肥，促进了香菇菌渣的综合利用。

成果推广应用情况及在农业生产中的持续作用

本项目开发的高压－复合酶法提取香菇菌渣多糖工艺已经进行多批次中试放大，香菇菌渣提取物的得率较高。香菇菌渣提取物已经在上海金山廊下镇上海夯裕农业发展有限公司的生菜育苗和定植生产上进行了初步应用，香菇菌渣提取物促进生菜生长、提高其产量的效果显著。同时，香菇菌渣提取物在嘉定的草莓生产基地进行了初步应用，不仅能提高草莓的坐果数、单果重及糖度，而且可促进草莓生长、提高草莓产量、提升草莓品质。

发明专利

- **名称：**一种香菇菌渣的提取方法、香菇菌渣提取物的应用
- **公开号：**CN202110570976.2

- **名称：**一种香菇菌渣蛋白聚糖及其制备方法和应用
- **公开号：**CN202211147384.0

- **名称：**香菇菌渣提取物在双孢蘑菇采前保鲜中的应用、双孢蘑菇防褐变方法
- **公开号：**CN202310597271.9

- **名称：**一种香菇菌渣多糖的制备方法及其在蔬菜育苗中的应用
- **公开号：**CN202410311605.6

- **名称：**一种香菇菌渣多糖的制备方法及其在蔬菜生产中的应用
- **公开号：**CN202410311487.9

018 | 西瓜新品种绿色高效栽培关键技术研究与集成示范

- **主持及参加单位：**上海田甜果业种植专业合作社、上海市农业科学院
- **参与人员：**李少龙、顾卫红、李超汉等

科研成果简介

本项目充分利用上海市农业科学院自主育成的优质抗病特色西瓜新品种“黑津”和“申蜜 968”的优势特色，开展西瓜新品种的绿色高效栽培关键技术集成创新研究。研究制定出“黑津”西瓜新品种的春播特早熟优质绿色高效配套栽培技术规范及“申蜜 968”的春播早熟优质绿色高效配套栽培技术规范各 1 套，并形成了“春播特早熟设施栽培‘黑津’西瓜→秋延后越冬栽培‘红颜’草莓→单季水稻‘南粳 46’”和“春播特早熟设施栽培‘黑津’西瓜→单季水稻‘南粳 46’”及“春播特早熟栽培‘黑津’西瓜→延夏轮作套种‘申蜜 968’西瓜→秋延后栽培‘青酥五号’菜用大豆”等 3 套可复制推广的绿色高效新型轮作栽培技术模式。申请获技术发明专利受理 1 项，发表本项目第一标注研究论文 1 篇。

成果推广应用情况及在农业生产中的持续作用

本项目制定的 3 套可复制推广的绿色高效新型轮作栽培技术模式，有效推动了上海及周边地区设施栽培西瓜品种结构及栽培模式的优化升级，大大加速了西瓜新品种的推广应用。至 2024 年 12 月，在上海及周边地区新增示范“黑津”和“申蜜 968”及其优质绿色高效配套栽培技术 3 500 亩次，实现年平均亩产值 20 000 元，其中，“黑津”西瓜已成为长三角地区春播特早熟设施栽培西瓜的主导品种。

发明专利

- **名称：** 一种提高春播早熟设施栽培西瓜坐果率和品质的方法
- **公开号：** CN116210538A

019 | 桃绿色发展技术创新与集成示范

- **主持及参加单位：** 上海国荣果业专业合作社
- **参与人员：** 王卫国、王治骅、刘东华等

科研成果简介

本项目在上海金山区建设基地，拟将桃适宜机械化的农艺技术体系及配套省力化树形管理技术组装配套，形成标准技术方案。已建立果园农艺和装备融合示范点 1 个，建立核心示范园 28.8 亩，并着力示范推广。同时，申请实用新型专利 2 项；发表中文核心期刊论文 3 篇；形成水蜜桃绿色发展栽培技术规程（审阅稿）1 份。其技术创新适用于机械化辅助作业的果树建园技术、整形修剪技术。主要内容为暗管排水等宜机化果园建设和适合机械入园的树形构建。

成果推广应用情况及在农业生产中的持续作用

本项目针对性地从栽培模式变革开始，构建平园宽行密株建园、主干窄冠树形并

匹配建园树下管理、树体管理等机械化内容，着力促进果业农机农艺、农业经营方式协调发展。项目成果契合现代果业发展的迫切要求，实现了节本、省工、高效，有效提高农民的收益，应用市场前景广阔。

实用新型专利

- **名称：**一种果树种植的排水装置
- **公开号：**CN217742501U

- **名称：**一种用于果树种植的田垄土下体系
- **公开号：**CN220458006U

020 | 桃园板结土壤修复技术研究与示范

- **主持及参加单位：**上海亚植农产品专业合作社、上海大学
- **参与人员：**茅伟、王道源、何池全等

- **科研成果简介**

本项目面向多年来上海市奉贤区特产、中国地理标志产品奉贤黄桃生产过程中普遍面临的“地老”问题，即多年果园土壤严重板结、土壤的持水和透水能力下降、土壤供养分能力减弱，导致水分和土壤利用效率下降及黄桃产量和品质下降，开发在长江三角洲气候条件下的冬春季节促进土壤微生物代谢复杂碳源提升土壤结构的微生物菌剂。在农业生产中实现促进土壤结构的形成，通过提升土壤碳氮循环和土壤水稳性结构形成相关功能，逐渐改善多年桃园土壤结构，提升土壤生态服务功能和黄桃种植效益。

- **成果推广应用情况及在农业生产中的持续作用**

本项目研究成果开展技术推广 100 亩，其中上海贤风农产品产销专业合作社在工农村推广应用 55 亩、上海岱柏农产品产销专业合作社在解放村推广应用 45 亩。开展技术人员培训 41 人次。

发明专利

- **名称：**一种秸秆还田提高土壤有机碳含量的方法
- **公开号：**CN202310402826.X

021 | 浦东新区书院镇“果－蔬－稻”生态循环技术模式集成示范

- **主持及参加单位：**时科生物科技（上海）有限公司、上海市农业技术推广服务中心、上海市农业科学院、上海市浦东新区书院农业投资管理有限公司
- **参与人员：**蒲加兴、刘善良、孙会峰等

- **科研成果简介**

本项目结合浦东新区书院镇一村一品的特色农业布局，以瓜果、蔬菜、水稻为抓手划定示范区，开展了农业生态循环技术体系集成示范。通过炭化和炭基肥料化，对示范区内收集的“果－蔬－稻”废弃物进行资源化综合利用，制成新型的炭基土壤培肥改良产品还田应用，在稳定农产品产量的基础上，能有效提高土壤有机

质含量，减少化肥使用量，促进农业绿色高质量发展，并在稻田尾水排放口安装促沉净化装置以减少农业面源污染，有效降低稻田尾水颗粒悬浮物 50%、降低氮磷排放量 30%。

- **成果推广应用情况及在农业生产中的持续作用**

本项目为上海乃至全国的生态循环农业提供了一套技术成熟、可操作、可复制的综合技术模式。项目成果应用到“辽河平原中南部耕地质量提升技术模式构建与应用”中，并在国内近 20 个省份进行市场化推广。

发明专利

- **名称：**一种炭化烘干一体化的处理装置和处理方法
- **公开号：**CN116410762A

- **名称：**一种稻秆和尾菜资源化利用肥料及其制备方法和应用
- **公开号：**CN116283399A

022 | 绿华镇水稻、柑橘绿色栽培技术研究与推广

- **主持及参加单位：**上海市崇明区农业质量安全中心、中国农业大学、上海市农业科学院、上海市崇明区绿华镇农业综合技术推广服务中心
- **参与人员：**施建军、高益、张卫峰等

- **科研成果简介**

本项目围绕水稻、柑橘绿色栽培技术开展研究与推广，形成水稻绿色生产技术规程、“两无化”水稻模式技术规程、露地柑橘绿色栽培技术规程、设施柑橘绿色栽培技术规程各 1 套；发表科技论文 4 篇，申报国家发明专利 3 项；形成绿色生产大面积服务模式、有机废弃物循环利用模式 3 套；建立可复制推广的水稻和柑橘绿色生产示范基地各 2 个，相关技术累计示范推广面

积 1 000 亩，达到节肥、增产、增效、增加经济效益、提升果实糖度的效果；培训农技推广人员及农民 200 人次，培养研究生及科技骨干 6 人；形成水稻后期遥感诊断追肥参数 1 套。

- **成果推广应用情况及在农业生产中的持续作用**

本项目通过农业废弃有机物添加、水稻和柑橘绿色生产技术，维持优良的农田生态循环系统，使有限的农业生产资源得到有效利用，不仅有利于提高土、肥、水资源利用率，保证国家粮食安全，还可以促进农业节本增效、农民增收和农业可持续发展。本项目推广应用后，水稻和柑橘种植业减肥 10% 以上，畜禽有机废弃物得到资源化利用，降低了全镇农业生产对周边水体富营养化污染的风险。同时，通过农田质量提升，提高水土涵养功能和生态缓冲能力，降低温室气体排放，有效提高上海市农产品质量安全保障能力，促进区域农业生态环境改善，实现生态安全和粮食安全的有机结合。

发明专利

- **名称**：一种温州蜜柑专用套餐肥及其应用
- **公开号**：CN115231981A

- **名称**：一种红美人蜜柑专用套餐肥及其应用
- **公开号**：CN115403416A

- **名称**：水稻一次性侧深施肥专用肥及其制备方法与应用
- **公开号**：CN118146041A

023 | 兔 – 稻绿色生态产业链模式集成示范

- **主持及参加单位**：上海腾达兔业专业合作社、上海市动物疫病预防控制中心、上海市奉贤区生态养殖服务中心
- **参与人员**：金伟丰、洪云超、刘炜等

- **科研成果简介**

本项目通过对肉兔绿色生态养殖、水稻绿色生态种植、牧草绿色种植与生态加工，以及废弃物无害化处理、资源化利用等关键技术的研究，解决了 10 余项技术难题。研发了商品肉兔不同季节绿色饲料配方和兔粪基质多层滚动式流水线智能水稻育秧技术，组建具有优秀生产性能的“腾达 1 号”肉兔核心群 1 个，并制订相应饲养技术规范 1 项，获授权实用新型专利 1 项，形成生产种兔绿色高产饲养、优质早熟水稻绿色种植、早熟水稻轮作紫花苜蓿绿色

种植、常规水稻轮作黑麦草种植、种养固废高温好氧综合处理等多项先进技术，建立兔－稻－草绿色循环、生态种养产业链模式1套，实现了肉兔、早熟水稻和优质牧草的全程绿色生产，以及兔粪、秸秆、稻壳等种养废弃物的资源化循环利用。

- **成果推广应用情况及在农业生产中的持续作用**

本项目各项技术成果经实施基地连续2～3个种植季的试验验证，表现了较为突出的先进性和可操作性；各项技术成果的综合集成，不仅形成了先进的兔－稻－草绿色生态产业链模式，而且表现了良好的经济、社会和生态效益。目前，相关技术成果已在合作社及周边地区逐步推广，应用面积近千亩，成效显著。

实用新型专利

- **名称：**一种异位发酵床粪污布撒装置
- **公开号：**ZL202122246632.4

标准

- **名称：**新西兰白兔规模化饲养技术规程
- **公开号：**T/SHAAV 001—2023

024 | 桃－鳖立体种养模式的研究与示范

- **主持及参加单位：**上海松江信瑜果业专业合作社、上海市水产研究所（上海市水产技术推广站）
- **参与人员：**金永敏、朱燕、石国忠等

• 科研成果简介

本项目建立桃－鳖立体种养示范基地50亩，其中桃种植面积45亩、鳖养殖面积5亩。在不影响桃产量的情况下，除减药减肥、养殖尾水排放减少带来的效益外，整个种养系统可实现产值2.06万元/亩。同时，桃树上脱落的桃子可作为中华鳖的食物，中华鳖的排泄物和饲料残饵融入水体中可为桃树和桃子的生长提供养分，这不仅提高了饲料利用率、降低了饲料系数，还获得了最大的经济收益，是一种可实现资源循环利用、节能环保、健康生态的中华鳖养殖新模式。

• 成果推广应用情况及在农业生产中的持续作用

本项目构建的桃－鳖立体种养模式在实际生产中的应用前景十分广阔。该模式在不影响桃种植生产的同时，利用低洼地区排水沟和集水池空间开展鳖的养殖，使排水沟和集水池在实现排水、蓄水、均衡水量、灌溉桃园等功能外，还可以成为鳖生态养殖的“池塘”，无须另外改造，省时省力，操作简便，实现多品种立体种养，一地多收，提高产出效益。同时，实现了桃、鳖生长季节的互补，桃休眠期捕捞鳖，鳖养殖期采摘桃，提高了人工利用率，延伸了市场供给，促进农业增效、农民增收。

发明专利

- **名称：**适用于低洼地区的桃、鳖、黄花苜蓿立体生态循环种养方法
- **公开号：**ZL20221506473.3

实用新型专利

- **名称：**桃、鳖立体种养系统
- **公开号：**ZL20222174737.1

软件著作权

- **名称：**立体生态循环种养技术管理系统 V1.0
- **公开号：**2023SR0610293

025 | 鱼－虾－菜生态循环种养智能化管控技术研究与示范

- **主持及参加单位：**上海绿椰农业种植专业合作社、上海市农业科学院、上海市水产研究所（上海市水产技术推广站）、上海晋泷科技有限公司、上海贝电实业（集团）股份有限公司、上海交通大学、上海市青浦区水产技术推广站、上海市青浦区农业技术推广服务中心
- **参与人员：**刘永军、徐震、张春荣等

- **科研成果简介**

本项目围绕鱼－虾－菜生态循环农业模式与数字化管控技术的有机结合应用，从鱼－虾－菜种养系统与数字化管控系统搭建、营养转化与多级利用、水质优化与再利用等方面开展多学科、多环节的研究与示范；针对鱼－虾－菜生态循环种养系统中的种养数据采集、样本库构建、实时监测、设备联动、软件开发与应用，进行了创新与应用研究；建立了 5 200 平方米智能化鱼－虾－菜生态循环种养生产示范基地，形成鱼－虾－菜生态循环种养生产模

式，开发了一套适用于大屏端、PC端、手机端的监管平台。

- **成果推广应用情况及在农业生产中的持续作用**

本项目建立起鱼－虾－菜生态循环种养模式的相关技术体系，形成可复制的示范基地，实现了数字化管控、生态环保、提高种养能效的目标；集成创新多项生态种养农业、数字化应用关键技术，实现了生态农业模式＋数字化管控，拓展了上海生态农业与数字农业的应用领域，推进了农业数字化转型。目前，项目成果已在江苏、山西、云南、吉林等地示范推广，应用面积达30 000平方米以上。

发明专利

- **名称：**鱼植共生系统及培育设施
- **公开号：**ZL201810098493.5

软件著作权

- **名称：**基于智慧农业的多环境参数监测系统 V1.0
- **公开号：**软著登字第12667942号

026 | 小龙虾－热带果树温室立体生态种养结合关键技术研究与应用示范

- **主持及参加单位：**上海开太鱼文化发展有限公司
- **参与人员：**张美琼、李俊林、张才明等

- **科研成果简介**

本项目构建了小龙虾－热带果树规模化种养共生系统，开展不同养殖模式下小龙虾的品质及环境效应的研究，建成小龙虾－热带果树温室立体生态种养结合示范基地。利用双棚双膜高效温室，在水中用波纹管种植桶种植香蕉、荔枝、桂圆、莲雾等热带水果，水下投放小龙虾，实现热带水果在上海地区成功种植；通过水生动物、水生植物、微生物群落的相关作用，实现富营养化物质多级利用，最终输出全生态、纯天然的优质热带水果。

- **成果推广应用情况及在农业生产中的持续作用**

本项目将养殖与种植有机结合，水体的富营养化物质被植物吸收，植物可以增加环境中的氧气浓度，促进温室系统中动物和植物的新陈代谢及物质循环利用。该模式既能保证产品品质，还能提升产量，将亩产经济效益由单一的1万元左右提高到4万～5万元，经济效益显著。通过温室种养结合、农业绿色生产技术体系的研究，提高水产养殖产品质量和单位经济效益，进一步带动一二三产业融合发展。通过本

项目的研究开发推广，还可以将观光游览、休闲度假、科普博览等主要功能进行有机结合，能有效提高长三角农业绿色生产的科技水平，加快产业调整步伐，推动长三角农业产业升级和产业结构调整，实现农业可持续发展。

发明专利

- **名称：**冬季小龙虾幼苗扶壮池及扶壮方法
- **公开号：**CN202411733778.3

027 | 长江刀鲚池塘套养模式的研究与示范

- **主持及参加单位：**上海市水产研究所（上海市水产技术推广站）、上海水产养殖有限公司、上海海洋大学
- **参与人员：**谢永德、施永海、陈建明等

- **科研成果简介**

本项目针对当前长江刀鲚人工养殖技术尚未实现产业化发展的现状，聚焦刀鲚主养模式中存在的成活率低、规格偏小和商品鱼成品率不高等问题，研发了东方鲀－刀鲚、中华绒螯蟹－刀鲚、对虾－刀鲚套养3种养殖模式。创立了长江刀鲚2龄鱼种套养在暗纹东方鲀养殖池的养殖技术，刀鲚平均亩产7.66千克，平均成活率68.2%，刀鲚商品鱼（大于50克/尾）占比达45.6%。形成了2个长江刀鲚成鱼池塘生态套养技术规范。

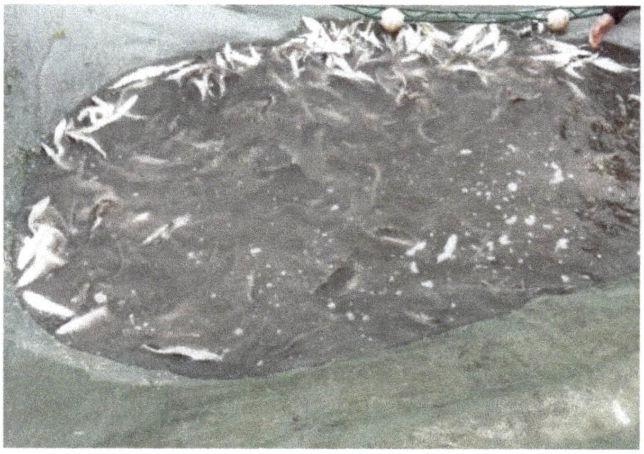 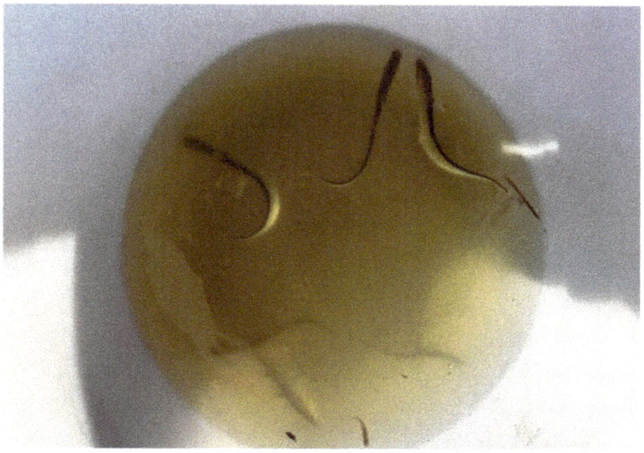

- **成果推广应用情况及在农业生产中的持续作用**

本项目解决了刀鲚主养模式中存在的系列瓶颈问题，为当前刀鲚池塘规模化养殖提供了技术支持和实践参考，为推动刀鲚这一名贵鱼种的产业化开发奠定了基础。已累计在上海奉贤地区建立了 4 个长江刀鲚养殖示范基地，套养示范养殖面积达 324 亩，为在长三角刀鲚适养地区开展套养提供了切实可行的借鉴和参考。

发明专利

- **名称**：一种二龄长江刀鲚套养在暗纹东方鲀养殖池的养殖方法
- **公开号**：CN113080109B

- **名称**：一种提高刀鲚二龄鱼种越冬成活率的方法
- **公开号**：CN115669576A

- **名称**：米虾高密度养殖系统和方法
- **公开号**：CN112568170A

实用新型专利

- **名称**：米虾高密度养殖系统
- **公开号**：CN213939371U

- **名称**：用于收集池塘漂浮藻类的网具
- **公开号**：CN220057854U

- **名称**：简易水中集虫装置
- **公开号**：CN218681350U

028 | 基于箱塘联动的水产生态养殖模式研究

- **主持及参加单位：** 上海市水产研究所（上海市水产技术推广站）
- **参与人员：** 刘智俊、李建忠、张根玉等

- **科研成果简介**

本项目针对目前传统养殖模式养殖效率低下和尾水排放不达标等问题开展联合攻关，突破现有生态养殖的制约瓶颈，选取上海“三虾一蟹”产业布局中重要经济甲壳动物（河蟹、青虾），开展箱塘联动智能生态养殖技术研究和自动化养殖管理设施的示范应用。通过优选网箱养殖区特种鱼类套养的工程与示范带动，解决了传统养殖产业的升级问题，建立了高度信息化的养殖模式，促进了产业持续健康发展。建立了黄颡鱼＋河蟹＋红螯螯虾、加州鲈＋河蟹＋青虾、杂交鳢＋河蟹＋红螯螯虾 3 种箱塘联动生态养殖模式，其中河蟹大规格比例达 53.33%。

- **成果推广应用情况及在农业生产中的持续作用**

本项目通过网箱和池塘养殖的结合，充分利用了水体空间，并通过饲料的优化配置，显著提高了资源的利用效率，减少了浪费。网箱养殖产生残饵和排泄物可被池塘中的植物和微生物分解利用，形成生态循环，既改善了水质，又降低了养殖污染，体现了环境友好性。箱塘联动模式能

够提升养殖产量和经济效益，不仅增加了单位面积的产出，还通过生态系统的自我调节功能，减少了病害发生、降低了养殖成本。此外，这种模式还促进了水产养殖的可持续发展，为农民提供了新的增收途径。箱塘联动水产生态养殖模式在资源高效利用、生态平衡、经济效益和环境保护等方面具有重要意义，是实现水产养殖绿色、可持续发展的有效途径。目前，该模式已示范推广至7家单位，推广面积129亩。

实用新型专利

- **名称：**气提式微流水网箱
- **公开号：**ZL202220265.1

软件著作权

- **名称：**上水研智慧饵料投喂管理系统
- **公开号：**2021R11L3634609

029 | 上海市水产绿色健康养殖技术集成与示范应用

- **主持及参加单位：**上海市水产研究所（上海市水产技术推广站）、上海市崇明区水产技术推广站、上海市松江区水产技术推广站、上海市奉贤区水产技术推广站、上海市金山区水产技术推广站
- **参与人员：**李建忠、刘金金、刘智俊等

- **科研成果简介**

本项目以水产绿色健康养殖技术推广五大行动（以下简称“五大行动”）为主要实施内容，培育了12个国家级“五大行动”骨干基地，试验示范了6种生态健康养殖模式、4种养殖尾水处理技术模式，示范推

广水产养殖用药减量技术和中华绒螯蟹成蟹配合饲料替代幼杂鱼养殖技术，示范推广中华绒螯蟹“江海21”、团头鲂“浦江1号”、大口黑鲈“优鲈3号”、罗氏沼虾“南太湖3号”和凡纳滨对虾“海兴农2号”等水产新品种及配套养殖技术，摸清了本市水产种苗繁育主体状况，为上海市“五大行动”的实施树立了典型样板，在技术模式集成示范和引领带动方面发挥了重要作用。

- **成果推广应用情况及在农业生产中的持续作用**

本项目“五大行动”骨干基地至2024年扩增至24个，在骨干基地的辐射带动下，全市9个区和1个域外农场（合计473个养殖场、12.52万亩养殖面积）积极开展“五大行动”，技术服务9 945人次。骨干基地示范推广6种生态健康养殖模式，推动229个水产养殖场、7.5万亩养殖面积开展生态健康养殖；示范推广5种养殖尾水处理技术模式，推动10.6万亩养殖场开展养殖尾水治理行动；带动354个养殖场、10.6万亩养殖面积开展用药减量行动；推动60个养殖场、8 596亩养殖面积开展配合饲料替代幼杂鱼行动；14个养殖场、4 270亩养殖面积示范推广水产种业质量提升行动，示范推广中华绒螯蟹“江海21”等5个水产新品种及配套养殖技术。在骨干基地的示范引领下，全市（含域外）水产绿色健康养殖示范推广规模和效应进一步扩大。

发明专利

- **名称：** 一种新型池塘生态循环养殖方法
- **公开号：** ZL202211241906.3

030 | 池塘养殖尾水处理及达标排放实用技术的研究与示范

- **主持及参加单位：** 上海市水产研究所（上海市水产技术推广站）
- **参与人员：** 徐嘉波、刘永士、施永海等

- **科研成果简介**

本项目聚焦池塘养殖尾水处理和达标排放，以“养殖池塘—排水沉淀沟—湿地—净化池塘—达标排放”为研究模型，开展了池塘养殖尾水处理低成本运营和达标排放的综合性技术研究并进行示范与应用。创立了集池塘养殖和尾水处理于一体的生态养殖系统及其运行维护方法；建立了基于水质标识指数法的淡水集中连片池塘与养殖尾水处理系统的综合水质评价方法，经处理后的排放水达到或优于养殖小区进水源综合水质的水平，并符合淡水池塘养殖水排放要求一级排放标准。

● 成果推广应用情况及在农业生产中的持续作用

本项目研发的池塘养殖尾水处理及达标排放技术，基于现有养殖池塘进行轻微改造和简易升级，具有改造升级成本低的优势。此外，该技术优势在于对原有养殖生产效益不产生负面影响。最为重要的是，该技术可实现养殖尾水达标排放，提升养殖水域水环境质量，推进渔业绿色生态发展，经示范推广有助于恢复自然水域生态平衡和自净修复能力，实现优美水域生态环境。至 2024 年，本项目建立养殖面积 220 亩的示范基地 1 个。

发明专利

- **名称：**一种凤眼莲离水干式越冬保种方法
- **公开号：**CN114451286B

- **名称：**集池塘养殖和尾水处理于一体的生态养殖系统及其运行维护方法
- **公开号：**CN111642425B

031 | 上海地区水产养殖环境中抗生素类药物残留调查及修复关键技术研究

- **主持及参加单位：**上海市水产研究所（上海市水产技术推广站）、东华大学
- **参与人员：**陈雪婷、张玉平、刘菁华等

科研成果简介

本项目完成了覆盖上海地区9个区3个主要水产品种的典型养殖池塘环境中七大类30种抗生素及违禁药物残留污染调查与监测，累计完成监测池塘205次（个）。确定了上海市水产养殖环境中药残污染的关键因子，综合评价了上海水产养殖环境中药残的污染状况。获得3株可实际用于养殖池塘环境药残修复的降解菌株，制备了1份可降解喹诺酮类抗生素、孔雀石绿、磺胺类抗生素和大环内酯类抗生素的菌剂。研发了一套水产养殖尾水处理系统——固相反硝化生物滤池，可实现高效同步去除硝氮和喹诺酮类抗生素。

成果推广应用情况及在农业生产中的持续作用

本项目为上海地区水产养殖环境中抗生素及违禁药物残留污染状况提供了数据参考，为指导养殖户规范用药及本市污染物环境源头管控提供决策依据。本研究筛选并制备的抗生素高效降解菌剂是生物强化技术成功的决定性因素，具有良好的应用前景和推广价值。

发明专利

- **名称：**一株腐质霉菌KC0924g及其生产的菌剂和应用
- **公开号：**CN114395484B

032 | 菌菇菇根和菌糠生物发酵高值利用关键技术研究

- **主持及参加单位：**上海交通大学、上海光明森源生物科技有限公司、上海源耀农牧科技有限公司
- **参与人员：**徐建雄、张引芳、徐维娜等

- **科研成果简介**

本项目发展了适合菌糠饲料化利用的金针菇和真姬菇培养基质配方和应用技术，打通了食用菌副产物饲料资源化利用的关键节点，为食用菌副产物高值化利用奠定了基础；筛选培育了高水分发酵菌种，建立了高水分食用菌副产物厌氧固态发酵工艺，开发了发酵金针菇菌糠生物饲料和发酵菇根多糖饲料添加剂。发酵金针菇菌糠生物饲料可代替5%～10%的母猪和肥育猪饲料，发酵菇根多糖饲料添加剂可促进仔猪增重6.50%，提高仔猪免疫力、抗氧化能力和抗炎能力，为节粮型养殖、无抗养殖提供了新方案。

- **成果推广应用情况及在农业生产中的持续作用**

本项目成果应用于上海创博生态工程有限公司的混合型饲料添加剂富畜康和上海源耀农牧科技有限公司的相关产品中，在广东、江苏、四川等地推广应用，成为实现无抗养殖的新途径。

发明专利

- **名称：**一种金针菇菇根多糖的提取方法
- **公开号：**CN111978429B

- **名称：**通过改变肠道氧化还原状态定向调节肠道菌群的组合物及制备方法
- **公开号：**CN112189840A

- **名称：**一种多菌种混合发酵提高饲料品质的方法
- **公开号：**CN113243450A

- **名称：**一种利用蘑菇菌糠制作的霉菌毒素解毒剂及其加工方法
- **公开号：**CN113995085A

实用新型专利

- **名称：**一种微生物培养、流加接种两用锥形瓶
- **公开号：**CN215480907U

- **名称：**一种固体发酵环境氨气浓度检测装置
- **公开号：**CN215768438U

- **名称：**一种防堵料的生物发酵饲料装置
- **公开号：**CN216155836U

- **名称：**一种低损耗率的液态生物发酵产物干燥装置
- **公开号：**CN216320000U

033 | 安全高效有机微量元素——酵母发酵微量元素的研发与产业化

- **主持及参加单位：**上海源耀农牧科技有限公司、浙江大学
- **参与人员：**孙中超、郭子好、冯杰等

科研成果简介

本项目利用现代生物技术工程发酵技术筛选出高富集微量元素酵母，进一步实现复合酵母高密度发酵，建立高转化率的无机元素滴注工艺，使微量元素的有机转化率高达90%。开发出一种吸收率高、稳定性好的饲用有机微量元素产品，实现成果转化。在保证生长性能的前提下，降低猪饲料中铜、铁、锌、锰的添加量，同时降低粪便中的金属排放，助力养殖业绿色发展。

成果推广应用情况及在农业生产中的持续作用

本项目产品仔猪配合饲料中，铜、铁、锌、锰的使用量分别为《饲料添加剂安全使用规范》（农业农村部公告第2625号）规定的相应元素最高限量的8%、5.3%、36.4%、6.7%，不但不影响猪的生产性能，还能提高仔猪的生长性能，且有提高仔猪免疫力的趋势。在生长猪的饲料中添加酵母发

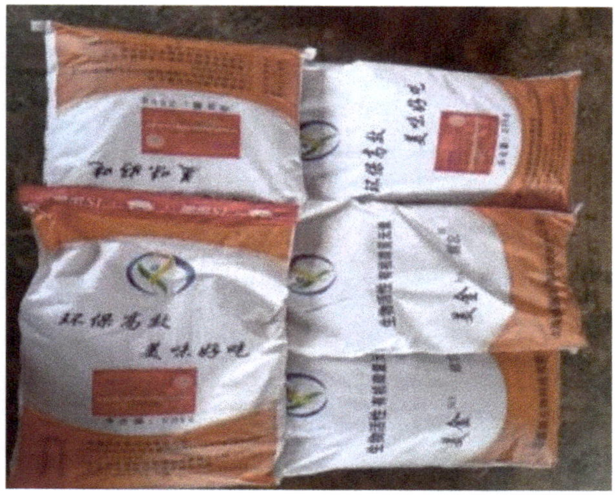

酵微量元素，仔猪粪便中微量元素铜、铁、锌、锰的排放量分别降低 82.59%、84.08%、23.41%、27.64%，总量降低 62.15%，且不影响猪的生长性能。在蛋鸡养殖中，使用本项目产品可以提升产蛋率、降低破蛋率、改善蛋壳颜色和光泽度、提高蛋清黏稠度，为养殖户增加收益。项目产品已累计销售 585.96 吨，产生销售收入 1 074.64 万元。

发明专利

- **名称：**一种高诱食性和适口性的有机微量元素及其制备方法
- **公开号：**CN113768049A

实用新型专利

- **名称：**一种高效的有机微量元素双滚筒干燥设备
- **公开号：**CN216716836U

034 | 饲料禁抗后生猪健康绿色养殖关键技术集成示范

- **主持及参加单位：**上海新农科技股份有限公司、上海市动物疫病预防控制中心、中国农业科学院上海兽医研究所、上海市环境科学研究院、上海市农业科学院
- **参与人员：**陈英杰、黄士新、曹莹等

- **科研成果简介**

本项目在“无抗”养殖研究与示范过程中，评价各项指标监测结果，形成饲料禁抗后生猪健康养殖监测报告 1 份。完成微生态制剂、酶制剂、植物精油等饲料添加剂应用评价报告 3 份。研制 3 种新型替

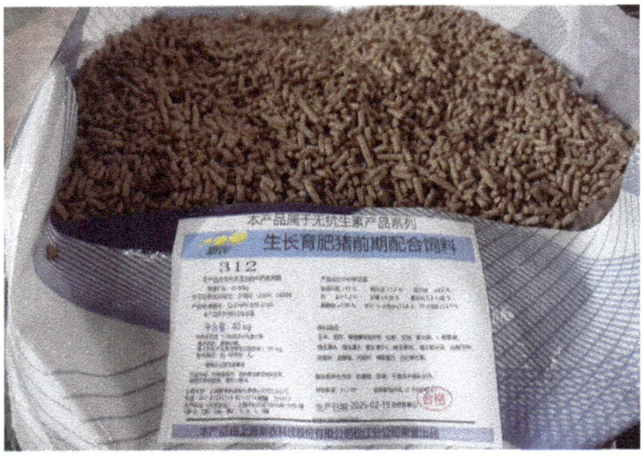

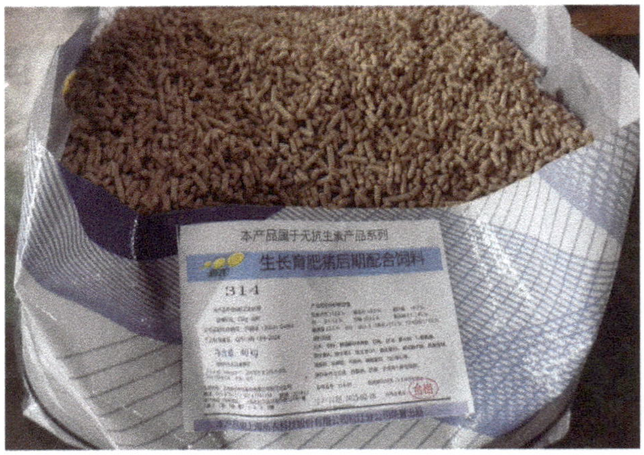

抗饲料添加剂，优化饲料配方工艺，形成饲料生产加工技术规范1份，获3个替抗预混合饲料和3个替抗配合饲料产品批文。形成饲料禁抗后生猪绿色养殖技术规范1套。在上海3家猪场开展示范应用，年出栏生猪合计8万头，全群死亡率控制在9%以下，日增重提高5.5%，料肉比下降5.5%，形成应用报告1份。制定无抗养殖猪肉品质技术要求，形成1份研究报告。

● 成果推广应用情况及在农业生产中的持续作用

本项目形成的上海地产生猪健康养殖技术规范已应用于上海地产生猪健康养殖中的基本要求、生物安全及健康安全、饲料控制、营养调控等方面；成果专利在各个养殖场生产中推广使用。通过对“无抗”养殖过程中各项指标的监测，建立了一系列检测技术并使之标准化，可有效确保筛查的精准性和检测的准确性。此外，参与制定了《饲料中风险物质的目标物筛查与确认液相色谱－高分辨质谱法》（农业农村部676号公告）可以有效排除滥用、乱用及“隐性”使用抗菌药物的风险，得到农业农村部畜牧兽医局的表扬。在项目实施期间，3个无抗集成技术推广示范场生产数据均有所提升，死亡率、料肉比均有所下降，项目将“饲料无抗”与“养殖减抗”目标相结合，制定出养殖场对猪群健康度监测及疾病管控方案，显著提升了养殖行业管理水平，大幅度提升了肉制品的安全性，对改善人民生活水平和质量具有重大的意义。

发明专利

- **名称：**一种具备吸嘴自动消毒的仔猪用液体饲养装置
- **公开号：**CN202311205464.1

- **名称：**一种具有智能配比猪用饲喂设备
- **公开号：**CN202311197495.7

- **名称：**一种猪肉中5类17种抗生素的检测方法
- **公开号：**CN202110954877.4

- **名称：**一种使用于爆大豆提高仔猪生产性能的饲料及其制备方法
- **公开号：**CN202010675362.6
- **名称：**一种使用于爆大豆提高母猪繁殖性能的哺乳母猪饲料及其制备方法
- **公开号：**CN202010675349.0
- **名称：**一种发酵饲料及其在改善猪肌间脂肪的应用
- **公开号：**CN202310288078.7

实用新型专利

- **名称：**一种吨料袋制备发酵饲料的封口装置
- **公开号：**CN202323171042.5
- **名称：**一种猪用发酵饲料生产装置
- **公开号：**CN202320028356.0
- **名称：**带有风向传感器的围墙除臭装置
- **公开号：**CN202022355641.2
- **名称：**一种用于发酵饲料质量控制的发酵数据信息采集车
- **公开号：**CN202121055457.4

标准

- **名称：**上海地产生猪健康养殖技术规范
- **公开号：**T/SHAAV010—2022

035 | 基于作物营养强化的新型复合微生物菌剂开发及示范

- **主持及参加单位：**上海市农业科学院、上海交通大学、上海乾界生物科技有限公司、上海清美绿色食品（集团）有限公司、上海缘菊粮食果蔬专业合作社
- **参与人员：**王金斌、吴淑杭、奥岩松等

- **科研成果简介**

本项目针对上海市绿叶菜持续生产的产业需求和土壤质量现状，聚焦挖掘和定向重构根际微生物资源，形成一系列生物防治、促生增养的复合微生物菌剂产品；获得了用于青菜、生菜和菠菜促生增养的新型复合微生物菌剂3种，蔬菜中主要营养成分（维生素C、维生素B_1、β－胡萝卜素和铁）含量提升了5.1%～44.4%，蔬菜增产10.25%以上；构建了抗病微生物菌剂3种，

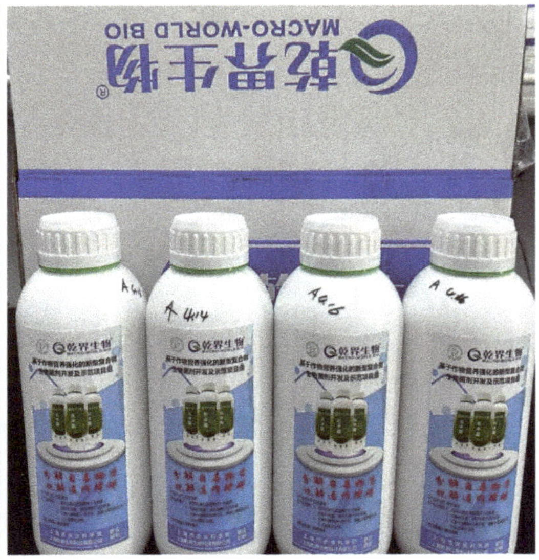

防控效果达到 58.1% 以上，农药减施 32% 以上；总结形成施用新型复合微生物菌剂的蔬菜栽培技术规程 4 份；申请项目相关专利 15 项，其中授权专利 7 项；发表 SCI 论文 6 篇，中文核心期刊论文 2 篇；申请微生物菌剂登记证 5 项。

- **成果推广应用情况及在农业生产中的持续作用**

本项目研究新型复合微生物菌剂在土传病害防控、促进作物生长、强化作物营养上的应用。集成示范新型复合微生物菌剂应用示范面积累计 2 477 亩，为实现农业绿色防控和提质增效提供了有效的解决方案。微生物菌剂的应用可以提高蔬菜的营养元素含量，减少农药的使用，绿色安全，从而提升农产品的经济价值。

发明专利

- **名称：**一种解决连作障碍的高效微生物菌剂
- **公开号：**ZL202110465571.2

- **名称：**一种具有耐盐胁迫能力的根际促生菌贝莱斯芽孢杆菌 JB0319 及其应用
- **公开号：**ZL202310274960.6

- **名称：**一种高产吲哚乙酸菌株 JB0319 及其应用
- **公开号：**ZL202210961846.6

- **名称：**一种番茄青枯病拮抗细菌 WJB0802 及其应用
- **公开号：**ZL202211073113.5

- **名称：**一种菌根菌剂及其制备方法
- **公开号：**ZL202110465655.6

- **名称：**一种适配喷粉装置的粉剂包装袋
- **公开号：**ZL202220612578.2

- **名称：**一种具有良好固氮能力的褐球固氮菌突变体及其应用
- **公开号：**ZL202010848841.3

¤ 软件著作权

- **名称：**微生物菌剂微胶囊制备控制系统 V1.0
- **公开号：**2023R11L0381022

- **名称：**作物新型复合微生物菌剂营养强化高效筛选系统 V1.0
- **公开号：**2023R11L0381136

- **名称：**作物新型复合微生物菌剂营养强化复配控制系统 V1.0
- **公开号：**2023R11L0381071

¤ 标准

- **名称：**生物降解塑料堆肥试验用接种物制备方法
- **公开号：**T/CPF 0078—2024

036 | 基于生物菌肥防治十字花科根肿病的技术示范与应用

- **主持及参加单位：**上海嘎灵咯农产品专业合作社
- **参与人员：**王凤林、王亚林、项萍萍等

- **科研成果简介**

本项目形成基于生物菌肥的十字花科（青菜）根肿病绿色综合防控技术规程 1 项。制定并形成了十字花科（青菜）菜田土壤绿色培肥方案 1 套。在上海嘎灵咯农产品专业合作社建立核心示范基地 1 个，面积 50 亩，较实施前，根肿病防治效果达到了 64%，青菜产量达到 1 650 千克 / 亩。推广面积 250 亩。发表论文 1 篇，申请实用新型专利 2 项。开展十字花科（青菜）根肿病防治技术培训 2 次，培训人数 203 人次。

- **成果推广应用情况及在农业生产中的持续作用**

本项目集成青菜根肿病绿色生态防治技术，有效保障蔬菜质量安全，推动上海都市绿色农业发展，满足人民对美好生活的需要。通过项目实施，50 亩核心示范基地商品率得到提高，每亩产值增加约 1 000 元，年纯利润增加约 2 万元。技术辐射带动合作社种植户，每亩效益提升约 800 元。项目通过生物菌肥防治根肿病，降低生产成本，提高农业产出和农民收益。同时，培养了一批中青年专业人才和推广技术人员，培训基层种植户，搭建科研队伍和实践平台，增强农民科学种田意识，为解决设施农田连作障碍奠定了基础。

实用新型专利

- **名称：**一种生物菌肥培肥仓
- **公开号：**CN202322405583.3

- **名称：**一种生物菌肥防治青菜根肿病实验箱
- **公开号：**CN202322405585.2

037 | 完全降解持续污染物甲苯的工程菌种构建及应用

- **主持及参加单位：**上海市农业科学院
- **参与人员：**彭日荷、姚泉洪、王波等

- **科研成果简介**

本项目通过重新设计优化合成了完全降解甲苯的所有基因，并重构了甲苯降解原核表达载体，转化不同的大肠杆菌底盘细胞，从中筛选出1株高效降解甲苯的工程菌株；通过GC-MS和稳定性同位素示踪等技术，分析了工程菌种降解甲苯的路径，利用组学分析揭示了甲苯对工程菌种基础

代谢的影响；摸清了工程菌种降解甲苯的最适环境条件。在上海青浦区白鹤镇上海农业科学院转基因种植基地典型水稻种植土壤田中，建立了甲苯降解工程菌修复污染土壤小区试验点，甲苯去除率达到 81.8%。制定了降解土壤和水体中甲苯的相关技术程序。甲苯降解工程菌种有利于快速完成土壤和水体的易位快速修复。本项目的实施对目前国家推行的美丽乡村建设具有巨

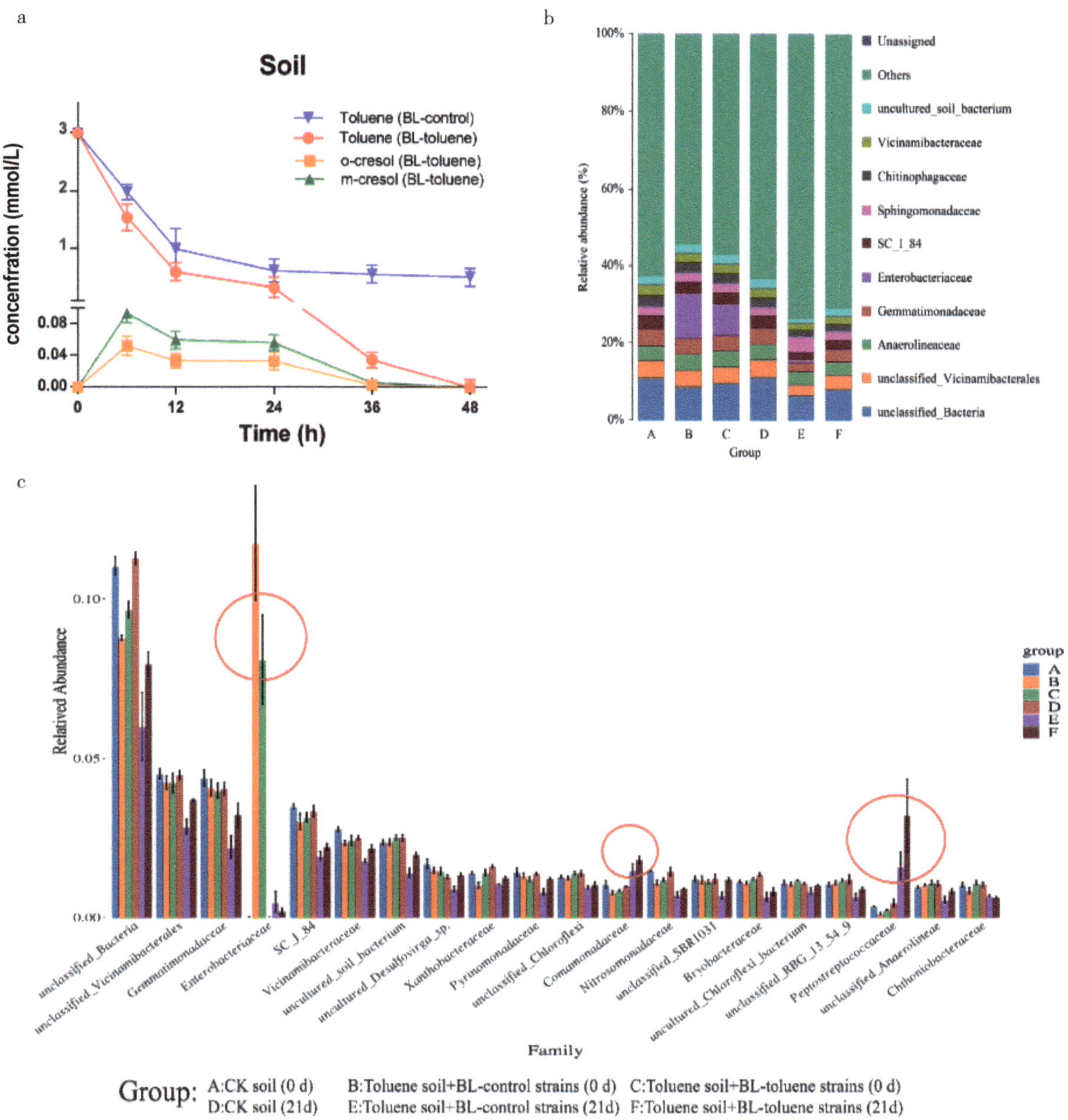

大的推动作用。

- **成果推广应用情况及在农业生产中的持续作用**

本项目通过场地现场修复研究，获得了一些可以值得借鉴的经验：一是工程菌种在环境中具有一定的生存能力，处理21天后还能够检测到工程菌种，表明工程菌种降解具有一定时效性；二是工程菌种对环境微生物有一定影响，比如土壤中根瘤菌科和沉积微生物菌科细菌丰度显著高于对照菌种，增加了土壤中铵态氮的合成及代谢。这些初步试验为未来培育和应用工程菌种降解有机污染物打下了一定的基础。由于还需要进行大量的环境安全评价研究，目前该菌种还没有大规模推广应用。

发明专利

- **名称：**一种多基因串联法创制完全降解1，2-二氯乙烷工程菌的方法及应用
- **公开号：**CN2022115225318

软件著作权

- **名称：**工程菌降解甲苯实时检测系统V1.0
- **公开号：**2023SR0215577

038 | 全降解诱虫板的深度研发和废弃物资源化利用

- **主持及参加单位：**上海盛谷光电科技有限公司、上海市青浦区农业技术推广服务中心、上海市农业技术推广服务中心、上海市浦东新区农业技术推广服务中心、上海市松江区农业技术推广中心
- **参与人员：**赵卫中、唐纪华、王桂英等

- **科研成果简介**

本项目综合应用绿色防控技术、高分子材料学、管理统筹学等学科知识，形成从制造、高效诱虫到统筹管理废弃物等一系列成果。在全降解诱虫板中加入性信息素，使诱虫由“普杀”变为“专杀”，提高效率，防止益虫受损；调整了工艺，降低了成本，在蔬菜标准园通过蔬菜废弃物、全降解诱虫板、“微秸宝”建立堆肥系统，使废弃物得以资源化利用。项目的实施为农业领域绿色防控、减少面源污染、废弃物处理提供先进的产品和管理手段，同时降解材料的原料由绝大多数采用进口材料转为国产材料。

- **成果推广应用情况及在农业生产中的持续作用**

本项目建成全降解诱虫板全覆盖、全降解诱虫板废弃物资源化利用基地40个，

蔬菜基地面积 15 808 亩。在全市推广全降解诱虫板 10.8 万亩，在全国销售全降解诱虫板 85 万张，为减少面源污染添加了新的产品。

发明专利

- **名称：**一种性诱板喷涂装置
- **公开号：**ZL202011161362.0

039 | 生物全降解淀粉基农用地膜的开发及其应用

- **主持及参加单位：**华东理工大学
- **参与人员：**陈芳萍、洪华、夏浙安等

- **科研成果简介**

本项目在进行淀粉的改性研究、增强淀粉与聚酯间的界面相容性、提高淀粉疏水性和加工性的基础上，将塑料通用挤出机改造成连续反应器，一步完成物理和化学改性，赋予材料良好的加工性能，最终制备出了改性淀粉含量为 55wt% 的 MS/MPBAT 复合薄膜，并实现了批量规模化稳

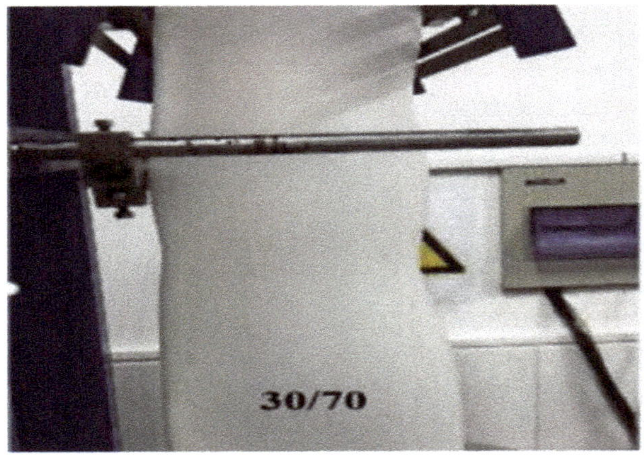

定生产。所产薄膜具备优良的疏水性能、良好的机械性能和优良的成膜性；所得膜具有较好的均匀性和透明度，可有效避免小分子溶剂的迁移渗出，提高淀粉基农膜性能的稳定性。发表本项目相关第一标注的 SCI 论文 5 篇，申请国家发明专利 4 项。

- **成果推广应用情况及在农业生产中的持续作用**

本项目制备的淀粉基薄膜能够生物全降解，无须二次回收，环境污染少，可取代现有的石油基农用薄膜。此外，将淀粉引入 PBAT 中，可推动市场对淀粉的需求，大大提升淀粉生产的附加产值，拓宽了淀粉的应用领域，市场前景广阔。该淀粉基薄膜既能促进农业可持续发展，又能保障农膜行业未来的发展，同时也符合国家的产业政策，产业发展潜力无限。

发明专利

- **名称：**淀粉基可降解材料及其制备方法和应用
- **公开号：**CN111040392 A

- **名称：**一种具有智能保温功能的淀粉基可降解薄膜及其制备方法
- **公开号：**ZL202311274939.2

- **名称：**一种淀粉基可降解复合材料薄膜
- **公开号：**ZL202311410385.4

040 | 蔬菜园艺场农业废弃物高效智能循环利用技术研究与集成示范

- **主持及参加单位：** 上海安治南宝生物科技有限公司、上海市农业技术推广服务中心、上海市崇明区蔬菜科学技术推广站
- **参与人员：** 胡永表、李建勇、张宴瑜等

科研成果简介

本项目开发出 2 套不同的曝气系统，曝气量均达 100～200 升 /（米^3·分），可满足静态好氧发酵过程中所需的通风量，且双风机系统比单风机系统节能 5% 以上。开发出 1 款新的适合静态好氧发酵技术的复合微生物菌，使发酵周期缩短到 4～6 周，最快 28 天即可达到腐熟要求。优化后的远程智能控制系统可以实现自动调节曝气频率，使发酵更充分、更节能。已完成软件著作权申请 1 项。

成果推广应用情况及在农业生产中的持续作用

本项目建立了崇明泛信和金山夯裕技术辐射基地 2 个。实践表明，通过曝气系统将原来需要 6 ～ 8 周发酵腐熟物料缩短至 4 周，发酵过程无臭味，对环境友好且能满足秸秆废料无害化处理要求，大大提高了堆肥效率，在生产中大力推广应用前景广阔。核心示范区通过该技术处理废弃物累计 1 800 吨，生产有机堆肥累计 1 400 吨，亩效益增加 8.35%。

软件著作权

- **名称：** 微秸宝远程智能控制系统（简称：微秸宝）
- **公开号：** 2021SR1610592

041 | 有机肥料评估类原料安全性评价研究与应用

- **主持及参加单位：**上海市农业技术推广服务中心、上海市农业科学院、上海市浦东新区农业技术推广中心、上海市宝山区农业技术推广中心
- **参与人员：**金海洋、徐四新、严瑾等

科研成果简介

本项目通过对上海主要评估类原料来源的调查和风险因子含量的检测，明确了有机肥评估类原料的主要风险因子（如重金属、盐分、微塑料、钠离子、粗脂肪、生物胺、黄曲霉素等）及其在原料、成品、田间三者之间的含量变化；建立有机肥评估类原料安全评价方法；规范有机肥料登记中评估类原料的安全使用，减少对农作物的危害和环境风险。

成果推广应用情况及在农业生产中的持续作用

本项目中厨余垃圾处理基地年处理餐厨垃圾 10 000 吨，可以产出餐厨有机肥料约 4 000 吨，如处理运行费用（约 350 元/吨）由政府补贴，有机肥产出约 160 万元。另外，有机肥生产中的辅料以农作物秸秆为主，处理 1 吨垃圾需要 0.75 吨秸秆，基地年处理 1 万吨垃圾需秸秆 7 500 吨，以 150 元 / 吨秸秆收购价计算，可为农民增加收入约 112.5 万元。

¤ 肥料登记证

- **名称：**“三金宝”有机肥料
- **公开号：**沪农肥（2023）准字 0362 号

- **名称：**“地力欣”有机肥料
- **公开号：**沪农肥（2023）准字 0359 号

- **名称：**“鑫道”有机肥料
- **公开号：**沪农肥（2024）准字 0365 号

042 | 新型生物炭基肥料产品创制和双替代技术示范推广

- **主持及参加单位：**时科生物科技（上海）有限公司、上海市农业技术推广服务中心
- **参与人员：**蒲加兴、李建勇、刘善良等

- **科研成果简介**

本项目以农业废弃物为原料，利用炭化裂解技术制成农用生物炭，通过生物炭与功能菌复合、生物炭与有机无机养分复合等增效技术研究，形成成熟的产品开发技术及工艺，创制出环保、高效、生物活性强的“生物炭基肥料”和“炭基复合微生物肥料”，形成农业行业标准，弥补了我国缺乏炭基肥料产品行业标准的缺陷。本项目在上海市不同区域的蔬菜品种上开展了以炭基产品替代普通商品有机肥和替代部分化学肥料（即双替代）的应用示范，取得了显著的应用效果，为本市农业废弃物资源化循环利用、设施菜田土壤保育和化肥减量增效提供了重要的技术支撑和创新成果。

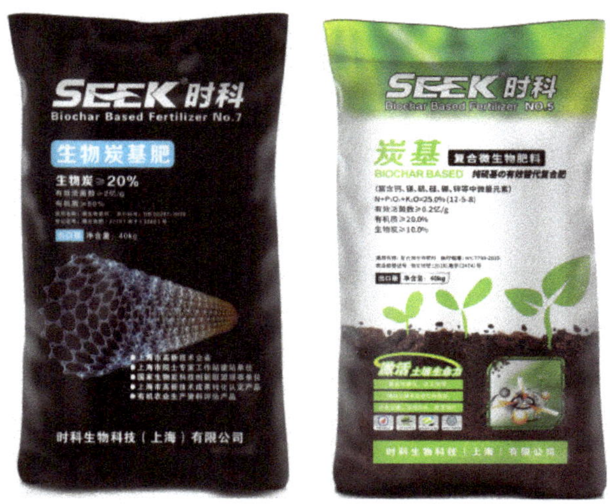

- **成果推广应用情况及在农业生产中的持续作用**

本项目创制的产品通过上海市高新技术成果转化项目认定（A 级），入围上海市设施菜田土壤保育产品推荐名单及上海市粮油蔬菜等配方肥料推荐配方，在上海各涉农区得到较大规模的持续推广，每年推广应用面积 2 万多亩，为上海市设施菜田保育、粮油蔬菜生产做出了积极贡献。

¤ 发明专利

- **名称：**一种土壤调理剂及其制备方法
- **公开号：**CN110643371B

- **名称：**一种使化肥减量增效的微生物肥料及其制备方法与应用
- **公开号：**CN113968761B

- **名称：**一种炭基复合菌剂及其应用
- **公开号：**CN111518700B

¤ 实用新型专利

- **名称：**一种栽培装置
- **公开号：**CN211379128U

- **名称：**一种有机物料厌氧发酵装置
- **公开号：**CN211112015U

- **名称：**一种盐碱土壤调理剂专用储料装置
- **公开号：**CN211686152U

- **名称：**一种氢焦燃气循环利用的炭化装置
- **公开号：**CN210796354U

- **名称：**一种肥料半成品生产装置
- **公开号：**CN212188619U

¤ 标准

- **名称：**生物炭基有机肥料
- **公开号：**NY/T3618—2020

- **名称：**土壤修复菌剂
- **公开号：**Q31/0112000666C006—2021

- **名称：**复合微生物肥料
- **公开号：**Q31/0112000666C007—2019

¤ 肥料登记证

- **名称：**土壤修复菌剂
- **公开号：**微生物肥（2019）准字（7407）号

- **名称：**土壤修复菌剂
- **公开号：**微生物肥（2019）准字（7408）号

043 | 新型环境友好中药肥的应用技术研究与示范

- **主持及参加单位：**上海大度农业科技有限公司、上海市农业科学院
- **参与人员：**朱孔志、李双喜、沈淑云等

- **科研成果简介**

本项目建立了 4 套基于新型农作物（水稻、西蓝花、蜜梨、西瓜）的技术规范。在水稻、花椰菜、甘蓝、梨树等作物上开展的中药肥应用试验表明，用中药肥替代化学肥料，水稻减少化肥和化学农药用量分别为 20% ~ 35% 和 20% ~ 30%、花椰菜与甘蓝减少化肥和化学农药用量均为 31% 和 33%、蜜梨减少化肥和化学农药用量分别为 34% 和 40%。水稻、花椰菜和蜜梨等农产品农药检测零残留。

- **成果推广应用情况及在农业生产中的持续作用**

本项目在上海郊区建立 3 个可复制推广的示范基地共 450 亩，累计示范推广面积 5 000 亩次，研制的环境友好中药肥产品已经应用于全国 20 多个省份。

用中药肥种植的粮食和果蔬

实用新型专利

- **名称：**一种中药渣发酵的中药肥及其制备方法
- **公开号：**ZL202110614285.8

- **名称：**一种利用中药渣制备中药肥的装置
- **公开号：**ZL202121222667.8

044 | 新型植物源生物有机肥的研制及在水稻、蜜梨、黄桃上的应用

- **主持及参加单位：**上海绿缘三元素生物科技有限公司、上海市农业科学院、上海市奉贤区农业技术推广中心、上海市农业技术推广服务中心
- **参与人员：**董雪、王海、尹坤等

- **科研成果简介**

本项目通过功能菌的筛选及嗜氧－厌氧二次发酵技术优化，研制新型植物源生物有机肥，并形成新型植物源生物有机肥高效生产技术规范；通过田间试验与示范，探讨并明确新型植物源生物有机肥在本市水稻、蜜梨、黄桃等作物上增产提质、改良土壤和提高作物抗病性的效果研究；形成针对水稻、蜜梨、黄桃的有机化绿色施肥技术指导意见；通过技术推广与示范促进上海都市绿色生态农业的发展。

- **成果推广应用情况及在农业生产中的持续作用**

本项目研发并形成的新型生物有机肥高效施用关键技术及其技术体系，可显著提高作物的产量和品质，提升农产品的安全性；关键技术可复制推广，能有效促进绿色生态农业和地方特色品牌农业的发展，具有较高的经济、生态和社会效益，市场前景广阔。

根系健壮、白根多

施用碳菌肽素有机肥抗倒伏效果

发明专利

- **名称：**一种性诱板喷涂装置
- **公开号：**CN202011161362.0

045 | 基于农业废弃物再利用的土壤精准改良技术研发及示范

- **主持及参加单位：**上海市农业科学院
- **参与人员：**薛永、周胜、吴淑杭等

- **科研成果简介**

本项目围绕“农业废弃物再利用”与“土壤修复与改良”两大需求，基于农业废弃物研发土壤修复与改良产品，筛选了高效堆肥微生物菌剂1个（MicroAgen2），研发了污染土壤生物质炭基修复产品、障碍土壤施用堆肥产品各1个，应用后土壤有机质提高12.6%～15.6%，土壤容重降低12.1%～14.4%。研发的污染生物质炭基产品应用于镉污染稻田土壤中，土壤镉的有效性降低33.0%。形成了基于农业废弃物再利用的土壤精准改良技术规范3套，申请发明专利3项，授权发明专利1项，发表论文7篇；协助企业申请肥料登记证2个。

- **成果推广应用情况及在农业生产中的持续作用**

本项目示范推广设施菜地次生盐渍化土壤改良技术50亩，示范推广桃园障碍土壤改良核心示范区面积260亩，示范推广污染土壤安全利用技术50亩。

发明专利

- **名称：**一种降低土壤重金属含量和有效性的施肥方法及应用
- **公开号：**ZL202111255761.8

- **名称：**一种促进堆肥腐熟的方法
- **公开号：**ZL202011370023.3

- **名称：**一种促进堆肥腐殖化的方法
- **公开号：**ZL202011369755.0

046 | 中轻度重金属污染土壤“边生产边修复”技术模式研究

- **主持及参加单位：**上海市农业技术推广服务中心、浙江大学、上海市浦东新区农业技术推广中心、上海市嘉定区农业技术推广服务中心、杭州绿生现代农业与环境生态研究所
- **参与人员：**林天杰、杨肖娥、金海洋等

科研成果简介

本项目通过研究在不影响正常农业生产下进行重金属污染土壤安全生产利用，鉴定筛选出“沪香粳106”等13个镉低积累水稻品种、“富贵快菜”等3个镉低积累叶菜品种、“合作908番茄”等3个镉低积累茄果蔬菜品种。鉴定筛选出“沪油21”等4个高积累油菜品种，筛选出重金属土壤钝化肥（GSA-LS4）、活化肥、叶面阻控肥和叶面强化肥各1个，并在项目基地进行应用，取得良好效果。形成水稻和蔬菜生产系统镉等中轻度污染土壤“边生产边修复”（PCA）技术模式各1套。

成果推广应用情况及在农业生产中的持续作用

本项目研制的中轻度重金属污染土壤边生产边修复关键技术得到较好的应用，在上海受污染耕地安全利用中推广应用重金属镉低积累水稻品种、叶面阻控肥、土壤调理剂等关键技术4 000多亩，在浙江、湖南、广西等地推广应用重金属污染土壤边生产边修复关键技术50多万亩，为上海及其他省份食用农产品安全起到了积极的作用。

发明专利

- **名称：**一种镉污染–连作障碍设施农业土壤中边生产边修复的方法
- **公开号：**CN201911326414.2

- **名称：**一种定量筛选低镉、高产水稻品种的方法
- **公开号：**CN202110955557.0

047 | 湿垃圾农用风险评估与资源化利用技术研究

- **主持及参加单位：**上海市农业技术推广服务中心、上海市环境科学研究院、上海交通大学、上海市农业科学院、上海必诺检测技术服务有限公司、上海文鑫生物科技有限公司、上海环兴环境资源利用有限公司、时科生物科技（上海）有限公司
- **参与人员：**朱恩、徐四新、杨晓磊等

科研成果简介

本项目根据来源和资源化利用途径不同，首次将本市湿垃圾细分为三小类，以便于后续资源化利用的操作；通过连续追踪掌握了本市湿垃圾原料的成分及特征分析；首创本市湿垃圾原料及制品检测体系。通过对本市好氧发酵技术、高温生化发酵技术、炭化技术、蚯蚓过腹处理技术等主流湿垃圾资源化利用技术进行深入分析和优化，从湿垃圾制品投入后对土壤、水质和农产品各项指标进行全面评估，客观阐明了湿垃圾产品对农产品质量安全和农田质量及环境风险的影响。制定了湿垃圾农业资源化利用技术标准和规范。

成果推广应用情况及在农业生产中的持续作用

本项目通过利用湿垃圾生产土壤调理剂或有机肥，可显著提高本市湿垃圾资源化利用的技术水平；湿垃圾资源化利用还起到了减排固碳效果，施用土壤调理剂改良土壤，可以实现耕地质量提升。两家利用餐厨类湿垃圾制作有机肥和土壤调理剂的企业，一年可消纳19万吨湿垃圾，分别在上海崇明、金山、嘉定，以及山东、浙江、江苏、河北、河南等地的绿化造林、果树、经济作物、水稻和蔬菜等项目中推广应用；生产以厨余垃圾为原料的有机肥和土壤调理剂4.6万多吨，推广总面积9.6万多亩。

发明专利

- **名称：**一种果蔬湿垃圾中微塑料残留的检测方法
- **公开号：**ZL202211737931.0

¤ **实用新型专利**

- **名称：**一种餐厨湿垃圾脱油脱盐装置
- **公开号：**CN211191376U

¤ **标准**

- **名称：**湿垃圾资源化利用技术要求　餐厨有机废弃物制备土壤调理剂
- **公开号：**DB31/T 1199—2019

- **名称：**土壤调理剂（盐碱土壤专用）
- **公开号：**Q/SHWX 001—2023

- **名称：**土壤调理剂（黏性土壤专用）
- **公开号：**Q/SHWX 002—2023

- **名称：**碱性土壤修复菌剂
- **公开号：**Q/SHWX003—2023

048 | 绿色农业产地环境土壤质量提升关键技术集成示范

- **主持及参加单位：**上海市环境科学研究院、上海市农业技术推广服务中心、上海市农产品质量安全中心、上海市农业科学院、上海交通大学
- **参与人员：**钱晓雍、沈根祥、丰东升等

- **科研成果简介**

本项目因地制宜构建了上海市农产品绿色生产基地土壤质量评价体系与评估方法，形成了农产品绿色生产基地土壤质量评价规范。集成示范了土壤保育、平衡施肥、农业废弃物循环利用、绿色植保等绿色生产关键技术，形成了一系列成体系、可复制的绿色农业产地环境土壤质量提升技术规程，为本市绿色农业生产技术推广提供技术指引。研究制定了农产品绿色生产基地管理体系和绿色农业生产模式综合效益评估体系，形成上海市地方标准《农产品绿色生产基地建设管理规范》，为本市农产品绿色生产基地建设提供可行路径。

- **成果推广应用情况及在农业生产中的持续作用**

本项目在上海市 11 个示范基地集成应用，示范推广面积超 5 000 亩。绿色水稻示范基地秸秆还田利用率达到 100%，绿色蔬菜和水果示范基地亩均经济效益均提升 20% 以上，所有示范基地土壤有机质达到绿色食品产地环境质量标准，水田、菜地、园地相应的土壤达有机质Ⅱ级以上标准。通过不断完善各项技术和管理成果，持续

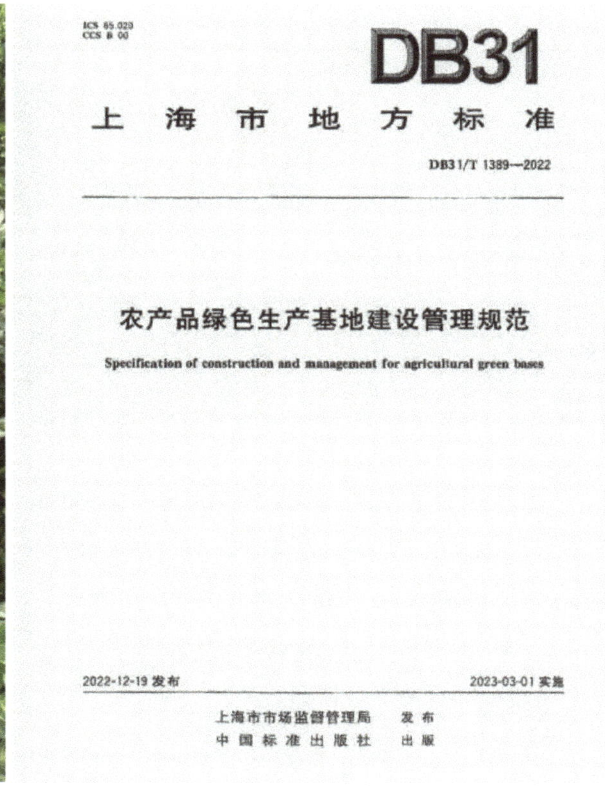

ICS 65.020
CCS B 00

DB31

上海市地方标准

DB31/T 1389—2022

农产品绿色生产基地建设管理规范

Specification of construction and management for agricultural green bases

2022-12-19 发布　　2023-03-01 实施

上海市市场监督管理局　发布
中国标准出版社　出版

为本市农产品绿色生产基地提供环境友好、效益突出、推广性强的技术和管理指引，进一步推动上海都市现代农业高质量发展。

标准

- **名称：**农产品绿色生产基地建设管理规范
- **公开号：**DB31/T 1389—2022

049 | 新型高效土壤调理剂的研发与应用

- **主持及参加单位：**上海永通生态工程股份有限公司、上海市农业技术推广服务中心
- **参与人员：**钱志红、林天杰、连晓敏等

科研成果简介

本项目重点针对设施栽培土壤复种指数高、化肥使用过量造成的土壤环境恶化问题，开发了土壤调理剂配方 3 个。配方针对性更强，同时优化了水剂反应过程工艺和颗粒干法制粒工艺生产线。产品应用后，可显著提高土壤水稳性大团聚体的含量，降低土壤容重，有效降低过量施肥造成的土壤板

结、盐渍化等问题。在化肥使用量平均降低5%的情况下，还可以有5%以上的增产，进而保护设施土壤可持续性发展。

- **成果推广应用情况及在农业生产中的持续作用**

本项目开展新型土壤调理剂新产品培训21场、培训560人次，销售额超过100万元。建立产品应用示范基地4个，示范推广面积3 000亩次，在陕西、山东、云南、海南等地得到广泛应用。本项目产品的使用，在改善土壤结构的同时还具有良好保水抗旱功效，还能提高土壤有效微生物种群数量，对土壤中的致病菌起到预防和抑制作用。

发明专利

- **名称：** 一种抗设施草莓重茬土壤调理剂及其制备方法
- **公开号：** CN110606789A

050 | 设施连作障碍土壤改良新型调理剂的研制与应用

- **主持及参加单位：** 上海惠尔利农资有限公司、上海市农业科学院、上海交通大学、中国科学院上海高等研究院、上海环兴环境资源利用有限公司
- **参与人员：** 高德时、诸海涛、李银生等

- **科研成果简介**

本项目在分析设施连作障碍土壤关键限制因子的基础上，通过筛选高活力稳定的功能菌株，获得多株具改良功能的优势新菌株，丰富了生物修复改良盐碱土壤资源与技术库。同时，将多种不同功效（生防、耐盐等）的菌种进行有效组合固化，并结合腐殖酸、生物炭、营养元素等组分配伍技术，生产出土壤复合调理剂产品，产品配方中兼顾了生物、有机和无机营养

的全面供应，共研发了新型土壤调理剂产品3种，含颗粒剂、粉剂和水剂产品各1种。

- **成果推广应用情况及在农业生产中的持续作用**

本项目在奉贤区、浦东新区建立了土壤调理剂核心示范基地，以点带面示范推广产品，3年累计示范应用2 200亩次。示范区土壤微生物丰度平均提高了65.58%，土壤细菌多样性增加，最高达20.48%。田间试验结果表明，施用土壤调理剂生菜软腐病发病率降低21.25%，青菜根肿病发病率降低20.50% ~ 23.50%，番茄青枯病发病率降低22.22%；经多茬试验后，土壤盐分降低25.51%，有机质含量提高23.75%。本项目研发的菌种、调理剂产品和工艺生产线等集成技术均可移植、可扩散推广，可为国内其他地区土壤改良利用提供依据。

发明专利

- **名称：**复合微生物土壤调理剂及其制备方法
- **公开号：**CN202410234214.9

- **名称：**一种改善土壤微生物结构的含菌掺混肥
- **公开号：**CN202211135249.4

实用新型专利

- **名称：**一种微生物扩繁装置
- **公开号：**CN216837919U

051 | 养殖场专用蚊蝇驱避剂的研制与应用示范

- **主持及参加单位：** 中国农业科学院上海兽医研究所、上海市动物疫病预防控制中心、创澳（上海）环保科技发展有限公司
- **参与人员：** 魏建超、马志永、赵洪进等

- **科研成果简介**

本项目针对目前养殖场蚊蝇肆虐难防，严重危害养殖业的健康发展，且化学杀虫剂的长期、大量使用会造成环境污染和耐药性等危害人畜健康的严峻问题。在筛选到具有良好的蚊蝇驱避活性的植物精油基础上，复配出植物精油蚊蝇驱杀剂新产品1种，10分钟内蝇蚊驱避率最高分别为92.06%、91.6%。产品对小鼠经口、经皮急性毒性试验测试为低毒。制定了养殖场蚊蝇驱避剂的应用技术规程（草案）1套，并获批立项团体标准1项；申请发明专利1件，授权实用新型专利1件；发表论文3篇，其中SCI论文2篇；培养硕士研究生1名。在4家养殖场开展蚊蝇驱避示范应用，不影响牲畜健康，养殖场蚊蝇密度下降90%以上，可有效阻断人畜疫病传播链，提升养殖场区域生物安全水平。

- **成果推广应用情况及在农业生产中的持续作用**

本项目研制的绿色环保、高效安全的养殖场植物精油蚊蝇驱避剂，符合新时代国家绿色发展和生态环保战略要求。在4家养殖场开展蚊蝇驱避示范应用，蚊蝇驱避率分别为96.49%、96.54%和96.04%、96.71%，可有效降低养殖场蚊蝇密度、提升疫病防控水平、增加经济效益。

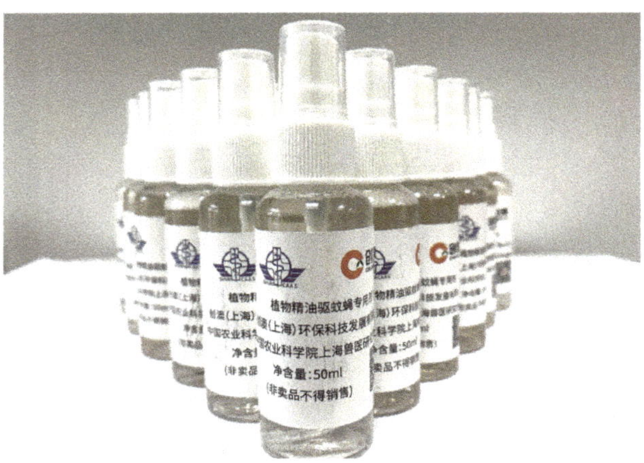

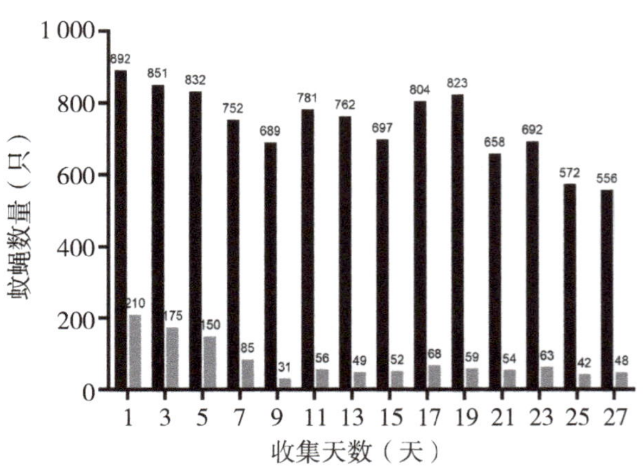

发明专利

- **名称：** 一种灭幼蚊驱成蚊的复方植物精油及其制备方法和应用
- **公开号：** CN202410518558.2

实用新型专利

- **名称：**一种用于养殖场的蚊蝇驱避装置
- **公开号：**CN216627270U

052 | 智慧、健康、生态、美丽一体化猪场关键技术集成示范

- **主持及参加单位：**光明农牧科技有限公司、上海市农业科学院、中国科学院上海高等研究院、上海中海龙智城科技股份有限公司、北京探感科技股份有限公司
- **参与人员：**顾爱民、刘惠莉、陈卫东等

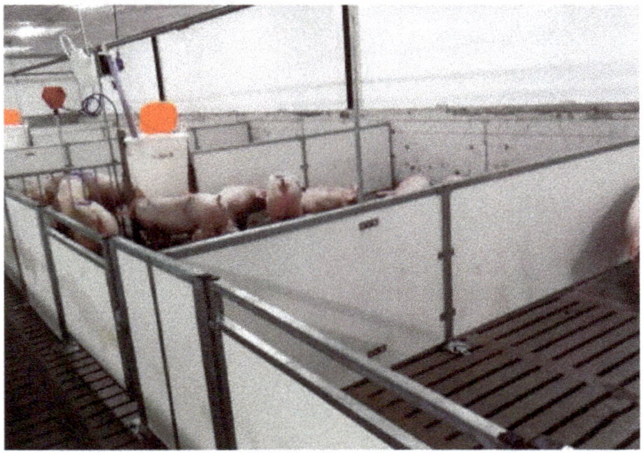

- **科研成果简介**

本项目集成应用人工智能、大数据、生物技术、环保技术等前沿技术，在崇明建成示范养猪场 1 座，总体绿化覆盖率达到 28.8%。开发人工智能养猪系统 1 套，通过使用该系统，与光明苏北基地同等规模的猪场相比，人均效率提高 50.05%，综合经济效益提高 36.29%。建立流行病原数据信息、病原特性、分布特征的数据库 1 个，制定了 1 套分子标记辅助选育方案，形成一套猪场免疫防控技术体系，养殖场抗生素使用量较光明苏北基地平均降低 11.9%。开发粪污处理与资源化利用模式 1 套，实现废弃物 100% 资源化利用。

- **成果推广应用情况及在农业生产中的持续作用**

本项目围绕“智慧、健康、生态、美丽”主题，在崇明前进三场集成应用现代养猪新理念、新技术、新设备，实现养猪生产由美式猪场向欧式猪场提升、机械化向智能化提升、估算化向精细化提升、传统能源型向节能减排型提升、生态型向美丽型提升、综合型向专业型提升。该养猪模式已推广至上海奉贤、江苏扬州等地养猪场，在促进生猪养殖生态健康发展上具有重要的意义。

发明专利

- **名称**：一种 COD 降解菌种及其应用
- **公开号**：ZL202010714609.0

- **名称**：一株除臭台湾假单胞菌及其应用
- **公开号**：ZL201910918758.6

- **名称**：一种有机固废高温好氧堆肥菌种及其应用
- **公开号**：ZL202110370552.1

- **名称**：一种有机固废高温好氧生物减量菌种及其应用
- **公开号**：ZL202110273285.6

- **名称**：一种牲畜养殖管理方法、装置、系统及存储介质
- **公开号**：ZL201910621873.7

- **名称**：一种嗜热甲基杆菌及其在有机固体废弃物中的应用
- **公开号**：CN202011156749.7

- **名称**：一种嗜热地芽孢杆菌及其在农业废弃物中的应用
- **公开号**：CN202010745002.9

053 | 生猪养殖环节重金属和臭气排放监测及控制技术研究

- **主持及参加单位**：上海市农业科学院、上海市动物疫病预防控制中心、上海交通大学、上海市环境科学研究院、南京农业大学、中国农业科学院农业环境与可持续发展研究所
- **参与人员**：雷胡龙、夏东、黄士新等

科研成果简介

本项目围绕生猪养殖重金属减量和臭气减排两大产业发展需求，通过应用精准营养平衡技术，在低蛋白氨基酸平衡日粮基础上形成了能够兼顾养猪生产效益与环境生态效益的饲料铜、锌源头减量技术，并应用猪粪肥还田技术减少土壤中的铜、锌累积，改善土壤生态环境质量；同时，集成应用生物发酵饲料、微生物除臭、排风口喷淋和污浊空气洗涤等臭气减排技术，通过除臭设施改造和工艺优化使规模化猪场场界臭气浓度低于 20（无量纲）。项目成果在规模化猪场中集成应用，在不降低生产性能的前提下，减少了生猪养殖过程中铜、锌及臭气排放，改善了猪场周边生态环境。

成果推广应用情况及在农业生产中的持续作用

本项目饲料铜、锌减量控制技术先后在上海松林食品（集团）有限公司等4家规模化猪场集成应用，累计示范40.26万头商品猪。根据各猪场实际情况分别制定个性化铜、锌减量方案，饲料铜、锌含量分别降低43%～76%和31%～92%，粪便铜、锌含量分别降低29%～75%和22%～76%；臭气减排控制技术在上海祥欣国家生猪核心育种场等7家规模化猪场集成应用，场界臭气浓度均未超过20（无量纲）。本项目成果后期在全国更大范围内应用推广，必将在改善猪场生态环境质量，促进我国养猪业健康、可持续发展中做出更大贡献。

发明专利

- **名称：**保育猪预混料及全价饲料
- **公开号：**ZL202110783017.9

- **名称：**一株降解臭气物质正丁酸的菌株及其应用
- **公开号：**ZL202210336760.4

实用新型专利

- **名称：**猪场集中排气喷淋除臭装置
- **公开号：**ZL202022233970.X

- **名称：**畜禽养殖场除臭降噪装置
- **公开号：**ZL201921743652.9

054 | 新型重组马立克病活疫苗的研究

- **主持及参加单位：**中国农业科学院上海兽医研究所
- **参与人员：**丁铲、仇旭升、宋翠萍等

科研成果简介

本项目研制了一株表达禽网状内皮组织增生症病毒（REV）长末端重复序列（LTR）的重组 CVI988/Rispens 马立克病活疫苗株；以 125PFU/ 羽剂量免疫，与亲本相比，发病率降低 16%。该疫苗须遗传稳定、对环境安全，疫苗对 1 日龄试验雏鸡免疫保护率达 92%。用标准强毒株攻击，疫苗对 1 日龄试验雏鸡免疫保护率达 92%，单次免疫保护期达 120 天以上，疫苗保存期达 36 个月。本项目完成了该疫苗株的安全性试验及中间试制，获得临床试验批件，并在上海、江苏和安徽分别开展了 6 个批次试制产品对不同鸡种的安全试验和效力试验。试验结果显示，该疫苗株对肉种鸡安全性良好，免疫保护效力优良，具有更好的临床应用价值。

成果推广应用情况及在农业生产中的持续作用

本项目针对目前马立克病病毒毒力不断增强、时有免疫失败发生的情况，完成了表达禽网状内皮组织增生症病毒的长末端重复序列（LTR）的重组 CVI988/Rispens 疫苗株的构建，获得一株免疫保护效力强于 CVI988/Rispens 疫苗的新型重组马立克病活疫苗，预期可将马立克病的发病率降

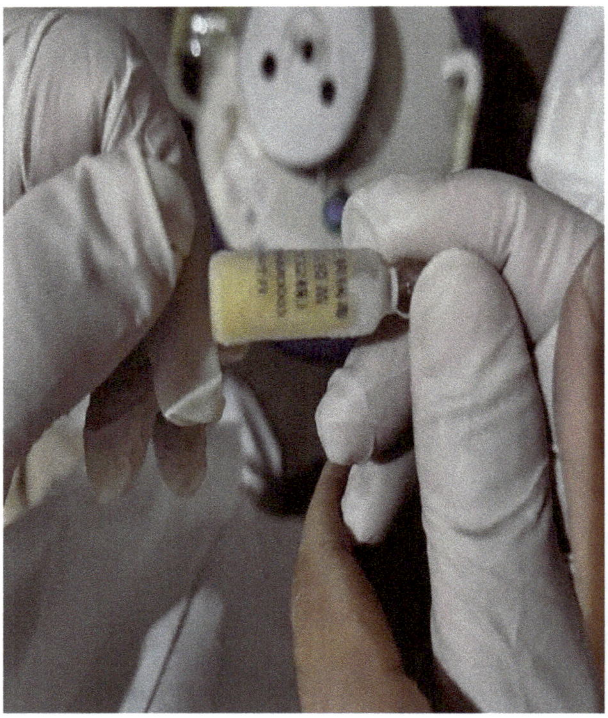

低10%～20%。项目成果如果投入市场，可大大降低马立克病的流行和传播，对于有效防控这种重要的免疫抑制疾病、提高鸡群生产性能和出栏质量、稳定国民经济和出口贸易均具有良好的促进作用。

转基因生物安全证书

- **名称：** 表达禽网状内皮组织增生症病毒LTR基因的重组鸡马立克病病毒活载体疫苗RMD-2G2在上海市生产应用的安全证书
- **公开号：** 农基安证字（2021）第162号

055 重组表达猪流行性腹泻病毒S蛋白的猪繁殖与呼吸综合征病毒活载体疫苗的研制

- **主持及参加单位：** 中国农业科学院上海兽医研究所
- **参与人员：** 周艳君、陈鹏飞、劳梦琴

- **科研成果简介**

本项目重点围绕生猪养殖业对猪蓝耳病和猪流行性腹泻等重大动物疫病防控的行业需求，聚焦解决现有疫苗使用效率低、频繁接种造成应激大等实际问题，通过对猪流行性腹泻病毒的S蛋白优势抗原区域的优化设计，以猪蓝耳病弱毒疫苗HuN4-F112株基因组为载体，利用反向遗

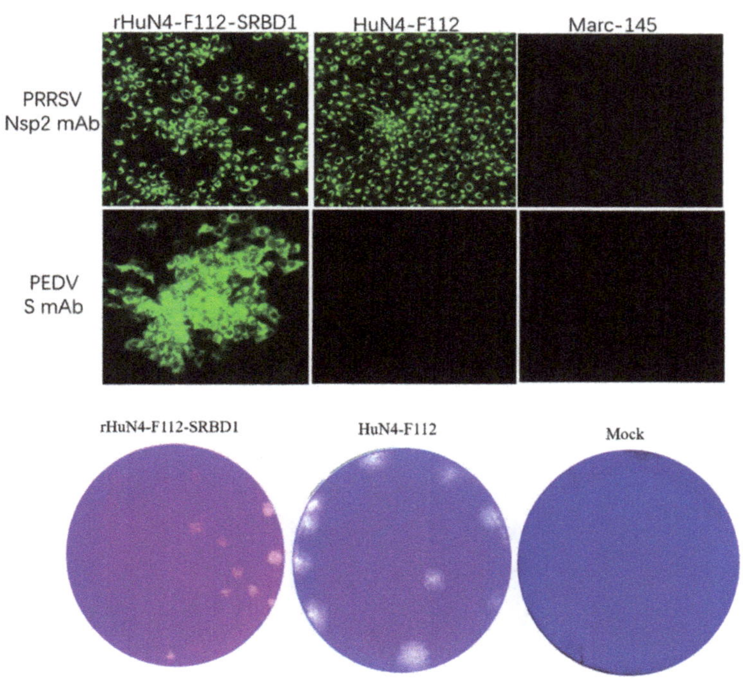

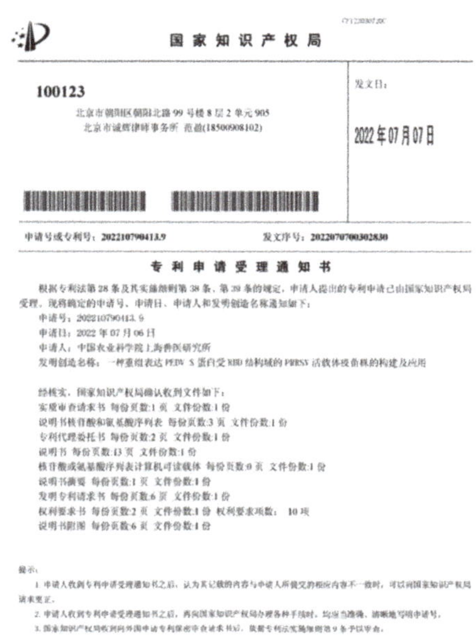
国家知识产权局

100123
北京市朝阳区朝阳北路99号楼8层2单元905
北京市诚辉律师事务所 范蕾(18500908102)

发文日：
2022年07月07日

申请号或专利号：202210790413.9　　发文序号：2022070700302830

专利申请受理通知书

根据专利法第28条及其实施细则第38条、第39条的规定，申请人提出的专利申请已由国家知识产权局受理。现将确定的申请号、申请日、申请人和发明创造名称通知如下：

申请号：202210790413.9
申请日：2022年07月06日
申请人：中国农业科学院上海兽医研究所
发明创造名称：一种重组表达PEDV S蛋白受RBD结构域的PRRSV活载体疫苗株的构建及应用

经核实，国家知识产权局确认收到文件如下：
实质审查请求书 每份页数:1页 文件份数:1份
说明书核苷酸和氨基酸序列表 每份页数:3页 文件份数:1份
专利代理委托书 每份页数:2页 文件份数:1份
说明书 每份页数:13页 文件份数:1份
核苷酸或氨基酸序列表计算机可读载体 每份页数:0页 文件份数:1份
说明书摘要 每份页数:1页 文件份数:1份
发明专利请求书 每份页数:6页 文件份数:1份
权利要求书 每份页数:2页 文件份数:1份 权利要求项数： 10项
说明书附图 每份页数:6页 文件份数:1份

提示：
1. 申请人收到专利申请受理通知书之后，认为其记载的内容与申请人所提交的相应内容不一致时，可以向国家知识产权局请求更正。
2. 申请人收到专利申请受理通知书之后，再向国家知识产权局办理各种手续时，均应当准确、清晰地写明申请号。
3. 国家知识产权局收到向外国申请专利保密审查请求书后，依据专利法实施细则第9条予以审查。

传操作等技术，将S蛋白不同优势抗原区域的SRBD1引入到PRRSV基因组中，收获了一株能够稳定表达SRBD1蛋白的重组PRRSV新型基因工程活载体疫苗候选株（rPRRSV-SRBD1株）。该疫苗株免疫后可同时提供对猪蓝耳病病毒和猪流行性腹泻病毒感染的有效免疫保护，能够达到一针防两病的效果，对猪蓝耳病和猪流行性腹泻的防控提供了新的技术支撑。

- **成果推广应用情况及在农业生产中的持续作用**

本项目研究的产品正在申请农业转基因安全评价，目前尚未获批在生产中应用。

实用新型专利

- **名称：**猪流行性腹泻病毒疫苗及其制备方法
- **公开号：**CN112779228B

056 | 猪流行性腹泻病毒精制灭活疫苗的中试工艺研制及免疫效果评估

- **主持及参加单位：**上海市农业科学院、苏州市沃美生物技术有限公司
- **参与人员：**董世娟、孙祥明、陈冰清等

- **科研成果简介**

本项目围绕猪流行性腹泻病毒基因工程疫苗的中试工艺和免疫效果开展研究，获得1株适应低血清培养基且高产PEDV的Vero细胞，建立细胞逐级放大培养生产线和200升反应器微载体悬浮培养PEDV的工艺，病毒滴度达到107.5TCID50/mL，成功建立PEDV扩增中试生产线。采用超滤预处理与新型复合纯化介质Capto Core700组合建立了PEDV实验室纯化工艺，杂蛋白去除率为99.32%，抗原纯度不低于90%，而PEDV回收率达94.87%，提高了

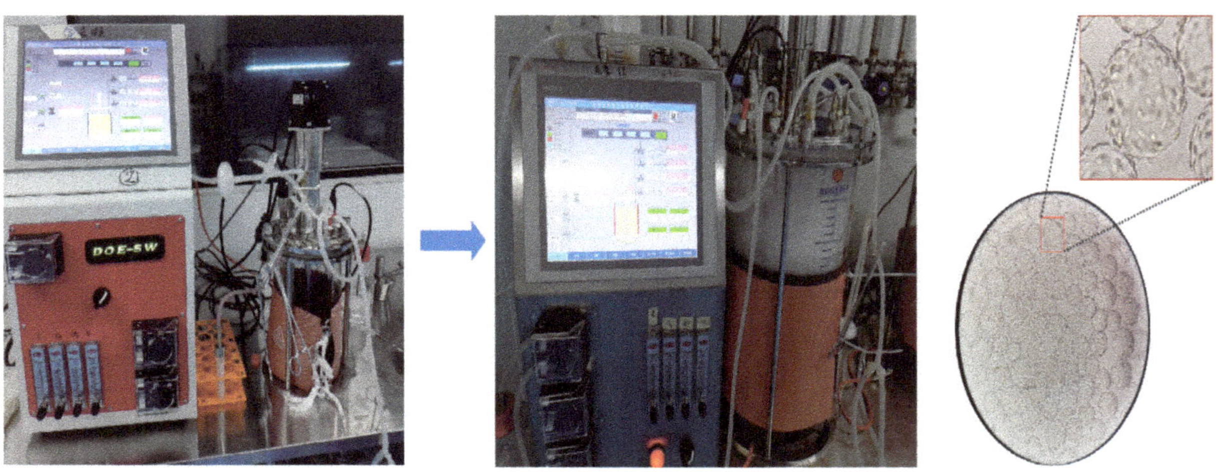

单位体积的抗原含量。用灭活的病毒液制成灭活疫苗接种后备母猪和妊娠期母猪，试验猪无不良临床反应，对母猪的生产性能无影响，安全性达 100%；疫苗免疫母猪 3 周后，能产生较高水平的抗 PEDV 中和抗体。本项目研究成果为获得免疫保护性强的 PED 纯化苗奠定坚实的技术基础。

- **成果推广应用情况及在农业生产中的持续作用**

本项目中开发的低血清培养基降低了血清用量，节约了疫苗的生产成本，更有利于产品的市场推广；用猪流行性腹泻基因工程病毒制备的灭活疫苗对母猪具有 100% 的安全性，免疫母猪所产的仔猪获得的抗体水平高，可保护仔猪。目前正在申请新兽用生物制品临床试验审批，具有较好的应用前景。

实用新型专利

- **名称：**一种猪的灵活保定装置
- **公开号：**ZL202120045560.4

057 | 猪细小病毒病与猪圆环病毒病 2 型二联灭活疫苗的研制

- **主持及参加单位：**上海市农业科学院、上海佳牧生物制品有限公司
- **参与人员：**张春玲、赵本进、钱忠辉等

- **科研成果简介**

本项目利用新型灭活剂对病毒的灭活能力强，可保持病毒良好的免疫原性，灭活剂水解产物无残留，对机体无毒害作用，大大减少了疫苗的副反应。同时，利用优势佐剂，既可刺激机体产生体液免

疫，又可诱导细胞免疫。制备一种一针两防的猪细小病毒病与猪圆环病毒病 2 型二联灭活疫苗。

- **成果推广应用情况及在农业生产中的持续作用**

本项目联合免疫和联苗的应用在保证免疫效果的同时能够极大地提高猪只免疫效率，并提高一线员工工作效率，有利于猪场增效降本。从免疫程序上看，无论是从免疫效果、猪场人员工作量还是从生物安全的角度，联苗都是提升猪场效益、助力生猪复产的得力助手。在我国近几年的猪用类新兽药注册中，联苗的批准占比也越来越高。

¤ **实用新型专利**

- **名称：**一种细胞培养冻融转瓶机
- **公开号：**ZL202021512856.4

058 | 猪丁型冠状病毒高效灭活疫苗的创制

- **主持及参加单位：**上海交通大学
- **参与人员：**严亚贤、孙建和、程玉强等

- **科研成果简介**

本项目围绕养猪业缺乏有效控制猪丁型冠状病毒感染的商业化疫苗问题，利用蚀斑技术获得了 PDCoV-CHSH-2016 克隆株，并确定该病毒株在最优培养体系下可获得稳定的高滴度病毒培养物，进一步将该病毒制备了不同佐剂的灭活疫苗，确定最佳的免疫程序。建立了仔猪的免疫模型，灭活疫苗可对仔猪产生高滴度的中和抗体。进一步建立了妊娠母猪的免疫模型，灭活疫苗在母猪妊娠 70 天和 91 天 2 次肌肉注射，母猪和仔猪均可产生高滴度的中和抗体效价。针对同源病毒的攻击，免疫仔猪能够降低病毒攻击后的临床症状、病毒载量，减轻肠道组织的病理学变化，临床综合保护效率达 90%。研究结果显示，本项目研制的灭活疫苗具有进一步开发应用的前景，可防控猪丁型冠状病毒引致的腹泻，保障养猪业健康发展。

- **成果推广应用情况及在农业生产中的持续作用**

本项目尚处于研究阶段，目前还没有推广应用。

¤ **发明专利**

- **名称：**猪 GSDMD 敲除细胞系的构建方法及在 PDCoV 感染中的应用
- **公开号：**CN118389443A

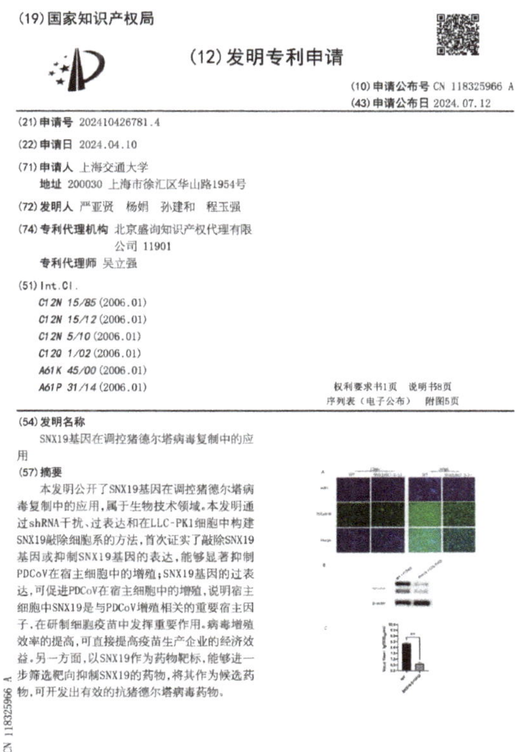

(19)国家知识产权局

(12)发明专利申请

(10)申请公布号 CN 118325966 A
(43)申请公布日 2024.07.12

(21)申请号 202410426781.4

(22)申请日 2024.04.10

(71)申请人 上海交通大学
地址 200030 上海市徐汇区华山路1954号

(72)发明人 严亚贤 杨娟 孙建和 程玉强

(74)专利代理机构 北京盛询知识产权代理有限公司 11901
专利代理师 吴立强

(51)Int.Cl.
C12N 15/85 (2006.01)
C12N 15/12 (2006.01)
C12N 5/10 (2006.01)
C12Q 1/02 (2006.01)
A61K 45/00 (2006.01)
A61P 31/14 (2006.01)

权利要求书1页 说明书8页
序列表（电子公布） 附图5页

(54)发明名称

SNX19基因在调控猪德尔塔病毒复制中的应用

(57)摘要

本发明公开了SNX19基因在调控猪德尔塔病毒复制中的应用，属于生物技术领域。本发明通过shRNA干扰、过表达和在LLC-PK1细胞中构建SNX19敲除细胞系的方法，首次证实了敲除SNX19基因或抑制SNX19基因的表达，能够显著抑制PDCoV在宿主细胞中的增殖；SNX19基因的过表达，可促进PDCoV在宿主细胞中的增殖，说明宿主细胞中SNX19是与PDCoV增殖相关的重要宿主因子，在研制细胞疫苗中发挥重要作用。病毒增殖效率的提高，可直接提高疫苗生产企业的经济效益。另一方面，以SNX19作为药物靶标，能够进一步筛选靶向抑制SNX19的药物，将其作为候选药物，可开发出有效的抗猪德尔塔病毒药物。

CN 118325966 A

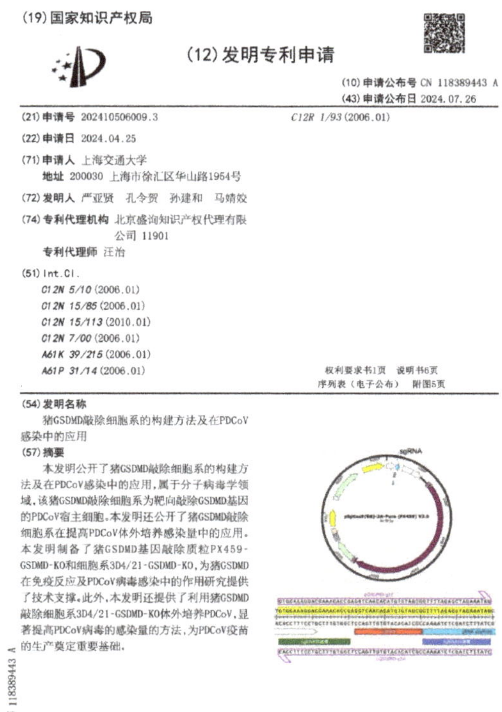

(19)国家知识产权局

(12)发明专利申请

(10)申请公布号 CN 118389443 A
(43)申请公布日 2024.07.26

(21)申请号 202410506009.3

(22)申请日 2024.04.25

(71)申请人 上海交通大学
地址 200030 上海市徐汇区华山路1954号

(72)发明人 严亚贤 孔令贺 孙建和 马婧姣

(74)专利代理机构 北京盛询知识产权代理有限公司 11901
专利代理师 汪治

(51)Int.Cl.
C12N 5/10 (2006.01)
C12N 15/85 (2006.01)
C12N 15/113 (2010.01)
C12N 7/00 (2006.01)
A61K 39/215 (2006.01)
A61P 31/14 (2006.01)
C12R 1/93 (2006.01)

权利要求书1页 说明书6页
序列表（电子公布） 附图5页

(54)发明名称

猪GSDMD敲除细胞系的构建方法及在PDCoV感染中的应用

(57)摘要

本发明公开了猪GSDMD敲除细胞系的构建方法及在PDCoV感染中的应用，属于分子病毒学领域，该猪GSDMD敲除细胞系为靶向敲除GSDMD基因的PDCoV宿主细胞。本发明还公开了猪GSDMD敲除细胞系在提高PDCoV体外培养感染量中的应用。本发明制备了猪GSDMD基因敲除质粒PX459-GSDMD-KO和细胞系3D4/21-GSDMD-KO，为猪GSDMD在免疫反应及PDCoV病毒感染中的作用研究提供了技术支撑。此外，本发明还提供了利用猪GSDMD敲除细胞系3D4/21-GSDMD-KO体外培养PDCoV，显著提高PDCoV病毒的感染量的方法，为PDCoV疫苗的生产奠定重要基础。

CN 118389443 A

- **名称：***SNX19* 基因在调控猪德尔塔病毒复制中的应用
- **公开号：**CN118325966A

059 | 猪圆环病毒 2d 亚单位疫苗临床试验研究

- **主持及参加单位：**上海市农业科学院、上海佳牧生物制品有限公司、青岛动保国家工程技术研究中心有限公司
- **参与人员：**缪德年、夏叶、李春华等

- **科研成果简介**

本项目以国内优势猪圆环病毒基因型 PCV2d 为研究对象，利用生物信息学和基因工程技术构建了 PCV2d Cap 蛋白基因的重组表达大肠杆菌，经优化表达技术、纯化技术，获得以可溶性 Cap 蛋白组成的病毒样颗粒，在此基础上研制出新型的猪圆环病毒 2d 亚单位疫苗。一次免疫即可诱导猪产生高水平的 PCV2d 特异性抗体和中和抗体，并提供较强的免疫保护效果。临床试验证明，猪圆环病毒 2d 亚单位疫苗安全有效，批间稳定性好。目前该疫苗已进入

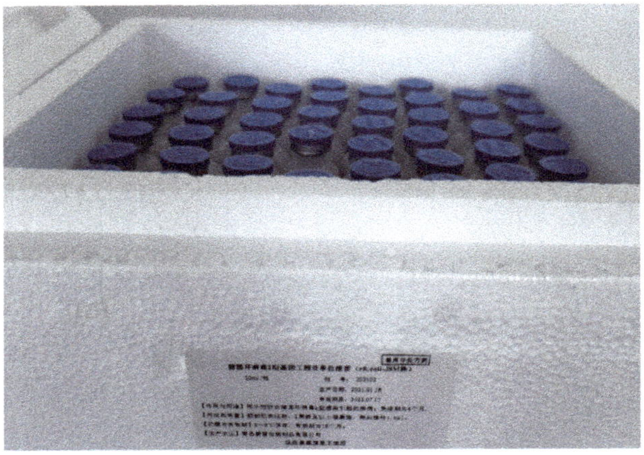

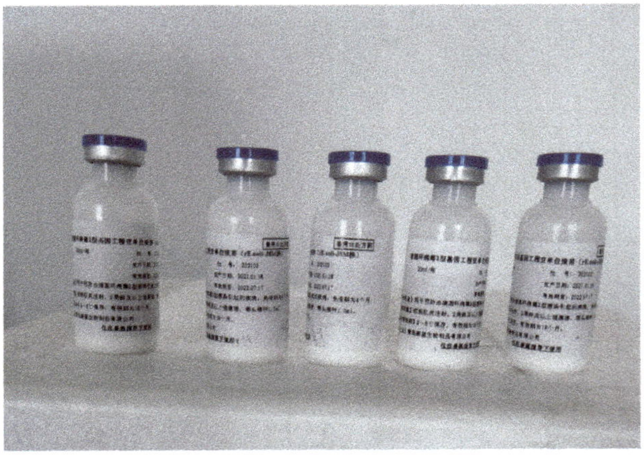

注册阶段，具有较好的市场前景。

- **成果推广应用情况及在农业生产中的持续作用**

本项目成果获得注册后，一方面可为生产企业获得较大的经济效益，另一方面通过在各养猪企业推广，为我国猪圆环病毒病的防控提供有效的技术支撑，产生巨大的社会效益。

实用新型专利

- **名称：**一种细胞培养冻存管
- **公开号：**CN218710569U

- **名称：**一种唾液样品收集袋及收集装置
- **公开号：**CN218105932U

- **名称：**一种离心管套装
- **公开号：**CN217490936U

060 | 非洲猪瘟区域性防控及生猪复产关键技术集成示范

- **主持及参加单位：**上海祥欣畜禽有限公司、上海市动物疫病预防控制中心、上海市农业科学院、光明农牧科技有限公司、上海市金山区动物疫病预防控制中心
- **参与人员：**李步社、王建、陶洁等

- **科研成果简介**

本项目建立了适用于整个产业链的非洲猪瘟病毒检测技术方案，形成非洲猪瘟无疫小区和无疫区等区域化建设、管理和考核技术规范。制定了适用于上海规模化猪场的非洲猪瘟精准清除流程及防控建议措施，建立非洲猪瘟无疫区 1 个、非洲猪瘟无疫小区 4 个。形成集生物安全、免疫

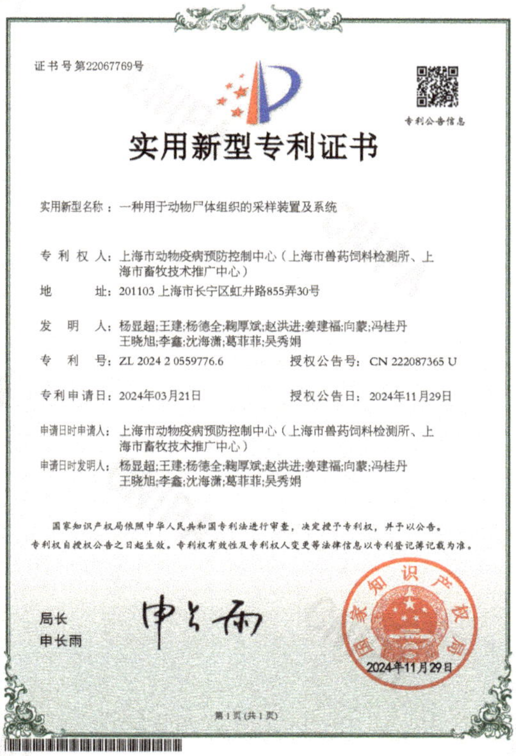

证书号第22067769号

专利公告信息

实用新型专利证书

实用新型名称：一种用于动物尸体组织的采样装置及系统

专 利 权 人：上海市动物疫病预防控制中心（上海市兽药饲料检测所、上海市畜牧技术推广中心）

地　　址：201103 上海市长宁区虹井路855弄30号

发 明 人：杨昱超;王建;杨德全;鞠厚斌;赵洪进;姜建福;向蒙;冯桂丹王晓旭;李鑫;沈海潇;葛菲菲;吴秀娟

专 利 号：ZL 2024 2 0559776.6　　授权公告号：CN 222087365 U

专利申请日：2024年03月21日　　授权公告日：2024年11月29日

申请日时申请人：上海市动物疫病预防控制中心（上海市兽药饲料检测所、上海市畜牧技术推广中心）

申请日时发明人：杨昱超;王建;杨德全;鞠厚斌;赵洪进;姜建福;向蒙;冯桂丹王晓旭;李鑫;沈海潇;葛菲菲;吴秀娟

国家知识产权局依照中华人民共和国专利法进行审查，决定授予专利权，并予以公告。

专利权自授权公告之日起生效。专利权有效性及专利权人变更等法律信息以专利登记簿记载为准。

局长

申长雨

2024年11月29日

第1页（共1页）

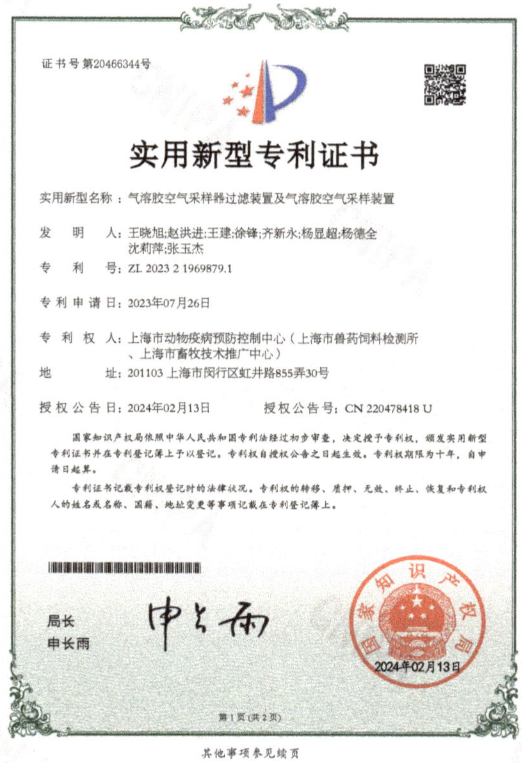

证书号第20466344号

实用新型专利证书

实用新型名称：气溶胶空气采样器过滤装置及气溶胶空气采样装置

发 明 人：王晓旭;赵洪进;王建;徐锋;齐新永;杨昱超;杨德全沈莉萍;张玉杰

专 利 号：ZL 2023 2 1969879.1

专利申请日：2023年07月26日

专 利 权 人：上海市动物疫病预防控制中心（上海市兽药饲料检测所、上海市畜牧技术推广中心）

地　　址：201103 上海市闵行区虹井路855弄30号

授权公告日：2024年02月13日　　授权公告号：CN 220478418 U

国家知识产权局依照中华人民共和国专利法经过初步审查，决定授予专利权，颁发实用新型专利证书并在专利登记簿上予以登记。专利权自授权公告之日起生效。专利权期限为十年，自申请日起算。

专利证书记载专利权登记时的法律状况。专利权的转移、质押、无效、终止、恢复和专利权人的姓名或名称、国籍、地址变更等事项记载在专利登记簿上。

局长

申长雨

2024年02月13日

第1页（共2页）

其他事项参见续页

力增强、营养调控等技术的生猪复产技术方案1套，建立复产示范场1个（年出栏生猪5万头），生猪全程成活率不低于88%、呼吸道疾病发病率不高于10%。本项目推广2种增强生猪免疫力的饲料添加剂，申报农业农村部新饲料添加剂证书2个。发表本项目第一标注论文7篇，其中SCI论文1篇。申请专利5项。

- **成果推广应用情况及在农业生产中的持续作用**

本项目建立了非洲猪瘟早期诊断采样监测技术规范，完善了企业–区–市三级实验室监测网络，有效保障本市生猪健康稳定生产。制定了适用于不同模式养殖场的非洲猪瘟病毒精准清除流程；指导创建了4个非洲猪瘟无疫小区，充分发挥生物安全管理上的优势，均生产稳定，未发生疫情。后续将在此基础上进一步提炼出一套可推广、可复制的非洲猪瘟区域化防控模式，提升上海生猪养殖的整体生物安全水平，对本市整个生猪产业链今后的发展布局和生猪稳产保供提供重要的技术支撑。

实用新型专利

- **名称：** 气溶胶空气采样器过滤装置及气溶胶空气采样装置
- **公开号：** CN220478418U

- **名称：** 一种血液样品盛放装置
- **公开号：** CN222131959U

- **名称：**一种用于动物尸体组织的采样装置及系统
- **公开号：**CN222087365U

- **名称：**一种空气微生物液体采样富集装置及系统
- **公开号：**CN222082796U

- **名称：**一种母猪用口服免疫接种辅助装置
- **公开号：**CN219983132U

061 | 流浪犬猫狂犬病风险评估及防控新技术示范

- **主持及参加单位：**上海市动物疫病预防控制中心、军事科学院军事医学研究院军事兽医研究所、上海市疾病预防控制中心
- **参与人员：**王建、赵洪进、扈荣良等

- **科研成果简介**

本项目组构建了上海地区人间狂犬病风险评估模型，并形成了《上海市狂犬病风险评估报告》；研制了 rAd5－△E1/E3-CGS（AdV-G）口服疫苗，制定了流浪犬口服疫苗的免疫程序，在全市范围内推广应用，累计投放疫苗 1 374 份次，其中流浪犬 852 只、农村犬 370 只，免疫合格率分别达到 80.26% 和 75.41%；制定了都市流浪犬猫狂犬病防控系列技术规范 1 套，其中 2 项地方标准和 9 项团体标准已颁布实施；rAd5－△E1/E3-CGS 获得农业转基因生物安全证书，狂犬病 LN34 基因假病毒核糖核酸获得国家二级标准物质证书；项目实施期

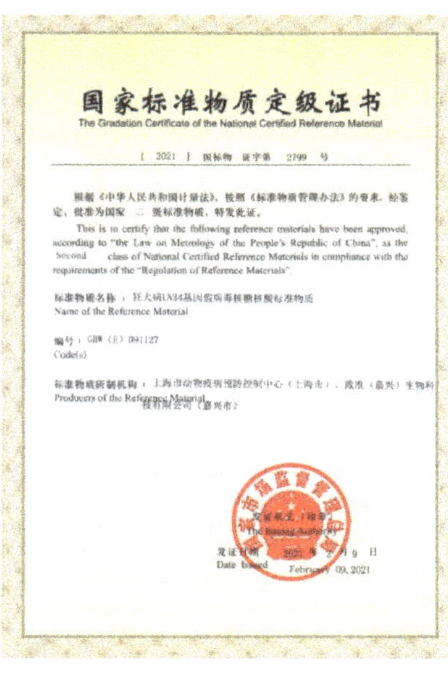

间发表论文6篇，其中SCI论文1篇；授权实用新型专利3件；培养青年技术骨干4名；“上海城市流浪犬猫综合防治与治理新技术”荣获上海市优秀发明选拔赛优秀发明铜奖。

- **成果推广应用情况及在农业生产中的持续作用**

本项目对本市狂犬病实施了风险评估和预测预警，为制定本市流浪犬猫狂犬病防控政策提供依据。相关发明专利、技术标准，以及狂犬病 *LN34* 基因假病毒核糖核酸标准物质均已应用于城市流浪犬猫人兽共患病综合防控，取得了显著的社会和经济效益。此外，项目的实施，显著提高了流浪犬猫群体的健康水平，间接降低了家养宠物的患病率，减少了家养宠物的治疗成本。

发明专利

- **名称：**一种宠物定位追踪装置
- **公开号：**ZL201910885872.3

实用新型专利

- **名称：**一种流浪犬狂犬病口服疫苗诱饵
- **公开号：**ZL202022585381.8

- **名称：**一种流浪动物狂犬病口服疫苗诱饵的投放装置
- **公开号：**ZL202122340741.2

- **名称：**一种小动物手术固定装置
- **公开号：**ZL202022144330.1

标准

- **名称：**犬伤人事件防疫处置技术规范
- **公开号：**DB31/T 1391—2022

- **名称：**动物狂犬病免疫点消毒技术规范
- **公开号：**DB31/T 1312—2021

- **名称：**犬（猫）数量调查技术规范
- **公开号：**T/CVMA102—2022

- **名称：**收容场所流浪犬隔离检疫技术规范
- **公开号：**T/CVMA103—2022

- **名称：**流浪犬收容场所生物安全技术规范
- **公开号：**T/CVMA104—2022

- **名称：**流浪犬收容场所防疫管理技术规范
- **公开号：**T/CVMA105—2022

- **名称：**城市流浪猫捕获－绝育－放归技术规范
- **公开号：**T/CVMA106—2022

- **名称：**狂犬病病毒微滴式数字 RT-PCR 检测方法
- **公开号：**T/CVMA107—2022

- **名称：**犬猫狂犬病毒抗体 间接 ELISA 检测方法
- **公开号：**T/CVMA 114—2023

- **名称：**犬七种人畜共患病病原检测 微流控芯片法
- **公开号：**T/SHAAV 007—2021

- **名称：**猫五种人畜共患病病原检测 微流控芯片法
- **公开号：**T/SHAAV 008—2021

转基因生物安全证书

- **名称：**重组复制缺陷型人 5 型腺病毒活载体疫苗 rAd5-ΔE1/E3-CGS
- **公开号：**农基安证字（2020）第 202 号

标准物质

- **名称：**狂犬病 *LN34* 基因假病毒核糖核酸标准物质
- **公开号：**〔2021〕国标物证字第 2799 号

062 犬猫呼吸道疾病新型快速筛查技术与智能化预警系统的研发与应用

- **主持及参加单位：**上海市动物疫病预防控制中心、复旦大学、上海速芯生物科技有限公司
- **参与人员：**鞠厚斌、赵洪进、王建等

- **科研成果简介**

本项目围绕提升“城市动物疫病精准防控能力”的核心需求，综合应用了多学科原理、方法和手段，从犬猫呼吸道疾病检测平台建立、病原流行规律及智能化预警系统三个方面，创新开展了犬猫呼吸道疾病全过程精准防控技术攻关，建立了可同时、多样品并行检测 12 种犬猫呼吸道病

原的检测平台（检测方法和设备），实现了检测的高效化、精准化、及时化、易用化，填补了我国在宠物病原体多重、快速检测方面的空白；同时，本项目整合了互联网大数据预警技术，开发了犬猫呼吸道疾病智能化预警系统，系统掌握了犬猫呼吸道疾病的流行现状和潜在流行风险，开创了大数据监管和自动分析、预警先河，为城市动物疫病防控和公共卫生安全提供了重要的技术支撑。

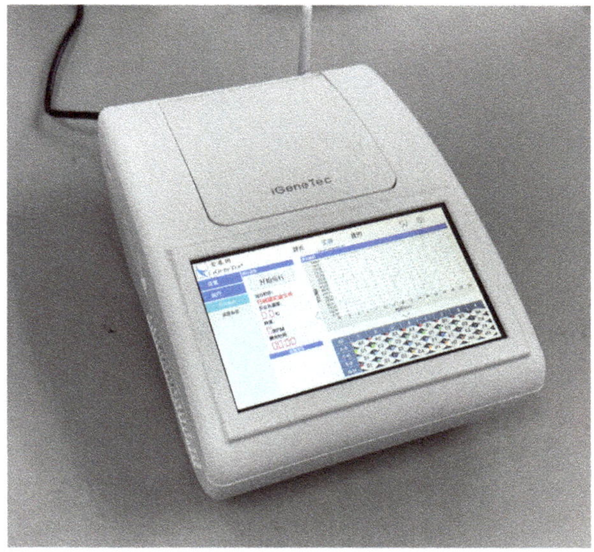

- **成果推广应用情况及在农业生产中的持续作用**

本项目已推广至全国 26 个省（自治区、直辖市）391 家宠物医院，累计使用犬猫呼吸道六联检微流控芯片检测 6 703 份样品。在上海 38 家宠物医院进行推广使用，累计使用犬猫呼吸道六联检微流控芯片检测 1 119 份样品。同时，项目团队联合高校、动物疫控机构及多家企业联合制定的团体标准已发布实施，将进一步推动犬猫呼吸

数字智能监管系统

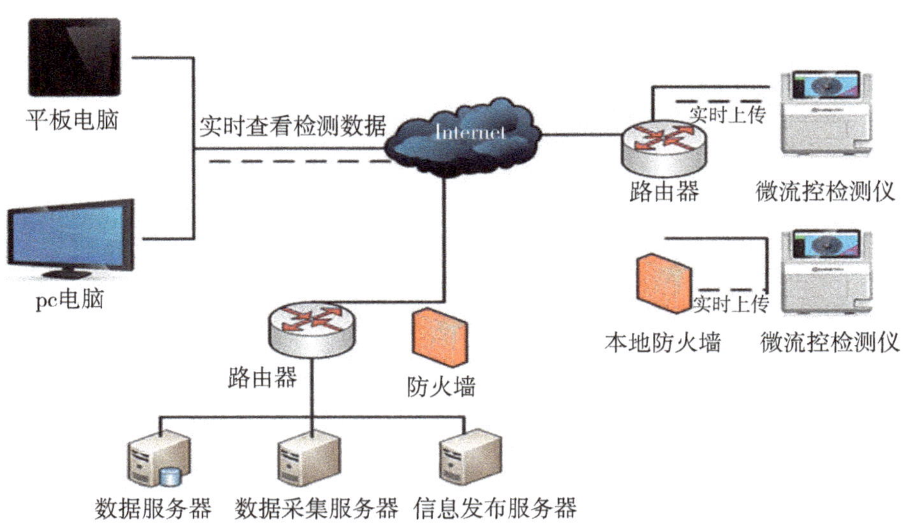

及时反馈 / 大数据分析 / 层级管理

- 及时反馈：自动生成报告，及时反馈检测结果
- 大数据智能分析：数据自动上传云端，实现大数据自动分析和预警
- 层级数字化管理：满足监管和客户的不同需求

道病原微流控试剂盒的广泛应用，并进一步完善犬猫呼吸道疾病病原监测数据库，这均为实现城市动物疫病的精准防控和早期预警发挥重要的技术支撑作用。

发明专利

- **名称：**一种同时检测核酸和蛋白质的微流控芯片、检测方法及用途
- **公开号：**ZL202111412079.5

- **名称：**一种基于微流控平台的光电联合病原体检测装置及方法
- **公开号：**CN202310212594.1

- **名称：**一种基于 real-time MIRA 检测猫疱疹病毒 1 型的引物探针组合、试剂盒及其应用
- **公开号：**CN202410273918.7

软件著作权

- **名称：**一体化微流控芯片试验装置上位机软件［简称：一体化芯片软件］V1.0
- **公开号：**2024SR0621544

标准

- **名称：**犬瘟热、犬细小病毒检测二重荧光 PCR 法
- **公开号：**NY/T 4667—2025

- **名称：**猫嵌杯病毒感染诊断技术
- **公开号：**NY/T 4660—2025

063 | 马属动物重要疫病诊断方法的建立及在上海地区的监测应用

- **主持及参加单位：**上海海关动植物与食品检验检疫技术中心、上海市动物疫病预防控制中心、上海大学
- **参与人员：**王艳、李健、冯之航等

- **科研成果简介**

本项目针对马属动物重要疫病病原中“检测”和“监测”疫病防控重点关注方向，基于胶体金技术，成功研制了可快速检测马流感 H3N8 亚型的试纸条（能在 15 分钟内判读结果），解决了缺乏现场检测技术的难题，有助于实现早发现、早隔离、早预警的有效防控；成功筛选了 2 个具有活性的蛋白用于抗原包被，完成了亨德拉血清抗体间接 ELISA 方法的研制，填补了空白，完善了疫病检测能力；利用微流控高通量技术建立了可同时检测非洲马瘟、西尼罗河

热、尼帕病、脑脊髓炎和日本脑炎等微流控检测方法，并能在 2 小时内完成检测；同时，完成上海地区 2 403 份样品、14 种马属动物疫病的流行病学调查，为相关管理部门提供疫情信息参考。

- **成果推广应用情况及在农业生产中的持续作用**

本项目研制的马流感 H3N8 亚型胶体金试纸条可用于现场检测；亨德拉血清抗体间接 ELISA 方法的研制，完善了该疫病的检测能力；微流控高通量检测方法可以同时检测 7 种重要马属动物外来疫病的病原，有

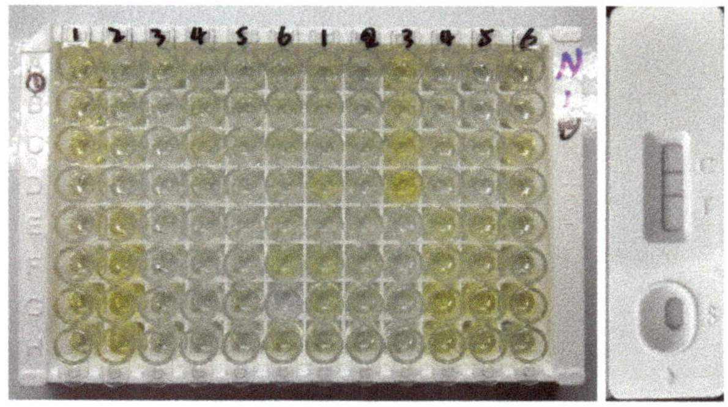

助于增加我国在马病检测方面的软实力，提高检疫和监测的技术水平，对于促进我国畜牧业健康发展和保障公共卫生具有十分重要的社会意义。

发明专利

- **名称：**一种 HeV-N 蛋白间接 ELISA 检测试剂盒、方法及用途
- **公开号：**CN20211480073.6

- **名称：**联合检测多种马属动物病毒的环介导等温扩增引物组合物及其应用
- **公开号：**CN202311087277.8

- **名称：**一种用于马流感病毒的胶体金检测方法
- **公开号：**CN202310432664.4

064 | 优质宠物专用缝合针（带线）研制及临床应用

- **主持及参加单位：**上海医用缝合针厂有限公司、南京农业大学
- **参与人员：**杨华平、周振雷、段卓等

- **科研成果简介**

本项目聚焦宠物专用缝合针领域，取得了一系列关键成果。首次成功制定宠物专用缝合针（带线）技术要求，涵盖硬度、穿刺力、切割力、抗张强度等指标，且技术标准不低于国外品牌，为产品质量提供坚实保障。通过对犬猫不同组织的试验研究，深入采集数据，明确不同组织缝合强度、穿刺力度、缝线张力及吸收时间等，填补了国内空白。同时，精心编写《缝合材料使用指南》，为动物医院（诊所）合理选择和使用缝线提供专业指导，有效减少

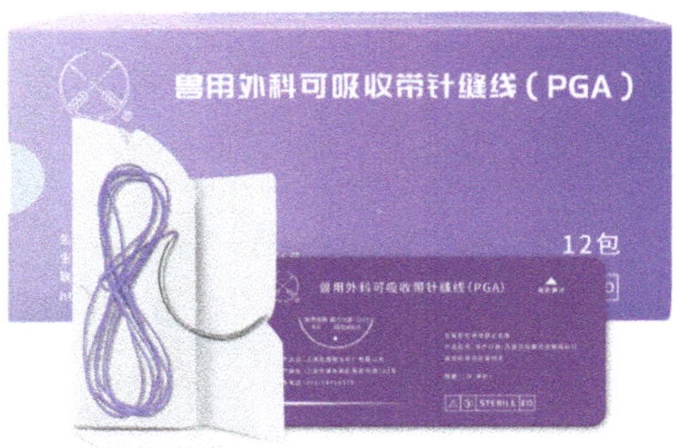

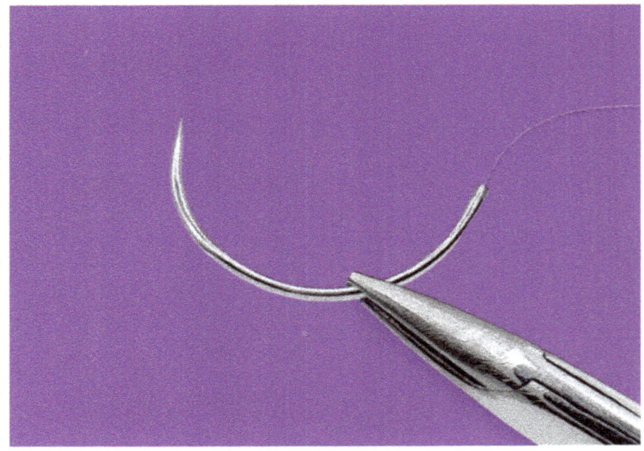

术后并发症。此外，建成优质兽用缝合针（带线）产品示范生产线，推动产品规模化生产，大幅提升国产宠物用缝合针（带线）市场竞争力，助力我国兽医器械领域迈向新高度。

- **成果推广应用情况及在农业生产中的持续作用**

本项目通过制定行业标准和生产规范，推动宠物医疗器械规范化生产，减少术后并发症，提升宠物医疗行业的技术水平；提升国产缝合材料的质量和市场占有率。项目成果已在长三角地区20家宠物医院进行临床试验和推广，并逐步在全国10多个省份的近200家宠物医院销售。与同类产品相比，本项目的缝合针（带线）在性能上具有显著优势，如更高的硬度、强度和锋利度等，同时性价比更高，能够更好地满足宠物临床需求。本项目成果的应用，预计每年可为宠物医疗市场带来显著的经济效益，并持续推动国产宠物医疗器械的创新发展。

发明专利

- **名称：**一种医用缝合针的加工设备
- **公开号：**ZL202311092596.8

- **名称：**一种不锈钢缝合针的加工方法
- **公开号：**CN202311095525.3

实用新型专利

- **名称：**一种多功能的宠物手术缝合针
- **公开号：**CN202320593828.7

065 | 鱼类广谱抗病毒生物制剂的研制与示范应用

- **主持及参加单位：**上海市水产研究所（上海市水产技术推广站）
- **参与人员：**邵玲、施永海、徐嘉波等

- **科研成果简介**

本项目围绕水产重大疫病开发出抗病毒重组芽孢杆菌和乳酸菌生物制剂各 1 个，蛋白表达水平达 8 克 / 升以上。完成两种生

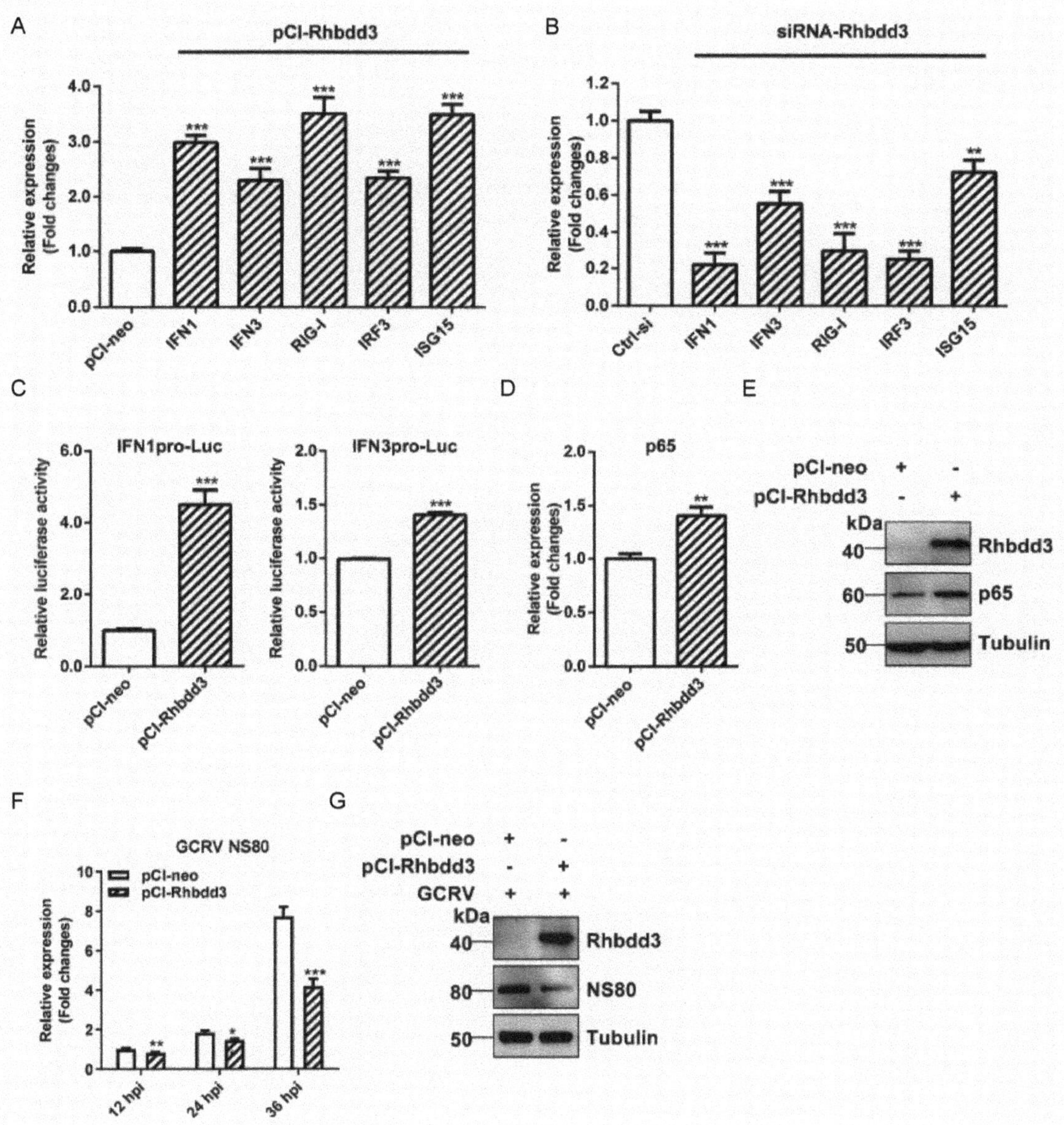

物制剂的有效性和安全性评价，并建立生产及评价技术规范 2 项。重组芽孢杆菌免疫增强剂对鲫鱼Ⅱ型疱疹病毒和鲤春病毒血症病毒的攻毒保护率分别较对照组提高 32.5% 和 41.5%。本项目开发的鱼类抗病毒生物制剂在奉贤、金山和青浦建立核心示范点 3 个，累计示范面积约 27 亩，试验鱼平均存活率较对照组提高 11.6%，取得了良好的应用效果，有效推动了本市水产养殖业的绿色高质量发展。本项目发表标注论文 4 篇，其中 SCI 一区论文 1 篇、核心期刊论文 3 篇；申请国家发明专利 5 件。

- **成果推广应用情况及在农业生产中的持续作用**

本项目开发的重组短芽孢杆菌生物制剂已在本市青浦、金山和奉贤三家养殖基地进行应用推广，应用推广品种涵盖鲤、鲫和草鱼。结果显示，相关制剂可显著提高鱼体存活率，呈现良好的免疫增强作用，且可改善部分水质指标，具有广阔的推广前景。下一步，拟在其他鲤科鱼类、对虾等的病毒性疾病防控中开展试用试验，或用类似策略开发对虾免疫增强剂，为本市水产养殖业病毒性疾病的防控提供全面的技术支撑。本项目的实施对减少因病造成的经济损失、增加渔民收入、促进本市渔业健康发展等均提供了有益保障。

发明专利

- **名称：**分离的鲤抗病毒蛋白 Rhbdd3 及其抗病毒活性
- **公开号：**ZL201910576228.8

- **名称：**分离的鲤 Pdcd6ip 蛋白及其抗病毒活性
- **公开号：**ZL201910345517.7

066 | 天敌与生物农药在水稻绿色防控中的应用技术研究与推广

- **主持及参加单位：**上海谷满香粮食种植专业合作社、上海市农业技术推广服务中心、上海市奉贤区农业技术推广中心、先正达（中国）投资有限公司
- **参与人员：**陈嶔崎、常文程、钱非凡等

科研成果简介

本项目通过在水稻种植过程中放置马氏网与田间扫网结合的方式调查稻田昆虫发生种类和数量，并进行赤眼蜂等天敌保护利用；同时，开展绿色防控技术的示范，并在周边开展推广应用。基本摸清了稻田天敌种类和数量，开展生态田埂建设、放飞螟虫天敌赤眼蜂和使用性诱剂等绿色防控技术应用，对水稻主要病虫害总体防治率达 83%，危害损失率控制在 8.8% 以下，化学农药使用量减少 56.06%，总体效益比常规种植提高 21.38%。

成果推广应用情况及在农业生产中的持续作用

本项目两年推广应用面积达 12 330.68 亩，减少化学农药使用共计 2 393.44 千克；通过绿色生产和优质优价销售大米，增加效益共 651.9 万元。目前病虫害绿色防控技术已在上海谷满香粮食种植专业合作社及周边水稻种植主要区域得到广泛应用。

067 | 闵行区马桥镇优质稻米基地生态循环技术体系集成与示范

- **主持及参加单位：** 上海市闵行区农业技术服务中心、漫田（上海）农业科技有限公司、上海市闵行区马桥镇经济管理事务中心、上海市农业科学院
- **参与人员：** 路凤琴、王志祥、张彩峰等

科研成果简介

本项目在闵行区马桥镇核心示范区进行，同时将化学投入品减量技术、秸秆全量还田协同绿肥种植技术及稻田排放净化技术等进行集成示范。在水稻生产过程中，减施化肥和农药，使用稻田排水净化装置以降低稻田排水中的固体悬浮物、氮磷等养分的含量，水稻收获后秸秆全量还田并在冬闲季节种植紫云英、油菜等绿肥作物以提升土壤有机质含量和提高土壤的养分供应能力，形成了一套集成“投入品减量－物质循环利用－排放量降低”多项技术的优质稻米生态循环技术。同时，打造出本地优质生态稻米高端品牌“漫农语侬”，实现从追求产量第一到以品质和生态并重的转变，促进大米全产业链发展。

成果推广应用情况及在农业生产中的持续作用

本项目的生态循环农业模式是一种全过程的低投入、低排放和高效率的农业绿色生产模式，与传统农业生产相比，该模式具有投入减量化、资源可循环利用、生产过程精准高效等优点，节本增效显著，经济效益突出；利用稻田排水净化装置降低稻田排水中的污染物对周边水体环境的影响，生态效益明显。

漫香1号　漫香2号

068 | 鲜食玉米绿色生产关键技术研究与集成示范

- **主持及参加单位：**上海香嘭嘭玉米专业合作社、上海市浦东新区农业技术推广中心、上海市浦东新区农机技术推广站、上海达汇农业机械设备有限公司
- **参与人员：**陈玉兰、潘春丹、徐钟欢等

科研成果简介

本项目形成可复制、可推广的关键技术4项，通过基于机械化装备的玉米秸秆还田技术，有效改良和培肥土壤；以玉米科学减量施肥技术和缓释复混肥施用技术，实现化学肥料减量施用和玉米产品的绿色升级；形成玉米病虫害绿色防控技术，助推化学农药减量施用和绿色发展；通过绿色高效的“玉米－青菜”茬口组合优化茬口搭配，提高组合效益。制定了适合上海香嘭嘭玉米专业合作社生产基地及辐射区域应用的鲜食玉米绿色生产机械化技术规程。

成果推广应用情况及在农业生产中的持续作用

本项目对提升鲜食玉米绿色生产可持续发展提供强力技术支持，经上海香嘭嘭玉米专业合作社种植基地示范，不断向周边地区乃至整个浦东新区玉米种植区域推广辐射。通过一系列新技术的集成示范推广，助推上海鲜食玉米产业绿色生态的可持续发展。

069 | 上海地区草地贪夜蛾迁飞规律与绿色防治技术研究

- **主持及参加单位：**上海市农业技术推广服务中心、全国农业技术推广服务中心、上海市奉贤区农业技术推广中心、上海市崇明区农业技术推广中心、上海市浦东新区农业技术推广中心、光明食品（集团）有限公司、浙江省农业科学院、南京农业大学
- **参与人员：**郭玉人、成玮、芦芳等

科研成果简介

本项目明确了上海市草地贪夜蛾种群迁入迁出区，建立完善的全市草地贪夜蛾监测体系，根据测报调查情况预报预警并科学指导防控。明确草地贪夜蛾在上海市的为害特点和规律，明确为害作物、代次、生活史、越冬等生理和生物学特性。利用基因鉴定识别和轨迹分析技术，明确长三角地区草地贪夜蛾虫源地及迁飞规律。形成《上海市草地贪夜蛾测报调查技术方案》《上海市草地贪夜蛾绿色防控技术方案》《上海市玉米主要病虫害绿色防控集成技术方案》。发表论文4篇。

成果推广应用情况及在农业生产中的持续作用

本项目在上海建成一支草地贪夜蛾监测调查队伍，每年设置和维护监测设施设备，持续全面开展草地贪夜蛾监测调查。深入对为害作物、越冬相关生理和生物学规律研究，探索其在本市发生规律的变化。开展田间理化诱控、生物防治、药剂防治技术的示范推广，结合玉米其他病虫害，每年发布玉米绿色防控技术集成方案，开展监测防控现场会，推广全程绿色防控技术，确保玉米生产安全。

070 | 稻菜轮作模式及露地青菜绿色高效生产技术集成与示范

- **主持及参加单位：** 上海存合农业资源经营专业合作社、上海市农业科学院、上海市奉贤区蔬菜技术推广站
- **参与人员：** 黄记强、许和水、杜旋等

- **科研成果简介**

本项目围绕露地青菜的周年生产供应、机械化生产、绿色防控等措施，针对上海冬淡季、夏淡季绿叶菜供给难，蔬菜生产机械化水平低、劳动力成本高的问题，通过对稻菜模式下露地青菜的新品种、新技术、新装备等技术集成，筛选出适合露地种植的青菜新品种，建立配套的周年高效茬口模式，使青菜平均产量达 2 234.25 千克 / 亩次；集成创新了稻菜模式下露地青菜生产技术，良种与良法配套，明确了水稻田冬春茬种植青菜机械化作业技术方案，形成了露地青菜机械化生产关键技术与绿色防控生产关键技术，为露地青菜的生产供给提供技术支撑。

- **成果推广应用情况及在农业生产中的持续作用**

本项目形成的露地青菜生产关键技术已在上海郊区示范应用，累计推广 4 000 亩次，在本市露地青菜的高效绿色生产中发挥了积极作用。

071 | 生菜全程绿色高效生产技术集成示范与应用

- **主持及参加单位：** 上海春昌蔬果专业合作社、上海市农业技术推广服务中心、上海市青浦区农业技术推广服务中心
- **参与人员：** 陈春昌、王桂英、李建勇等

科研成果简介

本项目把土壤生态安全消毒活化、“三减三增”绿色生产、废弃物处理与资源化利用等关键技术与绿色蔬菜产地环境控制、农业投入品、标准化生产、商品化处理等技术进行耦合、组装，集成一套“控、改、轮、替、收”蔬菜全程绿色高效生产技术体系，通过轮作换茬、控病、控盐、控生长、生物改良、替代升级、农膜回收等技术集成整合，在生菜产前、产中和产后三个环节形成一套生菜全程绿色高效生产技术集成示范规程，大大提升了生菜绿色生产水平，有利于生菜规模化种植和农业可持续发展。

成果推广应用情况及在农业生产中的持续作用

本项目以全程绿色为核心，构建了“健康土壤、科学栽培、合理防治、节本增效”的蔬菜绿色发展新理念，带动农业投入品和农业生产环节的绿色和可持续发展。项目成果在上海春昌蔬果专业合作社生菜种植过程中实施近5000亩次，辐射青浦区其他合作社生菜种植近2000亩，为进一步在青浦区乃至上海市打造生菜全程绿色高效种植样板奠定了基础。

072 | 结球甘蓝省力化绿色生产技术集成与示范

- **主持及参加单位：**上海家彪蔬菜种植专业合作社、上海市农业科学院、上海市奉贤区农业技术推广中心
- **参与人员：**陈家彪、吴珏、许爽等

- **科研成果简介**

本项目实现了结球甘蓝绿色、轻简化、省力化生产，通过新品种、新技术、新装备等农机与农艺技术集成与示范，筛选出适合春季栽培的结球甘蓝品种1个（“沪甘2195”）、适合秋冬季栽培的品种2个（“奥奇娜”“绿宝石”），平均亩产达到5 083.02千克。集成创新了露地结球甘蓝省力化绿色生产技术，总结形成露地结球甘蓝机械化生产关键技术1套、露地结球甘蓝周年生产高效栽培技术模式1项，为结球甘蓝的省力化绿色生产提供技术支撑。

- **成果推广应用情况及在农业生产中的持续作用**

本项目的结球甘蓝机械化生产关键技术已示范推广3 000亩次，使结球甘蓝的耕、种、收机械化率达到60.0%以上，为本市蔬菜机械化生产水平的提高做出了积极贡献。

073 | 设施青菜绿色轻简化高效栽培技术集成示范

- **主持及参加单位：**上海弘阳农业有限公司、上海市农业技术推广服务中心、上海市青浦区农业技术推广服务中心、上海市青浦区白鹤镇农业农村服务中心
- **参与人员：**赵卫中、唐纪华、王桂英等

科研成果简介

本项目集成设施青菜精密播种、水肥一体化、绿色防控、机械化采收等绿色轻简化高效生产关键技术，形成了青菜绿色轻简化栽培技术操作规程。通过采用操作性强、省工节本的轻简化栽培技术，一定程度上解决了传统蔬菜栽培技术中劳动强度大、用工多、程序繁琐、生产效率低等难题，提高了基地标准化、机械化、轻简化程度，实现了节本增效。

成果推广应用情况及在农业生产中的持续作用

本项目推广应用面积达900亩，青菜等绿叶菜生产能力显著增强，成本得到有效控制，效益增加明显。通过采用轻简化栽培技术，使青菜精密播种、水肥一体化、绿色防控、机械化采收等生态栽培技术在周边青菜生产基地得以推广，经济效益得到提高。

074 | 设施栽培水生蔬菜与绿叶菜水旱轮作高效茬口模式研究与示范

- **主持及参加单位：**上海佳欣茭白专业合作社、上海市农业技术推广服务中心、上海市青浦区农业技术推广服务中心
- **参与人员：**钱益芳、占秀萍、万俊等

- **科研成果简介**

本项目建立了茭白－青菜、茭白－菠菜、莲藕－青菜、莲藕－菠菜水旱轮作高效特色茬口模式4种，并对“茭白－青菜”水旱轮作开展了化肥减施增效试验。通过推广高效安全的蔬菜水旱轮作模式，能在丰富蔬菜品种和市场供应、减少化肥农药施用量的同时，还可帮助和促进农民节本增收。有机液肥对于茭白孕茭、生长期强化农艺性状有明显的改善。有机液肥抑制营养生长，促进生殖生长，增加块茎质量，提高氮、磷吸收利用，将营养源主要供给块茎，使茎秆粗大，而产生肥厚的果肉，最终使得茭白单颗重增加，达到实际质量提升、增产增收之作用。

- **成果推广应用情况及在农业生产中的持续作用**

本项目建立设施栽培水旱轮作高效茬口示范面积311.68亩；年均蔬菜亩产值达到2.24万元，较常规露地水生蔬菜种植亩产值1.2万元提高86.7%；水旱轮作区化学肥料使用量较纯水生蔬菜＋旱生蔬菜亩用量从225千克减少到146千克，减量35.1%，改善了蔬菜生产环境，缓解了病虫害重发、土壤劣变等连作障碍问题，从而有利于生产安全绿色的蔬菜产品。

075 | 老菜地高效绿色茬口安排模式研究

- **主持及参加单位：**上海思瑶蔬菜种植专业合作社、上海市金山区农业技术推广中心、上海市农业科学院
- **参与人员：**张卫红、刘小英、葛立傲等

- **科研成果简介**

本项目通过施用菜饼、微生物菌肥、蘑菇渣、高蛋白肥等多种土壤改良技术，使土壤的有机质含量恢复至可使用的水平。首先，针对老菜地特殊的土壤理化性质，研究多种茬口模式，比较各茬口之间的产量与产值，筛选出最佳茬口模式。其次，通过种植高效、绿色的番茄品种，提升茬口转换质量，优化茬口安排模式，实现周年化茬口的最大经济价值。最后，按照绿色生产的要求，建立土壤改良、生物防控等技术体系，开展“四诱一网”，即性诱剂、食诱剂、杀虫灯、黄板和防虫网绿色防控技术，结合生物菌剂等土壤改良技术，降低枯萎病、根肿病等土传性病害的发生。

- **成果推广应用情况及在农业生产中的持续作用**

本项目研究的“番茄+绿叶菜”的高效绿色茬口模式在上海盛科农业科技有限公司、上海金光蔬菜种植专业合作社等主要蔬菜生产基地示范推广，推广面积1 600余亩；引进筛选的绿色番茄品种“香芒皇后”“碧玉”等在上海禾希蔬菜种植专业合作社、上海博众蔬菜种植专业合作社等基地示范推广，推广面积500余亩，给金山区番茄产业乃至蔬菜产业提供了样板。

076 诱集植物与蜜源植物组合在设施蔬菜害虫绿色防控中的示范应用研究

- **主持及参加单位：** 上海穗康农业科技有限公司、上海市松江区农业技术推广中心、上海世鑫蔬菜种植专业合作社
- **参与人员：** 赵卫中、唐纪华、王桂英等

- **科研成果简介**

本项目集成“蜜源植物诱集植物组合＋物理防控＋生物防控＋全生物降解地膜”的新型绿色防控新模式和减药新举措，从农田生态系统整体出发，有机组合多种防控技术，以丰富生物多样性及降低人工成本，追求生态系统服务功能提高所产生的生态效益和农产品质量提高所产生的社会效益。筛选出适合上海市鸡毛菜和番茄等设施蔬菜种植的蜜源植物 8 种及诱集植物 2 种，建立了 2 套分别适用于鸡毛菜和番茄周年种植的蜜源植物和诱集植物组合的种植规程。

- **成果推广应用情况及在农业生产中的持续作用**

本项目已建立核心示范基地 2 个，示范面积达 900 亩，在不影响作物产量的情况下化学农药减量 40%，减少人工成本和农药成本 30 元 / 亩。辐射推广 5 个基地，辐射面积达 1 030 亩。

077 | 番茄优质高效周年生产关键技术研究

- **主持及参加单位：**上海新语农业专业合作社、上海市农业科学院
- **参与人员：**张辉、冯岩、张光明等

科研成果简介

本项目通过对不同番茄品种的筛选和改良，培育出了适应不同生态环境和栽培条件的具有抗病虫害能力强、丰产稳定、果实品质优良等特点的新品种。研究了科学合理的栽培管理技术，以提高产量和果实质量；研究了番茄生长过程中的环境控制技术，通过优化温室内环境实现番茄的周年生产。针对番茄常见的病虫害问题，开展了防控技术研究。通过综合运用生物防治、化学防治和物理防治等手段，有效地控制了病虫害的发生和传播，减少了农药使用，保证了番茄品质和食品安全。通过研究果实生长发育过程中的关键因素，提出了一套果实质量改良技术，以保持番茄的新鲜度、口感和营养价值。

成果推广应用情况及在农业生产中的持续作用

本项目通过优化种植管理措施，提高了番茄的产量和质量，降低了生产成本。同时，有助于减少农药和水资源的使用量，减轻农业对环境的负担，促进农业的可持续发展。精确施肥和病虫害防治技术的应用可以提高番茄的营养含量、口感和外观品质，满足消费者对高品质农产品的需求。通过增加产量和改善产品质量，帮助农民增收，实现农业增效。

078 | 大棚西瓜绿色生产技术集成示范

- **主持及参加单位：** 上海越辉种苗有限公司、上海市农业技术推广服务中心
- **参与人员：** 应雄、张文献、牟菊飞等

- **科研成果简介**

本项目通过开展健康种苗生产、水旱轮作、新型地膜应用、合理密植、水肥一体化、蜜蜂授粉、科学环境调控及病虫害绿色防控等技术的研究及示范，形成了西瓜健康种苗生产技术规程及大棚西瓜绿色生产技术规程各1项，在浦东新区书院镇建立了4个西瓜绿色生产技术示范基地，核心示范基地通过了西瓜绿色食品认证。

- **成果推广应用情况及在农业生产中的持续作用**

本项目实施期间，在浦东新区书院镇累计示范西瓜绿色生产技术1 715亩次；实施区与面上生产相比，平均减少化学肥料用量15.49%、化学农药用量23.77%；平均亩产量增加12.67%、亩产值增加19.10%。通过大棚西瓜绿色生产技术的集成与示范，将带动上海整体西瓜生产行业节本增效，在提高劳动生产率的同时，减少农药、化肥的使用量，达到西瓜绿色生产与环境友好的协调统一，具有较好的经济效益、社会效益和生态效益。

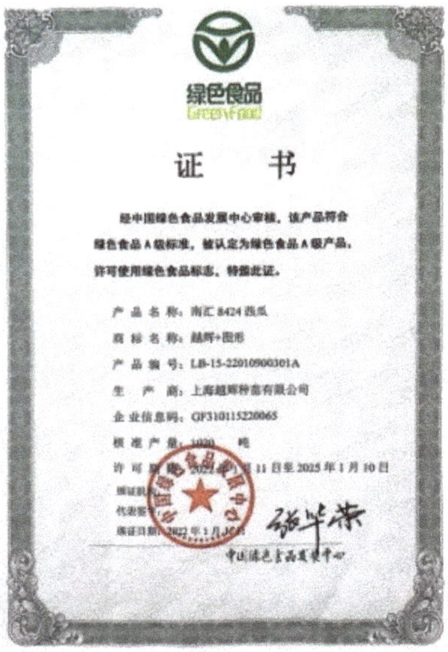

绿色食品

证　书

经中国绿色食品发展中心审核，该产品符合绿色食品A级标准，被认定为绿色食品A级产品，许可使用绿色食品标志，特颁此证。

产品名称：南汇8424西瓜

商标名称：越辉+图形

产品编号：LB-15-22010900301A

生产商：上海越辉种苗有限公司

企业信息码：GF310115220065

许可期限：……11日至2025年1月10日

中国绿色食品发展中心

079 | 甜瓜与玉米高效生态茬口模式集成示范

- **主持及参加单位：**上海沁友蔬果专业合作社、上海市嘉定区农业技术推广服务中心
- **参与人员：**王永元、顾海峰、甘建忠等

- **科研成果简介**

本项目建立甜瓜与玉米高效生态茬口模式集成示范基地上海沁友蔬果专业合作社1个。示范基地以甜瓜与玉米高效生态茬口模式为目标，开展了甜瓜与玉米套作、轮作、间作等多种高效生态茬口模式，制定了甜瓜间作甜（糯）玉米高效生态茬口模式、早熟地爬甜瓜套作玉米生态茬口模式、甜瓜与鲜食玉米轮作模式，完成了甜瓜套作、间作、轮作鲜食玉米高效生态茬口模式3个；制定甜瓜与鲜食玉米高效生态茬口模式标准化生产技术规程1套；形成大棚甜瓜与鲜食玉米秸秆还田轮作高效生态茬口周年绿色循环栽培模式。

- **成果推广应用情况及在农业生产中的持续作用**

本项目建立了甜瓜与玉米高效生态茬口示范核心基地50亩，累计推广甜瓜套作、间作、轮作鲜食玉米高效生态茬口模式200亩次。受近年来甜瓜新德里病毒病的影响，导致秋季种植甜瓜困难，此轮作模式改善了土壤环境，提升了土地资源的利用率，增加了种植收益。

080 | 水蜜桃四主枝挺身形绿色种植技术研究与示范

- **主持及参加单位：** 上海苗荟农产品专业合作社、上海市农业科学院
- **参与人员：** 刘苗会、叶正文、杜纪红等

科研成果简介

本项目在南汇水蜜桃基地开展了“四主枝挺身形”新型树形研究和示范，与传统的“三主枝开心形”树形相比，前者具有光线通透、产品品质高、修剪简单、管理省工、便于机械化操作等特点，在保持稳产、优质的基础上能够显著降低生产成本和用工成本，是今后大型果园采用的树形趋势之一。创新南汇水蜜桃的绿色种植模式，形成统一的地域性四主枝挺身形水蜜桃的标准化栽培技术操作规程，提升南汇水蜜桃的品质，保证南汇水蜜桃地理标志产品原有的独特品质，增强南汇水蜜桃在国内外市场上的竞争力，促进南汇水蜜桃产业健康持续发展。

成果推广应用情况及在农业生产中的持续作用

本项目至2024年已开展了12次技术培训及推广，已向越亚、庭娆、大治河、绿逸等四家合作社，以及四墩村、团结村、同治村、桥北村推广种植，技术辐射面积合计1 183亩，成为南汇水蜜桃主要树形之一。

081 | 绿肥油菜 - 鸭稻共生高效轮作模式研究与示范

- **主持及参加单位：**上海西翼农业专业合作社、上海市农业科学院
- **参与人员：**施小明、蔡雪林、吴淑杭等

- **科研成果简介**

本项目围绕淀山湖水体保护和水稻绿色生产需求，通过对比试验，选定了“沪油21”和“沪油3302”绿肥油菜品种，优化油菜绿肥化技术，提升稻田土壤肥力，保证后茬作物水稻稳产需求；研发鸭稻共生绿色生产关键技术，选择适宜优质水稻品种，优化水稻养分管理方案和病虫草害绿色控制策略，制定鸭子养殖方案，提高鸭稻共生模式生产效率；最终形成在鸭稻种植过程中不施化学农药和化肥的绿肥油菜 - 鸭稻共生高效轮作模式并示范。提升了农产品的附加值，扩大了农产品品牌影响力，在国家三星级农业旅游景点的基础上进一步建设美丽田园，推动美丽乡村的发展。

- **成果推广应用情况及在农业生产中的持续作用**

本项目3年累计示范绿肥油菜 - 鸭稻共生高效轮作模式354亩，示范绿肥油菜426亩，在金泽镇周边合作社推广鸭稻共生模式350亩。绿肥油菜 - 鸭稻共生高效轮作针对淀山湖水体保护、水稻绿色生产和乡村振兴需求，是一项可长期持续发展的绿色生态项目，可在种植水稻的乡村大力推广，为美丽田园乃至长三角生态绿色一体化发展示范区生态绿心的建设提供农业领域可复制的样板。

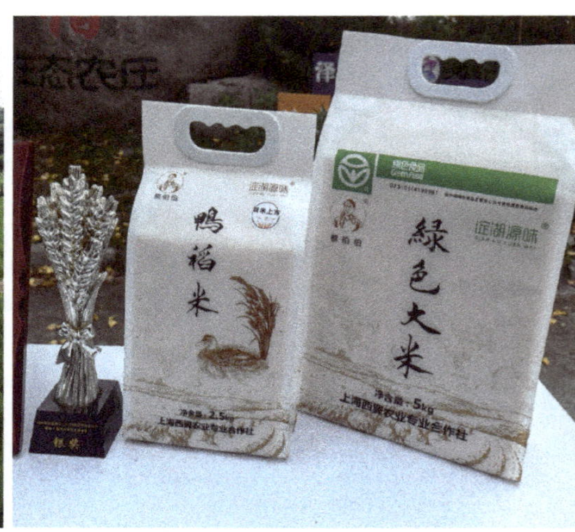

082 | 蛙稻共生种养结合技术研究与示范

- **主持及参加单位：**上海米香村粮食专业合作社、上海东郊蛙鸣村生态园艺场
- **参与人员：**王英、朱林杰、王建英等

- **科研成果简介**

本项目通过融合优质稻米和黑斑蛙养殖，成功降低劳动强度和农业面源污染，每亩产出超万元的成果，实现资源循环利用，达到“双增双节”效果。该种养结合模式提升了土地价值，鼓励了粮食生产，促进了粮食功能区的稳定发展。在生态模式下，以稻田为基础培育蛙类，相互促进生长，减少害虫及化肥、农药的使用量，提高水稻生长水平，以原生态方式生产，改善产品质量，推动上海稻米高质量发展。

- **成果推广应用情况及在农业生产中的持续作用**

本项目通过推广应用，化肥和农药的使用量显著减少，排放更加可控，促进生态平衡。稻米安全指标得到有效保障，产品质量和附加值显著提升，单位面积效益实现最大化。该项目在上海稻米产业中发挥引领作用，推动了标准化、规模化、集约化、产业化和品牌化发展。成果的持续应用为农业生产带来积极影响，为上海粮食产业的可持续发展奠定了坚实基础，提高了产业水平，促进了经济增长，带来了良好的经济、社会和生态效益。

083 | 河蟹套养红螯螯虾模式研究与示范

- **主持及参加单位：**上海惠康水产养殖专业合作社、中国水产科学研究院东海水产研究所
- **参与人员：**顾惠康、顾柳滨、房文红等

- **科研成果简介**

本项目优化了红螯螯虾虾苗的带水运输方法，运输成活率达 95.4%；建立了河蟹套养红螯螯虾模式示范基地 2 个，累计示范面积 210 亩，红螯螯虾平均亩产 40.88 千克，河蟹平均亩产 86.55 千克（200 克公蟹、150 克母蟹占 82% ~ 89%）；两年累计技术辐射面积 1 155 亩，红螯螯虾平均产量为 20.96 千克 / 亩，河蟹养殖产量不低于原有养殖模式；形成了河蟹池塘套养红螯螯虾的养殖模式，制定了河蟹套养红螯螯虾操作技术规程 1 套，发表论文 1 篇。

- **成果推广应用情况及在农业生产中的持续作用**

本项目在上海惠康水产养殖专业合作社和上海崇明忠耀水产专业合作社示范面积 210 亩，生产中华绒螯蟹 18 175 千克，平均亩产 86.55 千克；生产红螯螯虾 8 585 千克，平均亩产 40.88 千克。对比原有养殖模式发现，套养模式的池塘河蟹平均亩产略高于未套养池塘河蟹。同时，在上海崇东、卫章、志平等 9 家合作社进行了技术推广应用，辐射总面积 1 155 亩，红螯螯虾总产量 24 205 千克，平均亩产 20.96 千克；套养池塘河蟹的平均亩产与无套养模式的平均亩产相当，即河蟹产量并未降低。

084 | 虾类三茬生态轮养模式与技术研究

- **主持及参加单位：**上海思阳水产养殖专业合作社、上海市奉贤区水产技术推广站
- **参与人员：**张峰、王建刚、刘元英等

- **科研成果简介**

本项目围绕上海地区虾类温棚两茬养殖的现状，通过合理安排养殖茬口、降低养殖密度，将虾类两茬养殖增加为三茬养殖，有效降低了池塘单茬负载量，为虾类提供了良好环境，降低了病害发生率，实现了虾类养殖稳产和增产。同时，三茬养殖中有两茬实现错峰上市，取得良好的经济效益。项目实施过程中，集成了绿色生态养殖、精准投饵、水质调控、病害生态防控、水体净化等关键技术，形成了《南美白对虾与罗氏沼虾三茬生态轮养技术规程》。

- **成果推广应用情况及在农业生产中的持续作用**

本项目每年辐射带动500余亩虾类大棚养殖采用三茬轮养模式，在原有研究基础上开展南美白对虾养殖池塘套养大规格罗氏沼虾技术研究，在促进南美白对虾养殖成功的前提下，增产规格50克/尾以上的罗氏沼虾，与传统单一养殖南美白对虾的方式相比，产量与养殖效益更高，取得了良好的经济和社会效益。

085 | 虾类绿色配合饲料的研发与应用

- **主持及参加单位：**上海市奉贤区水产技术推广站、上海海洋大学、上海一新饲料发展有限公司、上海市水产研究所（上海市水产技术推广站）、上海锭顺水产养殖专业合作社、上海玉叶虾业养殖专业合作社
- **参与人员：**叶军强、戴习林、金美玲等

- **科研成果简介**

本项目围绕虾类产业无绿色配合饲料的困局，以南美白对虾为主要对象，研发出了南美白对虾绿色饲料配方，两个型号

虾类配合饲料产品获得绿色食品生产资料证明商标使用证。形成了南美白对虾绿色饲料生产技术工艺和产品企业标准，建立了一条南美白对虾绿色配合饲料生产线，建立了绿色食品虾养殖中试示范区 2 个。南美白对虾商品虾（鲜活）获得绿色食品认证。

- **成果推广应用情况及在农业生产中的持续作用**

本项目示范推广的虾类绿色配合饲料和虾类绿色生态养殖方式显著增强了虾类免疫力和健康，减少了养殖病害的发生，提高了虾类成活率和养殖成功率。在保护环境和品质提升的基础上，提高了养殖经济效益，实现了南美白对虾养殖的健康、生态、绿色、环保，推进了南美白对虾商品虾的绿色认证，有力促进了虾类养殖产业的健康发展。

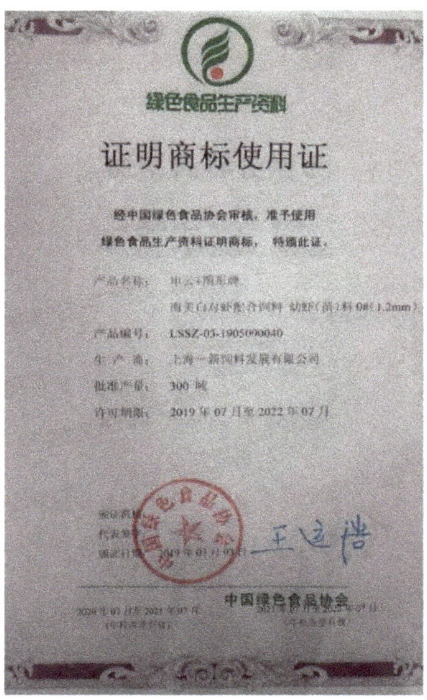

086 | 重固镇农业废弃物资源化利用及稻田生态栽培技术研究与示范

- **主持及参加单位：**上海百茸食用菌有限公司、上海申玮环保科技有限公司、上海市青浦区重固镇农业综合服务中心、上海市农业科学院
- **参与人员：**杨开耀、张萍、吴永林等

- **科研成果简介**

本项目建立了一个农业废弃物 - 食用菌资源化利用示范点，实现水稻秸秆、经济果林与生态林等废弃枝条资源利用率达 100%；同时，食用菌废料 100% 资源化利用。通过设计与匹配稻田排水口拦截净化

装置，在稻田排水口设置悬浮物拦截净化系统，实现对稻田排水污染物的快速净化，达到稻田排水悬浮物含量降低50%，氮、磷含量降低30%。在削减稻田种植过程中面源污染的同时，有效降低了系统维护和运行成本，形成一套完整的可复制、可推广、可持续的稻田绿色生态面源污染阻控模式。

- **成果推广应用情况及在农业生产中的持续作用**

本项目基于稻田排水快速净化装置农田面源污染阻控技术模式的应用，目前已在上海市累计示范1 000余亩。该技术模式的实施，在稻田氮、磷等面源污染控制方面实现了良好的社会与生态环境效益，减少了因农业生产导致的环境风险，践行了农业新质生产力与绿色发展理念。

087 | 吕巷镇农业有机废弃物资源化利用

- **主持及参加单位：**上海绿益果品园艺有限公司、上海市金山区吕巷镇农业农村服务中心、上海市农业科学院、上海裕明食用菌专业合作社、上海泉康蔬菜种植专业合作社、上海亿南奶牛场
- **参与人员：**沈徽、王洪兵、金平等

- **科研成果简介**

本项目建立农业有机废弃物基料化处理技术体系1套。在原有的商品有机肥生产基础上，开展了果蔬专用商品有机肥、菌棒研制和生产，生产了葡萄、蟠桃、火龙果等专用有机肥及菌棒。通过对比试验证明，专用有机肥比常规有机肥在增产增效、提高品质方面更有优势；形成1个利用桃类、葡萄、梨树废弃枝条高产香菇的栽培基质配方，并建立相应的栽培技术规程。

- **成果推广应用情况及在农业生产中的持续作用**

本项目持续将年产 13 800 多吨鲜牛粪配以 20% 的水稻秸秆（3 000 吨）和 10% 的菌菇渣（1 500 吨），全都用于有机肥、菌棒生产，年实际可产出有机肥、菌棒 12 000 吨左右。按照商品有机肥售价 450 元 / 吨计算，每年经济效益可达 540 余万元。另外，处理枝条废弃物种植香菇，总采收香菇 145 376 千克，经济效益达 138 余万元。通过以上途径，持续将农业秸秆废弃物变废为宝，创造了巨大的经济效益。

088 | 老港镇农业废弃物资源化利用技术研究与示范

- **主持及参加单位：** 上海市浦东新区老港镇经济发展服务中心、台州市万邦达农机设备有限公司
- **参与人员：** 王明源、王建冬、李革等

- **科研成果简介**

本项目聚焦农业废弃物高效处理与循环利用，旨在解决传统处理方式带来的环境污染问题，推动生态农业发展。通过优化农业废弃物处理设备与工艺，成功开发了一体化有机肥生产设备，实现了农业废弃物无害化、减量化和资源化利用。该技术将农作物秸秆、畜禽粪便等废弃物转化为高品质有机肥，显著提升了有机肥的生产效率，降低了能耗与成本。项目还构建

了农业废弃物收集、处理、配送的循环利用体系，形成了村与村、基地与基地的多层次循环模式，推动了区域生态农业的可持续发展。成果不仅改善了农村生态环境，还为乡村振兴提供了技术支撑，具有良好的示范推广价值。

- **成果推广应用情况及在农业生产中的持续作用**

本项目在老港镇农业废弃物资源化利用的基础上，实现果树枝条等废弃物的有机质处理，减少简单粉碎还田后土地年消化 20 余吨的果树枝条类废弃物量。与 6 000 余吨经济作物废弃物综合处理，增加废弃物资源化有机质，省时省力，提高有机肥产量（约 1 500 吨）。通过优化农业废弃物处理设备与工艺，构建了农业废弃物收集、处理、配送的循环利用体系，形成了具有本地特色的生态循环农业发展模式。该模式不仅有效解决了农业废弃物的处理难题，减少了环境污染，还提高了有机肥的生产效率，降低了农业生产成本，提升了土壤肥力和农产品质量，改善了土壤结构和农村人居环境。

089 | 农作物秸秆资源化利用模式研究与示范

- **主持及参加单位：**上海市松江区泖港镇农业农村服务中心、上海泖港农业发展有限公司、喜如仙农业科技发展（上海）有限公司
- **参与人员：**徐海云、梁荣、张蒙等

- **科研成果简介**

本项目针对泖港镇农业废弃物产生类型、产生量、产生时段，构建了农作物秸秆（以农户自留地内秸秆为主）收集－储运体系，采用微生物发酵技术探索了农作物秸秆肥料化利用工艺，开发了生物有机

肥、促根系生长有机底肥、多效微生物有机肥、专用微生物肥料和土壤调理剂等不同类型产品，并利用秸秆堆肥产品进一步制备成水稻工厂化栽培育秧基质。经第三方权威检测机构分析，制备出的微生物菌肥的平均有机质含量高于50%，总养分含量达到NY525—2012有机肥料的相关标准要求，解决了农业废弃物再利用问题。

- **成果推广应用情况及在农业生产中的持续作用**

本项目在本市4家农业生产企业分别建立了农业生产新技术和新产品示范基地，开展了水稻高密度播种、低叶龄移栽机械化生产技术的示范应用，推广面积共计1 500亩次。试验基地水稻植株生长健壮、抗倒伏，平均产量达到570～585千克/亩，产量较常规种植有所提高。同时，在其中2家基地内建立了生物有机肥推广施用示范点，开展了水稻生物有机肥替代化肥技术的示范，应用面积共1 100亩，减少了化肥施用量10%，土壤理化性质改良明显，产量有所提高。

090 | 农业废弃物制备颗粒燃料与有机肥一体化成套装备研发与示范应用

- **主持及参加单位：**上海沪鸣环保科技有限公司、上海市农业科学院、上海市农业机械研究所
- **参与人员：**余佳阳、杨晓峰、陈海英等

科研成果简介

本项目致力于解决农林废弃物立式环模造粒技术瓶颈，获取生物质颗粒燃烧与温室大棚加热耦合技术工艺参数，研发农业废弃物生物发酵生产有机肥技术，优化农业废弃物揉切粉碎、发酵、降解、除臭、净化和浓缩的一体化工艺技术参数，研制全自动生产有机肥的一体化装备，提出面向乡镇的农业废弃物综合处理生态模式。通过以上项目技术的集成组合，构建农业废弃物生产颗粒燃料（大棚加热）和有机肥的一体化技术体系，并进行示范应用，以突破农业废弃物资源化利用技术与工艺壁垒，形成资源化利用产品，为生产线的建立提供成功经验。

成果推广应用情况及在农业生产中的持续作用

本项目农林废弃物垂直进料环模制粒机成套设备，日可处理秸秆等农业废弃物10吨，年可生产生物质颗粒燃料2 100吨。有机肥生产一体化技术与成套设备，日可处理秸秆等农业废弃物10吨，可产生生物有机肥7吨；年处理秸秆等农业废弃物3 000吨，年可生产生物有机肥2 100吨。本项目为生态农业创新做出示范样板，对全市乃至全国新型生态农业产业化发展都有积极的推进作用。在当前形势下，本项目成果具有极佳的产业化前景，为美丽乡村建设提供切实可行的技术支撑和解决方案；项目成果的应用还促进了农业的可持续发展，为乡村振兴和生态文明建设提供了有力支持。

091 | 上海市受污染耕地土壤精准安全利用技术研究与示范

- **主持及参加单位：**上海市农业技术推广服务中心、上海市环境科学研究院、上海劲牛信息技术有限公司、上海市浦东新区农业技术推广服务中心、上海市嘉定区农业技术推广服务中心
- **参与人员：**杨晓磊、陈小华、杨业凤等

- **科研成果简介**

本项目形成了土壤环境质量评价和风险识别技术方法，构建了耕地土壤环境质量评价方法体系。按水稻、设施蔬菜和果树 3 种不同种植类型受污染耕地，提出农艺措施类安全利用综合技术，分别通过多项措施组合对土壤中重金属进行钝化和削减，但对作物产量没有影响；传感器结点硬件采用模块化设计，通过一套云平台终端可以灵活配置模块化传感器探头进行实时土壤重金属离子探测。

- **成果推广应用情况及在农业生产中的持续作用**

本项目为各区农业部门年度确定“一地一方案”科学选择安全利用技术提供了技术指导，同时结合基层农技人员科技培训等方式，面向各区、镇级农业技术人员、各农业基地技术负责人、农户等每年开展安全利用技术培训。在本市郊区应用示范推广 1 406 亩次，主要涉及水稻、蔬菜和果蔬等，并且均有较好的示范效果。

092 | 庄行镇生态循环关键技术集成示范与推广

- **主持及参加单位：**上海市奉贤区庄行镇农业农村服务中心、上海市奉贤区农业技术推广中心、上海存合农业资源经营专业合作社、上海辉贤波尔山羊养殖专业合作社、上海众熠农产品产销专业合作社、上海群平果蔬种植专业合作社
- **参与人员：**丁新华、相家英、顾艾节等

• 科研成果简介

本项目集成了包括化肥农药替代、废弃物资源化利用等技术的蜜梨生态种植模式1套。以梨枝条为主要原料，辅以畜禽粪便（羊粪）、氮肥等，加入经活化处理的微生物菌剂，经好氧、兼性厌氧、厌氧发酵过程，添加梨生长所需的微量元素，得到具有泥土芳香的有机肥。将梨枝条堆制的有机肥与土壤混合，并按照一定的方式作为基肥施入果园土壤，以改善土壤团粒结构、调节土壤微生物菌群、保持土壤肥力，实现庄行蜜梨的生态种植与废弃物循环利用。

• 成果推广应用情况及在农业生产中的持续作用

本项目采用蜜梨生态种植技术和梨园土壤改良技术及废弃物资源化循环利用技术等先进、成熟的种养技术，开展以庄行蜜梨生态种植和废弃物资源化循环利用关键技术的集成研究与示范。同时，每年组织技术培训予以推广，带动全镇范围内的梨树种植户，技术辐射全镇。庄行蜜梨种植、肉羊养殖及废弃物资源化生态循环利用模式的创新改变了传统单一蜜梨种植模式，蜜梨、肉羊等主要农产品均获优质高产。

093 | 金山区和平村乡村振兴科技引领示范村建设

- **主持及参加单位：**上海龙湖生态园林有限公司、上海市金山区吕巷镇和平村村民委员会、上海市绿化管理指导站、上海植物园、上海市农业科学院
- **参与人员：**王坤、陆敏、周荣等

• 科研成果简介

本项目主要围绕建立海棠、月季、芍药的标准化种源基地，选育低养护成本、资源高效植物新优品种 23 个，形成繁育、栽培和养护绿色高效成套技术体系。开展技术培训，推进高效苗木生产繁育示范基地建设，建成 3 个主导特色花卉产业基地。同时，在美丽乡村建设中建立生态景观模式示范点，集成低维护成本的乡村特色花卉景观配置模式及花卉养护管理技术；集成示范都市现代农业特色植物配置模式，为改善乡村人居环境、带动乡村旅游产业发展提供技术支持。拓展了和平村农业多种功能，推进产业深度融合，推广繁育特色新优品种，集成示范新技术，提升农业产业综合能级并带动农民致富。

• 成果推广应用情况及在农业生产中的持续作用

本项目与当地农民建立了产业化联合体，开展技术示范和技术培训，辐射带动金山及周边的嘉兴、平湖等地农户，已向上海及长三角地区推广了 18 个品种，共计 70 余万株花卉，带动合作社和大农户 6 家，培养新型职业农民 4 人，共同致富增收。在做强苗木生产繁育的同时，挖掘观赏植物衍生价值，促进休闲农业和乡村旅游发展，实现“以花促农、以花兴旅、以花养农”的目标，促进农民增收、乡村繁荣。

094 | 奉贤区解放村乡村振兴科技引领示范村建设

- **主持及参加单位：**上海岱柏农产品产销专业合作社、上海市奉贤区农业技术推广中心、上海市奉贤区青村镇农业服务中心、上海市奉贤区青村镇解放村经济合作社、上海市奉贤区农民科技教育培训中心、上海合颂信息技术有限公司、上海市农业科学院、上海市奉贤区农业信息服务中心
- **参与人员：**陈贤、叶正文、杜纪红等

- **科研成果简介**

本项目在奉贤黄桃主产区形成了依托新型经营主体建立集成新品种、新模式和产业提升关键技术的核心示范基地。通过种植水稻和淹水相结合的方法有效减轻重茬障碍，配施生物有机肥提升新建桃园的土壤保育和养分。确定了上海地区“锦绣”黄桃的分级标准及采后保鲜及储运技术参数。实现了传统水肥一体机和远程控制单元的集成，对农田水分和养分进行综合调控和一体化管理，利用数字化技术，实现节能减排、精准种植的目的，有效解决了“三老”问题，提高果园工作效率。

- **成果推广应用情况及在农业生产中的持续作用**

本项目建立黄桃绿色防控技术示范区，综合集成物理、生物、化学防治等成熟单项技术，开展全程绿色防控技术示范。在解放村初步建成鲜食黄桃产业提升示范园305亩，通过技术培训示范及应用辐射解放村黄桃面积达2 031亩。建立了以“村委会、农户”+“合作社、推广部门”的解放村黄桃产业联动模式，打造黄桃休闲体验基地，促进解放村黄桃一三产业联动。

第三章

智慧农业

001 | 智能化温室花卉高效生产关键技术研发与产业化示范

- **主持及参加单位：** 上海种业（集团）有限公司、上海鲜花港企业发展有限公司、上海辰山植物园、上海市农业科学院
- **参与人员：** 池坚、杨娟、叶志琴等

- **科研成果简介**

本项目围绕崇明智能化温室配备的智能系统，针对绣球、芍药、郁金香等花卉种苗和盆花生产，开展综合环境调控、自动灌溉和物流运输的智能化温室花卉生产运营模式研究，聚焦花卉新优品种选育、种苗高效繁育、精准花期调控、成品高效优质生产环节，开展智能化温室花卉高效栽培技术研究。通过本项目的产业化示范，带动崇明地区花卉产业提质增效。本项目打造了智能化温室花卉生产示范基地，建立了种苗和盆花生产线，制订出智能化温室花卉生产运营配套控制方案；集成花卉工厂化育苗、生产技术体系，创新研发多项自主知识产权；选育出“青山繁星”和“落雪”两个新种质，为花卉种业振兴注入“芯”活力；将产品和技术成果集成推广，降低生产成本、促进农户增收，带动崇明及其他地区花卉产业升级。

本项目相关成果获2019—2021年度

全国农牧渔业丰收奖农业技术推广成果奖一等奖。

- **成果推广应用情况及在农业生产中的持续作用**

本项目将实施成果融入花博会、进博会、花展和上海市民园艺中心进行示范应用和公益科普推广，引发了众多新闻媒体及参展观众的关注，提升了 TOP FLOWER（上花）品牌的竞争力和影响力，助力上海花卉业高质量发展。本项目 2024 年带动崇明及苏州花卉种植面积 1 078.39 亩；繁育花卉种苗（球）1 038.80 万株（粒），间接经济效益约 15 000 万元；生产成品盆花 515.50 万盆，间接经济效益约 9 000 万元。

发明专利

- **名称：**一种绣球花色品质快速估测方法
- **公开号：**CN202310566659.2

实用新型专利

- **名称：**一种具有灌溉功能的花卉种植大棚
- **公开号：**CN2022222274121

- **名称：**一种花卉生产使用的沥水设备
- **公开号：**CN202420528382.4

植物新品种权

- **名称：**青山繁星
- **公开号：**CNA20210912

- **名称：**落雪
- **公开号：**CNA20210913

002 | 设施绿叶蔬菜智能化生产装备技术研究及示范

- **主持及参加单位：**上海交通大学、上海市农业机械研究所、上海国兴农现代农业发展股份有限公司、同济大学、上海电机学院、南京塑客机电科技有限公司、光明食品集团上海崇明农场有限公司
- **参与人员：**牛庆良、贡亮、常丽英等

- **科研成果简介**

本项目针对绿叶蔬菜生产中存在的专用化、宜机化设施缺少，生产机械化、自动化程度低，设施小气候精细调控和生产

管理决策智能化程度不高等问题，从绿叶菜生产全过程着眼，集成了绿叶菜智能化生产模式，开发了绿叶菜生产专用新型温室。研发了中小型电动无人智能化耕整机、播种机、采收机、物流车、包装整理线、灌溉水调温等成套装备。开发了绿叶菜智能化生产管控系统，完成了生产技术配套并建成了集中示范应用点1处。项目技术、装备等的研发对提升绿叶菜生产机械化和智能化水平、提高生产效率和资源利用率等具有良好的示范和推动意义。

本项目相关成果获2022年度上海市科学技术奖科技进步一等奖。

- **成果推广应用情况及在农业生产中的持续作用**

本项目技术、设施、装备集中示范应用1公顷，播种机、采收机等生产装备及智能化生产技术等在本市崇明、浦东、金山等地设施蔬菜生产基地推广应用面积累计26公顷。

发明专利

- **名称：**多功能精量播种单体
- **公开号：**CN201911256886.5

- **名称：**一种智能农业机器人云控制系统及方法
- **公开号：**CN201910489190.0

- **名称：**一株高地芽孢杆菌及其应用
- **公开号：**CN202011532143.9

- **名称：**基于B样条曲面拟合的摄像头畸变矫正方法、系统及介质
- **公开号：**CN201910435044.X

- **名称**：一种智能农业机器人云控制系统及方法
- **公开号**：CN201910489190.0

- **名称**：电动履带式耕整机
- **公开号**：CN202111019021.4

- **名称**：一种快速精准调控施肥机及其控制方法
- **公开号**：CN202210569614.6

- **名称**：一株短小芽孢杆菌及其应用
- **公开号**：CN202510209548.5

- **名称**：一株贝莱斯芽孢杆菌 SF327 及其应用
- **公开号**：CN202210198705.3

- **名称**：一种吡唑三嗪的制备方法
- **公开号**：CN202210493782.1

- **名称**：一种智能化背负式电动喷雾机
- **公开号**：CN202010754520.7

- **名称**：一种火焰消毒装置
- **公开号**：CN202220341248.4

¤ 外观设计专利

- **名称**：平板电脑的施肥机管理图形用户界面
- **公开号**：CN202030164899.7

¤ 软件著作权

- **名称**：智慧农业控制系统 V1.0
- **公开号**：2021SR12194155

- **名称**：面向投入品减量增效的施肥决策支持系统 V1.0
- **公开号**：2022SR1023611

- **名称**：多约束条件下大型农业机器人全覆盖路径规划软件 V1.0
- **公开号**：2021SR1674820

003 | 河蟹池塘自适应水草梳理机研制与应用示范

- **主持及参加单位：**上海海洋大学、上海海丹生物科技有限公司、光明食品集团上海崇明农场有限公司
- **参与人员：**胡庆松、张丽珍、陈雷雷等

- **科研成果简介**

本项目围绕河蟹养殖水草管理问题，综合应用多学科原理、方法和手段，针对水草特性和蟹塘水草管理需求，设计了集“梳草－收集－前进”三位一体的自适应水草梳理机，所研制的收草结构既满足水草收割和输送的力学需求，又能自动释放增氧管道和线缆等障碍物；开发了适用于水草梳理机的风力推进动力系统，在自适应弹性挂钩拉力的辅助下，可在密集水草区域行驶，机动性能好；基于水草梳理机运动模型和特性设计了自动导航控制系统。研制的自适应水草梳理机采用遥控和自主导航两种控制方式，在水下 50 厘米内切割深度可调，浅水通过性好，可梳理和收集蟹塘中的多种水草，最大收割效率达 2.3 吨 / 时，单位时间内与人工收集水草重量相比提高 94.3%，综合节省人工 48.5%。

本项目相关成果获 2022 年度上海市科学技术奖科技进步二等奖。

- **成果推广应用情况及在农业生产中的持续作用**

本项目累计推广应用池塘 200 余亩，分布于光明食品集团上海崇明农场有限公司、上海沪宝水产养殖专业合作社、上海宝岛蟹业有限公司和上海睿婕水产养殖合作社等。我国河蟹养殖面积大，项目研发的自适应水草梳理机具有广阔的市场前景，进一步融合投饵、水质监测等功能后可以提升河蟹养殖池塘设施设备的一体化水平。自适应水草梳理机的推广和应用能很大程度上提升水草治理的效率和科学性，降低一线养殖人员的劳动强度，促进河蟹养殖向机械化、自动化和智能化转型，为河蟹产业发展提供支撑。

发明专利

- **名称**：INTELLIGENT SHIP MONITORING CONTROL METHOD FOR POND CULTURE
- **公开号**：2023/02712

实用新型专利

- **名称**：一种用于梳草船的推进转向机构
- **公开号**：ZL202321849325.8

- **名称**：一种水草清理和黏性饵料投饵一体化平台
- **公开号**：ZL202321910341.3

004 | 水稻生产全程农机智能化技术集成与示范

- **主持及参加单位**：上海上实现代农业开发有限公司、上海交通大学、上海乾达农业科技有限公司、江苏大学
- **参与人员**：李国梁、施圣高、赵厚亚等

- **科研成果简介**

本项目完成了水稻生产现有主要型号拖拉机、直播机、施肥施药机和联合收割机的智能化提升33台（套），提升改造后的拖拉机、水稻直播机和联合收割机的直线路径跟踪误差均≤4.6厘米、自主调头拼接行误差均≤8.7厘米。建成了农机作业的远程信息化管控平台，实现了农机装备的远程监测和远程调度。开展了集成示范应用，与常规种植方式对比，示范区亩产增加0.92%、亩均农药使用纯量减少20.90%、亩均化肥使用纯量减少11.53%、人工工时减少32.35%。发表论文4篇，申请发明专利3件，登记软件著作权2项，制定水稻耕、种、管、收环节的安全操作技术规程4项。

成果推广应用情况及在农业生产中的持续作用

本项目成果的持续应用，圆满完成了示范区小麦植保飞防作业任务。同时，为确保本项目成果在农业生产中持续发挥作用，对系统硬件和软件系统进行了持续升级研发。系统硬件可靠性大幅提高，路径跟踪控制效果和作业速度都有显著提高，路径操作控制精准性提高 30%，耙田作业速度已提高至 10 千米 / 时，系统无故障工作时间提高到了 100 小时左右，为“三夏”作业奠定了良好基础。

发明专利

- **名称：**一种基于 stm32 的轮式农机自动转向方法、系统及农机
- **公开号：**CN202310493685.7

- **名称：**一种轮式农机的直线路径跟踪抗扰控制方法及控制系统
- **公开号：**CN202310493685.7

- **名称：**一种自动驾驶农机田间转弯掉头拼接行优化控制方法
- **公开号：**CN202310608694.6

软件著作权

- **名称：**水稻直播机无人驾驶与智能作业控制软件
- **公开号：**2022SR1376661

- **名称：**农业机械远程监控平台
- **公开号：**2023R11L2521129

标准

- **名称：**无人化轮式拖拉机耕作作业安全操作技术规程
- **公开号：**SSNY-DM-WI-08

- **名称：**电动多旋翼无人机田间管理飞防播撒安全作业技术规程
- **公开号：**SSNY-DM-WI-11

- **名称：**无人化联合收割机收割作业安全操作技术规程
- **公开号：**SSNY-DM-WI-10

- **名称：**水稻直播机自动驾驶播种作业安全操作技术规程
- **公开号：**SSNY-DM-WI-09

005 | 水稻全程作业环节无人驾驶研究与试验

- **主持及参加单位：**上海市嘉定区农机技术推广站、上海市农业机械鉴定推广站、上海联适导航技术股份有限公司
- **参与人员：**冯敏康、龚智峰、袁益明等

科研成果简介

本项目在嘉定区外冈镇主要水稻生产基地建设全流程无人化农场，实现耕、种、管、收等环节利用北斗定位和导航系统对现有的拖拉机、插秧机、穴播机、自走式喷杆喷雾机、联合收割机进行无人化改造，实现全自动的无人化作业功能。耕地平整时，无人拖拉机实现了自动规划路径、自动点火、自动出库、自动作业等功能。播种插秧时，无人插秧机实现了自动控制车速、自动调头、秧台自动升降、故障预警、自动停车等功能。田间管理时，无人植保机实现了平台云端遥控，一键多机控制，机群协同作业，可自动控制农药喷洒变量施药，喷洒量随车速变化自动调节。成熟收割时，无人收割机根据规划路径，实现了自动转弯、自动割台升降、粮满自动停车、点对点自动卸粮。无人农场的探索，为下一步融合发展先进的数字农业发展技术做好技术支持，为建设具有先进水平的水稻无人化智慧农场做好技术储备。

成果推广应用情况及在农业生产中的持续作用

本项目的试验探索为无人农场的推广应用提供了技术支撑，并完成了嘉定区标准化指导性技术文件《水稻生产无人农场建设技术规范》，完成4 086亩的水稻无人农场建设。同时，也为全市推广10万亩无人农场提供了“嘉定经验”，为加快推进全市数字化无人农场建设起到了示范引领作用。

发明专利

- **名称：**一种无人驾驶农机的控制方法、装置、设备及存储介质
- **公开号：**ZL202110666620.9

- **名称：**一种无人驾驶农机的启停控制系统和方法
- **公开号：**ZL202111115909.8

实用新型专利

- **名称：**一种插秧机秧台控制装置
- **公开号：**ZL202222879169.1

- **名称：**车载导航型接收机
- **公开号：**ZL202222884968.8

软件著作权

- **名称：**R10 便携式高精度定位仪嵌入式程序
- **公开号：**2022SR1450713

- **名称：**R70E 北斗高精度定位定向型接收机嵌入式程序
- **公开号：**2022SR1448360

- **名称：**侧深变量施肥控制软件
- **公开号：**2021SR1329489

006 | 稻田水肥智能化管控技术研究和示范

- **主持及参加单位：**光明食品集团上海农场有限公司、上海市农业科学院
- **参与人员：**戴国树、王运圣、刘勇等

- **科研成果简介**

本项目针对稻田水肥智能管控技术进行了全面深入的研究，研发了一套水稻肥水智能化管控系统，包括肥料站智能控制柜、泵房智能控制柜、肥水管网电磁阀控制器等，并且制定了相应的技术规程。该系统通过集成先进的传感器技术、数据处理算法和智能控制策略，实现了对稻田水肥状态的实时监测和精准调控。该系统能够根据稻田的生长需求和环境条件，智能地制定水肥管理计划，并通过自动化控制设备实现精准的水肥施用，从配肥、混肥、原液输送到灌溉水混合，全过程无须人工干预而自动进行。使用该系统不仅能够降

低用工成本、提高水稻的产量和品质，还能够节约水资源和化肥用量、降低生产成本，对推动农业可持续发展具有重要意义。

- **成果推广应用情况及在农业生产中的持续作用**

本项目研发的稻田水肥智能化管控系统及配套的稻田水肥智能化管控技术规程目前已在光明食品集团上海农场有限公司建成一处 300 亩以上集中连片的稻田水肥智能化管控示范基地。配合大田智能灌溉系统，将肥料溶于水中之后配合灌溉水一起施放到农田，改变了农场传统的灌溉施肥模式，减少了人工投入，避免了机器撒肥对作物造成的损伤。同时，比无人机播撒成本更低，肥料利用率更高，实现了对稻田水肥的精准管理，提高了作物产量和品质，降低了生产成本，推动了农业可持续发展。

发明专利

- **名称：**一种稻田水肥一体化智能管控系统及配肥方法
- **公开号：**ZL202410236180.7

实用新型专利

- **名称：**一种便携式监测水位工具
- **公开号：**ZL202320297506.8

软件著作权

- **名称：**水稻水肥智能化管控系统 V1.0
- **公开号：**2023SR0418006

- **名称：**农业灌溉脉冲电磁阀控制器嵌入式软件
- **公开号：**2024SR0074072

007 | 水稻、蔬菜生产作业信息自动直报辅助系统装置研究和示范应用

- **主持及参加单位：**上海垄垦信息科技有限公司、北京市农林科学院信息技术研究中心、上海航育种子有限公司、上海左岸芯慧电子科技有限公司
- **参与人员：**于艳、吴建伟、叶海龙等

- **科研成果简介**

本项目研发了水稻生产作业信息自动直报辅助终端和蔬菜生产作业信息自动直报辅助终端各 1 套，开发生产作业信息自动直报辅助系统 1 套，搭建区块链网络基础运行环境 1 套，制定水稻和蔬菜生产作业信息自动直报的统一采集标准和业务流程规范（草案）1 套。实现了水稻耕种管收和蔬菜种植生产各环节农事数据的田间设备直采与上传，辅助系统智能算法的数据验证与完善，与“上海数字农业农村云平台”数据对接及数据上链等。

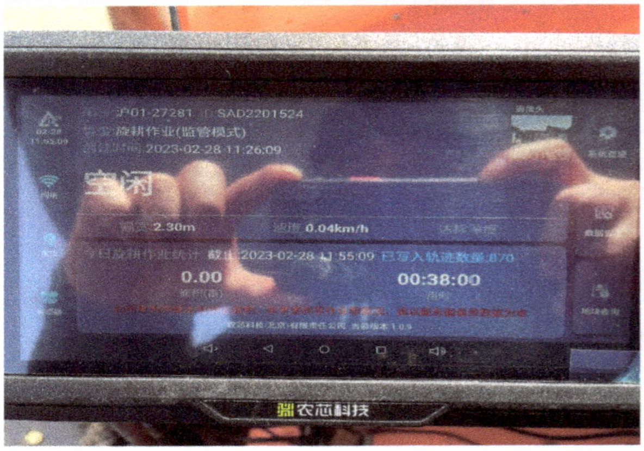

- **成果推广应用情况及在农业生产中的持续作用**

本项目在闵行区、松江区的多家粮食专业合作社安装水稻生产作业信息自动直报辅助终端 13 套。截至 2024 年，共完成耕整地作业示范面积 2 549 亩、插秧（直播）示范面积 2 079 亩、植保喷药作业示范面积 1 842 亩、收获作业示范面积 2 011 亩等农事作业数据的采集。蔬菜作业信息直报终端已在上海航育种子有限公司基地进行了应用示范，结合基地温室喷药装备现状，研发纯电动温室喷药机 1 台，提升了基地温室喷药的机械化水平。目前，累计获得试验测试数据 5 000 余条，实现与“上海数字农业农村云平台”数据对接，上传蔬菜直报数据 209 条，覆盖了完整的三茬蔬菜种植数据。

发明专利

- **名称：**排肥槽轮排量的自动标定方法、装置、设备及介质
- **公开号：**CN202311800585.0

实用新型专利

- **名称：**农田信息采集系统及方法
- **公开号：**CN202310180417.X

软件著作权

- **名称：**水稻、蔬菜生产作业信息 AI 识别直报系统 V1.0
- **公开号：**2023SR1788731

- **名称：**水稻、蔬菜生产作业信息模板直报系统 V1.0
- **公开号：**2023SR1788740

- **名称：**水稻、蔬菜生产作业信息扫码直报系统 V1.0
- **公开号：**2023SR1800434

- **名称：**水稻、蔬菜生产作业信息语音直报系统 V1.0
- **公开号：**2023SR1796994

- **名称：**上海农机作业信息采集直报终端软件 V1.0
- **公开号：**2024SR0262705

- **名称：**上海农机作业信息采集直报终端配置软件 V1.0
- **公开号：**2024SR0263927

- **名称：**温室蔬菜水肥作业信息直报系统软件 V1.0
- **公开号：**2024SR0354918

- **名称：**蔬菜农药施用作业信息直报系统软件
- **公开号：**2024SR0364205

008 | 鲜食玉米全程机械化绿色生产技术集成与示范

- **主持及参加单位：**上海天际生态农业有限公司、上海市农业技术推广服务中心、上海市农业机械鉴定推广站、上海市农业科学院、上海孚祥生态环保科技股份有限公司
- **参与人员：**李应超、徐莉莉、郑洪建等

- **科研成果简介**

本项目针对上海市农业供给侧结构性改革及农村劳动力短缺的突出问题，将鲜食玉米田间生产的耕整地、覆膜、铺滴灌、育苗移栽、植保、收获、秸秆处理等环节技术进行组装优化，加强农机化技术与农艺技术的集成配套和示范，形成以机械化为支撑、区域适用性广的标准化作业体系，

从而提升鲜食玉米生产效率、降低生产成本，并促进农业生产方式转变，增加鲜食玉米生产的综合效益和市场竞争力。

- **成果推广应用情况及在农业生产中的持续作用**

本项目累计示范面积 2 052 亩次，机械化率 100%，劳动力成本降低 76.2%；辐射带动周边示范面积 4 155 亩次，平均机械化率达 70%，劳动力成本降低 52.3%，平均亩增收 1 088 元。该项目不仅大大提升农业生产效率、降低生产成本，而且显著提高本地农业综合生产能力和市场竞争力，对于破解未来“谁来种地、怎么种地”难题具有重要意义。

发明专利

- **名称：**一种春季鲜食玉米促早栽培方法及组合式拱棚
- **公开号：**CN202311697795.1

- **名称：**一种春季双膜覆盖促早栽培方法及双膜覆盖播种机
- **公开号：**CN202411135959.6

实用新型专利

- **名称：**一种双膜覆盖播种机
- **公开号：**CN202422016005.5

- **名称：**拱棚覆膜机
- **公开号：**CN202422672676.7

009 | 大型温室作物冠层微气候智能调控设备（ATU）的国产化研发

- **主持及参加单位：**同济大学、上海绿沃温室设备有限公司
- **参与人员：**徐立鸿、刘东、陆永明等

- **科研成果简介**

本项目针对半封闭温室作物的生长环境需求，进行了空气处理单元风机研究及选型、作物冠层微气候处理设备风道研发、空气处理单元（ATU）设备研发，以及ATU设备与温室气候环境的协同智能调控算法及系统研究。确定了风机选型与风道设计参数，研制的双层柔性风管具有均匀送风、抗结露、易清洗等特点。ATU设备集成了升温、降温、加湿、除湿及CO_2补给功能，并优化了调控算法，以适应上海地区夏季高温气候，降低能耗成本。同时，搭建了物联网服务平台，实现了远程实时监测与控制，满足用户个性化需求。本项目研究成果为半封闭温室环境调控提供了有效解决方案。

- **成果推广应用情况及在农业生产中的持续作用**

本项目研究成果不仅具有深厚的理论基础，还具备产业化的生产与应用潜力。目前，本项目成果已经在上海附近地区成功进行了示范应用，通过实际运行验证了技术的先进性与实用性，确保了上海在温室作物微气候调控技术与产品方面处于国内领先水平，显著缩小了与国外公司在半封闭温室环境控制方面的差距。同时，这一技术的推广和应用，将加速上海温室技术的整体发展，实现作物产量和质量的显著提升。此外，上海半封闭温室建设的示范作用，将有力推动国内相关研究的交流与合作，为该成果的技术进一步推广至全国范围奠定了坚实基础。

发明专利

- **名称：**一种减小空气温升、提高送风均匀性的双层布袋风管及其应用方法
- **公开号：**CN202210007255.5

- **名称：**一种基于边云协同的温室环境控制物联网系统
- **公开号：**CN202011420467.3

实用新型专利

- **名称：**一种减小空气温升、提高送风均匀性的双层布袋风管
- **公开号：**CN202220013153.X

软件著作权

- **名称：**温室环境物联网信息采集与控制服务器云平台软件 V1.0
- **公开号：**2021SR0444278

010 | 设施蔬菜无人基地应用场景研究与示范

- **主持及参加单位：**上海世鑫蔬菜种植专业合作社、上海市青浦区农业技术推广服务中心、上海市农业机械鉴定推广站、上海建然电子科技有限公司
- **参与人员：**田金弟、夏海荣、金燕等

- **科研成果简介**

本项目建设了一座连栋大棚，并完成3 000平方米数字化场地改造，包括土壤、水分、光照和温度控制等硬件安装。完成青菜生长环境（土壤水分、光照、温度）控制自动化软件开发，可以实现土壤水分控制范围60%±20%，可调节光照 ±1 000 lux，可调节温度 ±5℃。通过自动化软件实现了对

大棚内青菜生长全周期的种植计划管理、生长环境监测和环境自动化控制，使得浇水、喷淋、通风、施肥、控温、遮光等更加科学、精准、及时，降低人力投入，节约水、肥和电力能源，提高青菜产量，缩短青菜生长周期，科学管理土地轮作，提升大棚整体收益。

- **成果推广应用情况及在农业生产中的持续作用**

本项目针对农业人口逐渐老龄化、农业从业人员短缺等问题，引入远程控制技术，使得拖拉机等农业机械可以在无须操作人员直接操作的情况下完成农作任务，特别是在恶劣天气或危险环境下，远程控制可以显著提升作业的安全性。同时，人工操作的保留确保了在复杂环境下的灵活性和应对突发情况的能力。此外，远程控制与人工操作的融合还有助于降低劳动强度、提高农业生产的智能化水平。在大数据、人工智能技术的辅助下，这种融合模式能够实现更高效的资源配置和更精准的农业管理，有助于推动农业生产向可持续、高效率的方向发展。

发明专利

- **名称：**一种数字化农业基地云管理平台
- **公开号：**CN202411115040.0

实用新型专利

- **名称：**一种青菜作物水肥灌溉精确控制装置
- **公开号：**CN202421871690.3

软件著作权

- **名称：**智能物联网设施蔬菜基地无人化管理系统 V1.0
- **公开号：**软著登字第 13225685 号

011 | 绿叶菜机械化、信息化技术融合应用示范

- **主持及参加单位：**上海清美绿色食品（集团）有限公司、上海国兴农智能科技股份有限公司、上海市农业科学院、上海市农业机械研究所、上海昌谷实业有限公司
- **参与人员：**李立、张志新、张云仙等

- **科研成果简介**

本项目针对绿叶菜生产过程成本高、机械化程度低的问题，开展了鸡毛菜全程机械化生产模式研究，开发绿叶菜生产管

理大数据平台系统及智能化、信息化管控系统；形成了以鸡毛菜全程机械化为主的绿叶菜生产模式和作业体系，推动上海地区绿叶菜机械化生产进程；研制了一款带镇压功能的大幅宽旋耕作畦机，幅宽可达2.2米左右；研制了一款用于复垦地的犁石设备；建立了绿叶菜生长描述模型，开发了基于BP算法的模糊神经网络的多因子环境智能管控平台，实现温室内空气温度、湿度等环境数据的采集和智能控制下的执行机构自动运行的技术突破；创新融合绿叶菜机械化生产技术和物联网、大数据、人工智能（AI）技术等信息化管理技术，提升绿叶菜生产效率，降低劳动强度。

- **成果推广应用情况及在农业生产中的持续作用**

本项目形成的绿叶菜机械化生产技术应用至清美集团在上海地区建立的10 000多亩蔬菜基地中，应用全程机械化技术生产的绿叶菜产品在900多家清美生鲜门店销售。项目开发的智慧农业平台也将逐步在清美农业基地推广应用，以建成上海乃至全国蔬菜生产机械化、信息化融合应用的示范标杆，加快推进农业从传统生产向数字化、智慧化生产的转型升级。

实用新型专利

- **名称：**一种大幅宽旋耕作畦机
- **公开号：**ZL202122667322.X

软件著作权

- **名称：**设施栽培环境与土壤多因子信息智能控制系统 V1.0
- **公开号：**2022SR0517615

- **名称：**绿叶菜长势表型特征分析系统 V1.0
- **公开号：**2022SR1002311

- **名称：**国兴农智能灌溉一体化系统 V1.0
- **公开号：**2021SR1198257

012 | 绿叶菜智能化模块式栽培关键技术研究与示范

- **主持及参加单位：**多吉利德农业科技（上海）有限公司、上海市松江区农业技术推广中心、上海市松江区泖港镇农业服务中心
- **参与人员：**马强、毛军平、唐纪华等

- **科研成果简介**

本项目首创了绿叶菜漂移式栽培模式，实现了生产链的全程自动化，打造出工厂化绿叶菜生产模式的新标杆；研发出独立流道新型滚筒回转式种子吸附技术，适合多种绿叶菜种子播种；立体式 LED 人工光育苗架，单面面积育苗量是传统育苗的 8 倍以上，并达到全自动无人化育苗；实现了机器人自动抓取幼苗移栽，以及成品菜自动收割和基质在线清洗、消毒回收利用；依据国家标准开展企业标准体系建设。系统梳理整个生产工艺各环节，制定并发布企业标准，为工厂化绿叶菜生产的标准化、规范化打下坚实基础。

- **成果推广应用情况及在农业生产中的持续作用**

本项目已在叶榭智能化育苗工厂项目应用，针对使用方需求，定制化开发叶菜果菜全程自动化育苗及叶菜成品菜生产双功能生产线。由杭州农发集团投资引进的 144 亩智能化蔬菜工厂也即将投入使用。

发明专利

- **名称：**一种自动化定植及采收的水上漂浮栽培系统
- **公开号：**CN115568413A

实用新型专利

- **名称：**一种椰砖解压松散设备
- **公开号：**CN218690133U

- **名称：**一种人工光立体式育苗装置
- **公开号：**CN218604249

- **名称：**一种水肥喷淋一体化设备
- **公开号：**CN218603993U

- **名称：**一种农业生产用无伤移苗装置
- **公开号：**CN216452353U

- **名称：**一种农业易取苗式育苗架
- **公开号：**CN216452140U

013 | 绿叶蔬菜产销智能化控制技术示范应用

- **主持及参加单位：**上海绿立方农业发展有限公司、上海市农业科学院、上海交通大学
- **参与人员：**薛飞、刘佳、肖长城等

- **科研成果简介**

本项目围绕绿叶蔬菜工厂化种植的“产”和“销”两大核心问题，以企业牵头，整合国内外著名大学、研究所，形成教、科、企三结合的研发运营团队，聚焦绿叶蔬菜产、供、销三个产业环节，针对栽培技术、自动化生产、产销对接、数字化控制四大关键技术进行开发、集成创新与应用。建立了主要叶菜品种生产技术规程，建成叶菜生产工厂 1 个。配备自动化水肥、环控、育苗、移栽、物流运输系统，实现工厂化周年持续生产。建立了一套绿叶蔬菜产销智能化管理平台，包括生产管理、订单管理、仓储管理、客户管理、物流调度等模块，实现生产全过程数字化管控。通过多项技术的应用和赋能，提升了绿叶蔬菜的生产效能，实现了绿叶蔬菜工厂化生产的可持续运营。

- **成果推广应用情况及在农业生产中的持续作用**

本项目的绿叶蔬菜工厂，截至 2024 年已经在全国推广复制 11 座，共计面积约 10 公顷，日均供应优质绿叶蔬菜 10 万株，建立了完整的绿叶蔬菜供应链，是全家、盒马、三江购物、美团等渠道的主要供应商。开拓了绿叶蔬菜产业新思路，为产业发展起到了带动示范作用。

发明专利

- **名称：**一种穴盘苗移栽用转接台及其使用方法和生产线
- **公开号：**ZL201910748906.4

- **名称：**一种穴盘苗移栽用托盘库及其使用方法和生产线
- **公开号：**ZL201910750708.1

- **名称：**一种高温季节青菜浅液流栽培营养液及其管理方法
- **公开号：**ZL202010144130.8

实用新型专利

- **名称：**一种水耕植物栽培系统
- **公开号：**ZL202022572372.5

- **名称：**一种穴盘苗育苗床
- **公开号：**ZL202121658046.4

- **名称：**一种轨道式种植床清洗装置
- **公开号：**ZL202121668682.5

- **名称：**一种温室降温系统
- **公开号：**ZL202123114670.0

- **名称：**一种适于水培蔬菜自动化操作的育苗盘
- **公开号：**ZL2021233159989

- **名称：**一种人工光水培植物栽培系统
- **公开号：**ZL202221163446.2

- **名称：**一种种植盘自动抓取系统
- **公开号：**ZL202221410066.4

- **名称：**一种种植盘架自动冲洗系统
- **公开号：**ZL202221089484.8

软件著作权

- **名称：**绿立方灌溉系统控制软件 V1.0
- **公开号：**2021SR0142248

- **名称：**绿立方温室实时情况展示软件 V1.0
- **公开号：**2021SR0141405

- **名称：**绿立方育苗箱环境设置软件 V1.0
- **公开号：**2021SR0141404

- **名称：**绿立方农业管理平台 V1.0
- **公开号：**2021SR0146034

- **名称：**绿立方植物补光系统控制软件 V1.0
- **公开号：**2021SR0142972

- **名称：**绿立方温室环控设备远程控制软件 V1.0
- **公开号：**2021SR0146033

014 | 穴盘苗菜无人化生产管理系统的集成与示范应用

- **主持及参加单位：**上海国兴农现代农业发展股份有限公司、上海交通大学、上海清美绿色食品（集团）有限公司
- **参与人员：**郭之兵、章竟瑾、李立等

科研成果简介

本项目建立了集成水、肥、温调控为一体的多因子耦合穴盘苗菜生长模型，研发了穴盘苗菜无人化生产管理系统。无人化生产管理系统通过生产信息链、温室环控、作物生长发育动态监测、模型灌溉、综合决策等系统的集成，从而实现穴盘苗菜生产全过程追踪，并根据作物生长发育动态监测进行精准调控，实现穴盘苗菜生产过程无人化管理；多因子耦合穴盘苗菜生长模型，解析作物生长与环境因子、管理措施之间的复杂关系，用数据驱动的决策取代传统的经验依赖种植方式，实现穴盘苗菜生产的标准化与精准调控，实现了穴盘苗菜智能化、无人化及安全、优质、绿色、高效生产。

成果推广应用情况及在农业生产中的持续作用

本项目在腰路村农业产业化示范基地（穴盘苗菜温室面积 14 674 平方米）、桥北村高标准蔬菜生产基地（穴盘苗菜温室面积 13 280 平方米）的智能温室里完成了穴

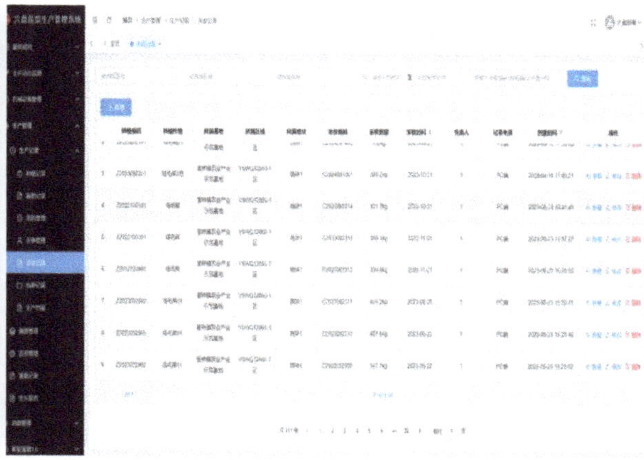

盘苗菜无人化生产试验。实现单亩人工从现有的 6 人减少至 1 人，单亩成本从现有的 3 000 元减少至 2 000 元；比传统灌溉方法节水 37.9%，比常规水肥方法节肥 53%；穴盘苗菜（鸡毛菜）年亩产量 7 264.7 千克。

发明专利

- **名称：**基于穴盘苗床的种植工厂无人化生产管理系统及方法
- **公开号：**CN2022104945207

- **名称：**一种穴盘苗菜自动收割包装一体装置
- **公开号：**CN202211712091.2

软件著作权

- **名称：**穴盘苗菜生产管理系统 V1.0
- **公开号：**2022SR1470703

- **名称：**基于农业全产程大数据融合的智能管控平台 V1.0
- **公开号：**2023SR0423310

015 | 基于 AI 识别与决策模型的设施生菜水肥智能管理技术研究与示范

- **主持及参加单位：**上海交通大学、上海绿立方农业发展有限公司
- **参与人员：**常丽英、刘佳、张样平等

- **科研成果简介**

本项目针对现代设施蔬菜生产过程中缺乏肥水调控科学依据这一瓶颈问题，以生菜为研究对象，开展周年环境变化与水

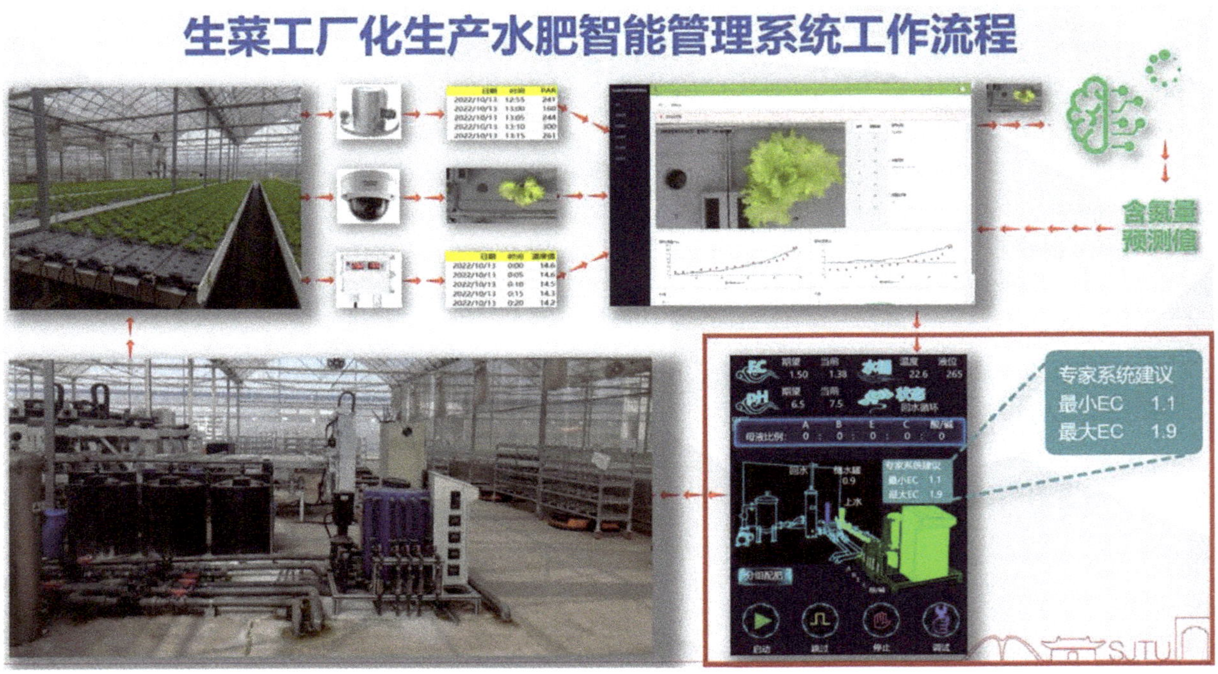

肥需求规律的系统性深入研究。运用生长监测、光学图像获取与解析、人工智能技术等，构建了 RegNet 迁移学习模型，提升模型精度至 0.986，可精准预测生菜植株氮素含量；构建了基于累计辐热积的生菜氮素供应决策模型，可实现生菜周年生长过程施肥的智能决策；以模型为核心开发了基于 Java Web 平台的设施蔬菜水肥智能管理软件，在上海绿立方农业发展有限公司 5 000 平方米温室中示范应用。为解决生产中复杂多变场景下模型应用难、模型耦合及软硬件结合难等技术问题做了积极探索，实现了智慧农业核心技术“作物生长模型 + AI 模型”在设施蔬菜生产上的应用尝试。

- **成果推广应用情况及在农业生产中的持续作用**

本项目通过对设施环境数据和生菜植株图像每 10 分钟采集上传至云平台、人工智能算法进行图像处理与解析，实时诊断出生菜植株氮素含量和生物量，利用缺肥情况下氮素供应决策模型可计算出应该补多少肥，模型计算结果形成决策指令，无线传输至施肥机执行，实现了“缺多少补多少”的肥料按需智能管控。应用后肥效提高 52%、用肥量减少 35%、节约成本 36%，且降低了硝酸盐含量，从源头上保障了蔬菜食品安全。

软件著作权

- **名称：**基于 Java Web 平台的设施蔬菜水肥智能管理系统 V1.0
- **公开号：**2023SR0483752

016 | 节能节水控湿温室技术及其应用

- **主持及参加单位：**上海交通大学
- **参与人员：**王如竹、黄丹枫、王晨曦等

科研成果简介

本项目围绕温室实际生产过程中夏季过热和冬季湿冷两大核心问题，综合应用多学科的原理、方法和手段，从材料设计、传热传质分析、能源管理、园艺作物生产管理等多个角度进行了集成创新与应用。针对夏季高温问题，研究了两种新型反射和透明辐射制冷薄膜的应用，旨在实现温室的被动降温，创造适宜的作物生长环境，提高作物产量、品质及可生产周期。针对冬季湿冷问题，开发了一种基于固体吸附的热湿回收系统，利用吸附剂将多余水蒸气转换为热量，并在饱和后通过加热再生，收集的冷凝水用于灌溉，实现水资源循环利用。

成果推广应用情况及在农业生产中的持续作用

本项目相关成果在上海市两大蔬菜生产基地得到了有效推广。在密闭的棚室环境下，辐射制冷薄膜能够减少室内温度高达 20℃，而在通风条件下可降低 6℃。热湿回收设备的运行成功将棚内夜间的平均相对湿度下降 10%，同时使温度平均上升 6℃，显著优化了夜间的植物生长环境。相较于传统的栽培方式，这些设备不仅显著改善了温室在极端季节的室内环境，而且提高了现有农业设施的生产效率，实现了蔬菜的全年稳定供应，为设施园艺产业的发展开辟了新的途径。

发明专利

- **名称：**温室热湿调控与节能节水装置及方法
- **公开号：**CN113175704A

- **名称：**太阳能驱动的室内湿度控制装置
- **公开号：**CN114396666A

017 | 结球生菜全程机械化绿色生产技术的集成示范

- **主持及参加单位：**上海浩丰果蔬专业合作社、上海市农业科学院
- **参与人员：**刘元军、宋云鹏、张兆辉等

科研成果简介

本项目集成了结球生菜集约化育苗、耕整（深翻碎土－撒施有机肥、化肥－翻耕碎土－平整地－精准起垄）、种植管理（移栽－中耕除草－植保喷药）、采收（半成品采收－田间运输）等环节的机械化生产技术及绿色防控技术，在上海市浩丰果蔬专业合作社形成一套标准化、易操作、可复制的结球生菜全程机械化绿色生产技术体系，以点带面，形成示范效应，为全市蔬菜生产合作社的生产能力提升提供了操作模板。

成果推广应用情况及在农业生产中的持续作用

本项目的实施促进了结球生菜全程机械化生产各关键环节和技术的集成与标准化，大大提升了上海地区结球生菜轻简化生产进程。该项目中各个环节应用的轻简化生产技术还应用于其他生菜生产企业，或为其他绿叶菜的轻简化生产环节提供借

鉴。另外，上海浩丰果蔬专业合作社河北生产基地也应用了该轻简化生产技术，每年应用示范面积累计 5 000 亩次以上。

实用新型专利

- **名称：**一种智能化蔬菜育苗床
- **公开号：**ZL202123231468.6

018 | 设施栽培青菜全程机械化技术集成应用

- **主持及参加单位：**上海市农业机械鉴定推广站、上海市农业技术推广服务中心、上海市农业科学院、上海市松江区农机管理所、农业农村部农业机械化总站、上海市奉贤区农机技术推广站、上海市青浦区农业机械管理站、上海仓田精密机械制造有限公司
- **参与人员：**岳崇勤、夏海荣、李建勇等

- **科研成果简介**

本项目聚焦青菜这一菜品，筛选适合机械生产的品种，聚焦移栽和收获两大薄弱关键环节，开展青菜耕、种、收等主要环节的全程机械化生产技术研究、集成和应用。项目确定了设施栽培青菜生产模式，以主流的 8 米宽大棚为作业对象，确定了 1.1 米的畦面、5 畦 / 棚作业模式作为进一步推广模式。在完成 4 台高密度移栽机选型的同时，研发了整棵青菜收获机 3 台，并对其品种适应、种植方式、农艺要求、作业效率、作业成本做了技术评价，青菜机械化移栽和收获效率与人工相比分别提高了 2.39 倍和 3.42 倍。设施栽培青菜全程机械化及农艺配套技术经过项目实施期间的熟化和提升，实用性、适应性强，在绿叶菜全程机械化技术推广方面，成为上海

向全国提供的“上海方案”中重要的组成部分。

- **成果推广应用情况及在农业生产中的持续作用**

本项目在实施基地完成了 3 个青菜全程机械化整建制推广示范点，示范总面积累计达 2 132.6 亩，共节省劳动力成本 197 万元。本项目的实施，为青菜全程机械化生产提供了实用的技术方案及相应机具，有效缓解了由于农村劳动力成本上升、生产人员年龄老化、淡季生产环境恶劣等因素引起的严重影响市郊叶菜生产的积极性、蔬菜生产稳定性、蔬菜供应稳定性等问题，有力推动了青菜集中连片的规模化、标准化生产。同时，本项目实现了农机、农艺融合真正落地的样本，为其他蔬菜品种实现农机、农艺融合提供了参考。本项目成果对促进本市“菜篮子工程”稳产保供能力和水平，保障食品和生态安全，将具有重要的意义。

实用新型专利

- **名称：**蔬菜裸根苗简易育苗装置
- **公开号：**ZL202121322538.6

标准

- **名称：**茎叶类蔬菜种植耕整地机械作业技术规范
- **公开号：**DB31/T 1456—2023

019 | 青菜高密度自动移栽设备研发及示范

- **主持及参加单位：**上海市农业机械研究所、上海市农业技术推广服务中心、浙江理工大学、华南农业大学、上海百蒂凯蔬果种植专业合作社、上海浦远蔬菜园艺专业合作社
- **参与人员：**成松松、姚惠明、赵雄等

- **科研成果简介**

本项目主要围绕上海地区青菜生产全程机械化“耕种管收”中移栽环节机械短板，解决蔬菜生产中作业效率低、劳动力紧缺和劳动强度大的问题。根据市郊各区蔬菜生产规模和栽植特点，开展了移栽技术创新研究，研制了适用于设施大棚生产的自走式电动底盘，开发了自走式青菜高密度全自动移栽机。结合青菜机械化移栽育苗的特点和要求，对青菜的周年育苗方案进行了初步探索，形成了机械化移栽青菜穴盘育苗技术规程和青菜钵苗高密度自动移栽作业规程。该机具在实际生产中取得了 120 ~ 240 株 / 分的稳定移栽效率，自

走式电动底盘控制系统可无级调节底盘的前进速度与作业速度，实时调节栽植的株距，种植密度能够实现≥ 80 株 / 米 ^{2}。

- **成果推广应用情况及在农业生产中的持续作用**

本项目在嘉定百蒂凯、松江浦远、浦东清美等基地进行了大量的蔬菜生产作业应用，累计试验示范面积近 200 亩次。在奉贤汇吉基地和浦东清美腰路基地开展了青菜机械化移栽的现场观摩会，同时收集蔬菜生产中移栽机作业时存在的问题，为移栽机智能化提升改造和蔬菜生产全程机械化服务奠定了基础。青菜的高密度全自动移栽可大大降低劳动强度，提高劳动效率，与人工移栽相比，机具移栽效率是人工的 4 倍左右，可节约人工成本 250 元 / 亩。整机具有很强的竞争力和市场应用前景。

软件著作权

- **名称：**Optimizer for rotary planting mechanism with planetary gear train for vegetable pot seedling
- **公开号：**2022SR0573725

- **名称：**单排两级传动的非圆齿轮节曲线反求程序
- **公开号：**2023SR0778934

020 | 设施绿叶菜生产无人机巡检植保与智能控制系统

- **主持及参加单位：**同济大学、上海世鑫蔬菜种植专业合作社
- **参与人员：**石繁槐、徐立鸿、岑峰等

- **科研成果简介**

本项目进行了设施绿叶菜无人机巡检植保与智能控制系统方面的研发，研制了无人机自动巡检与植保系统，实现了设施

内的精准定位、稳定悬停、自动避障和植保喷药功能。该系统对温室内常种小青菜的黄条跳甲虫害的防治效果达到了80.1%。研究了温室绿叶菜生产的智能监测技术，可实现绿叶菜植株大小及病虫害等表型信息的自动获取并进行成熟报警。完成了绿叶菜设施生产的无人机－物联网信息集成管理应用软件系统；研制了包含温室小气候和土壤环境的物联网采集和环境多因子自动调控系统，可实现绿叶菜生长环境多因子的综合自动调控，实现土壤盐渍化的检测和处理。获发明专利5项、软件著作权3项，发表SCI论文5篇。

- **成果推广应用情况及在农业生产中的持续作用**

本项目成果突破了无人机在设施绿叶菜生产基地内实用性较低的瓶颈，将智慧型理念引入设施蔬菜生产领域，提高了田间农事操作的及时率，减少蔬菜损失10%，实现节本增效20%。同时，无人机及智能表型分析技术在设施绿叶菜基地的应用，让蔬菜生产、植保成为“高大上”的工作，将吸引更多的青年人才从事农业这个行业。

发明专利

- **名称：**一种基于边云协同的温室环境控制物联网系统
- **公开号：**CN202011420467.3

- **名称：**一种基于二阶沃尔泰拉模型预测的温室环境节能控制方法
- **公开号：**CN202210087874.X

- **名称：**一种小青菜图像实例分割任务的杂草过滤方法
- **公开号：**CN202210683742.3

- **名称：**一种用于温室大棚的精准植保多旋翼无人机系统和控制方法
- **公开号：**CN2023107864422

- **名称：**一种用于温室大棚的精准植保多旋翼无人机避障系统和方法
- **公开号：**CN2021SR0444278

软件著作权

- **名称：**温室环境物联网信息采集与控制服务器云平台软件
- **公开号：**2021SR0444278

- **名称：**温室绿叶菜信息采集与智能分析软件
- **公开号：**2023SR0474810

- **名称：**无人机－物联网信息集成与管理系统
- **公开号：**2024SR0294816

021 | 地产绿色蔬菜线上线下融合对接平台的建立与应用

- **主持及参加单位：**上海国兴农现代农业发展股份有限公司、上海市农产品质量安全中心、上海市农业科学院、上海蔬菜食用菌行业协会、上海蔬菜（集团）有限公司
- **参与人员：**张晓梅、朱为民、吴梦秋等

- **科研成果简介**

本项目搭建了地产优质绿色蔬菜线上线下融合对接平台（以下简称“平台”），开发了“申菜达小程序（移动端）”和采购小助手“申菜购”，并建立了上海地产优质蔬菜以网上交易、线上线下相结合为特征的新业态，服务于蔬菜生产、蔬菜零售商（包括线上、消费者的第三方交易服务平台），对接上海农业公共信息化平台（前期对接了上海市种植业生产管理系统，后面对接了“上海神农口袋”数据平台）、蔬菜电商平台，方便市民网上选购本地优质蔬菜，形成从生产端、流通端全程可追溯的新营销模式。

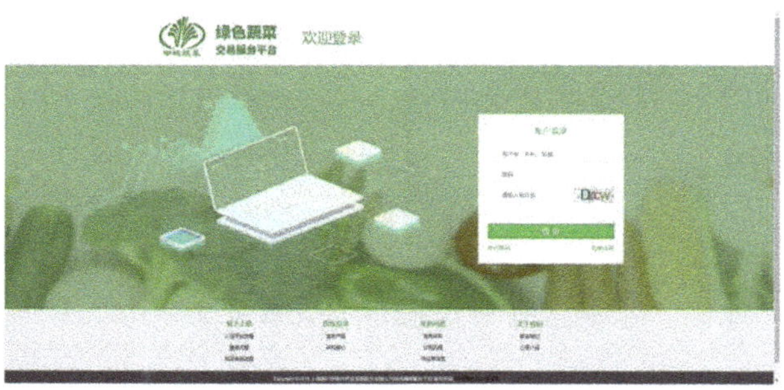

- **成果推广应用情况及在农业生产中的持续作用**

本项目平台共入驻蔬菜基地272家，采购商64家，辐射面积超过15万亩；助推了呈然、清美、博众、恒孚等13个优质蔬菜品牌的建立，各品牌蔬菜的种植规模最小约200亩、最大5 000亩，年销售额最低达100万元，且均有国家授权商标。针对适合机械化移栽的生菜穴盘育苗技术，菠菜、辣椒、结球生菜生产实现了机械化，黄瓜等23个蔬菜品类完成了绿色蔬菜种植技术指导书。项目实施期间，共对144家绿色蔬菜种植基地实施绿色食品认证管理。

发明专利

- **名称**：一种青菜优质轻简化生产方法
- **公开号**：CN202110504646.3

软件著作权

- **名称**：地产优质绿色蔬菜线上线下融合对接平台 V1.0
- **公开号**：2020SR0947032

- **名称**：上海市食品质量安全全流程信息追溯信用管理平台 V1.0
- **公开号**：2020SR1563999

- **名称**：国兴农智慧农业集成系统平台 V1.0
- **公开号**：2020SR0947202

022 | 蔬果智慧农业云平台的研究示范

- **主持及参加单位**：上海正义园艺有限公司、上海孙桥溢佳农业技术股份有限公司、上海交通大学、上海市农业科学院、上海左岸芯慧电子科技有限公司、上海市闵行区农业技术服务中心、上海市闵行区动植物检测检验中心
- **参与人员**：夏国海、张峻、卜崇兴等

- **科研成果简介**

本项目建立了集农业物联网、溯源管理、专家系统等于一体的智慧农业云平台。建成了菜园与果园水肥一体化的智能决策和可视化的农园管理平台；集成示范了设施果菜周年栽培新技术，示范基地温室越夏越冬无土栽培系统、潮汐槽式无土栽培系统及智能水肥一体化灌溉技术等新系统和新栽培技术，实现蔬菜生产的精准作业与智能管理，环保、节省劳动力、节约能耗及减少化肥和农药使用量。新型保温材料及主动蓄热供热技术的应用，有利于降低

温室设施果菜生产栽培主动加温能耗和投资成本。成功创建并获得“全国农业农村信息化示范基地”称号及成功创建并获得首届“全国生态农场”称号。

- **成果推广应用情况及在农业生产中的持续作用**

本项目潮汐槽式无土栽培系统在新疆、上海、浙江、江苏等地进行了推广应用；越夏越冬无土栽培系统在上海市农业科学院奉贤基地、新弘崇明基地等进行了推广应用；自动化新型叶菜盆培系统在新疆昌吉园区推广并进行生产示范；内保温系统在新弘崇明基地、上实崇明农场、清美浦东宣桥腰路基地、金山银龙基地、上海市农业科学院奉贤基地、百蒂凯嘉定基地等进行推广应用，有效减少了越冬生产能耗，提高了肥水利用率。打造了“1+1+2”的农产品质量安全闭环监管体系，切实推进属地管理责任落实，提高基层监管能力和农产品质量安全水平，成为保障食用农产品质量安全的重要抓手。智慧农业物联网项目和“神农口袋”已遍布全国100个县，累计服务土地面积超650万亩，服务农场超10万家。

实用新型专利

- **名称：**一种无土栽培装置
- **公开号：**ZL202021007294.8

- **名称：**一种多信号类型土壤湿度传感器数据采读设备
- **公开号：**ZL202022949878.3

发明专利

- **名称：**一种无土栽培装置及种植槽间距调节方法
- **公开号：**CN202010500679.6

外观专利

- **名称：**栽培装置
- **公开号：**ZL202030059522.5

- **名称**：栽培盆
- **公开号**：ZL202130656259.2

023 | 基于双目视觉的番茄智能采摘机器人研制

- **主持及参加单位**：牧星智能工业科技（上海）有限公司、上海大学
- **参与人员**：韩非、王伟峰、刘奇鹏等

- **科研成果简介**

本项目立足于温室环境下成熟番茄采摘的应用场景，充分考虑番茄采摘的特点和需求，通过对双目视觉识别定位、路径规划与灵巧控制等关键技术研究，解决了复杂番茄植株背景下的果实识别与测量等问题。设计了双目立体视觉传感定位系统、采摘机械臂、多功能移动平台等系统，研制出具有自主知识产权的集自主导航、番茄视觉识别、智能抓取、自动物流转运等功能于一体的番茄自动采摘机器人，实现了温室内番茄自动、高效、低损耗采摘，减轻人工劳动强度，提升生产效率，达到“机器换人”的效果。同时，建立了机器人云端监测系统，实现了对机器人工作状态的实时监测和远程控制，这一成果不仅推动了农业自动化技术的发展，也为现代农业的转型升级提供了有力支持。

- **成果推广应用情况及在农业生产中的持续作用**

本项目番茄智能采摘机器人已经完成了 2 茬 30 亩番茄的采摘工作，总采收量达 60 吨。采摘机器人可以在劳动力短缺的情况下有效地完成采摘任务，每天每台采摘

设备的工作量相当于3个人工，有效解决了人力短缺问题。同时，采摘机器人持续、高效的工作特点，大大提高了番茄采摘的速度和效率。此外，采用采摘机器人技术还激发了农业生产者的积极性，尤其是吸引了更多年轻人参与到农业生产管理中，推动了农业现代化。这种技术在农业领域具有广阔的应用前景。

实用新型专利

- **名称：**一种农业番茄采摘分拣智能机器人
- **公开号：**ZL202122973420.6

- **名称：**一种避障型用于采摘西红柿的智能采摘机
- **公开号：**ZL202122979830.1

- **名称：**一种多点触控式精准定位番茄采摘机
- **公开号：**ZL202122986565.X

- **名称：**一种番茄智能采摘机器人
- **公开号：**ZL202122973420.6

软件著作权

- **名称：**多通道高精度数据采集软件 V1.0
- **公开号：**2023SRO497782

- **名称：**物联网传感器通信处理软件 V1.0
- **公开号：**2023SRO589252

- **名称：**基于点云深度学习的道路边沿检测软件 V1.0
- **公开号：**2023SRO598217

- **名称：**基于 LeGO-LOAM 多系统适用的建图软件 V1.0
- **公开号：**2023SRO271367

- **名称：**高精度农机信息采集传输终端软件 V3.2
- **公开号：**2020SR1807021

- **名称：**ModbusRTU 通用物联数据采集传输系统
- **公开号：**2023SR0719699

- **名称：**番茄智能采摘机器人远程遥控系统 V1.0
- **公开号：**2023SRO719608

024 | 工厂化番茄授粉机器人研发与应用示范

- **主持及参加单位：**上海市瑞华实业有限公司、复旦大学、上海市农业科学院
- **参与人员：**王金华、商慧亮、王运圣等

- **科研成果简介**

本项目聚焦设施农业番茄授粉的“精准化”与“低成本化”，融合高精度感知、智能算法与模块化设计，针对温室环境感知、授粉作业、多任务协同和资源管理四大环节，围绕花朵识别、路径规划、授粉机构、数据融合及低成本制造五大关键技术开展创新。基于深度学习与强化学习，构建智能授粉系统，实现误差≤1厘米、花朵识别准确率96%；研发模块化机械臂与轻量化授粉器，支持多模式授粉，效率提升30%；国产化硬件替代使成本降低40%。建成20亩示范基地，推广应用面积100亩，验证技术可靠性和经济性。创新提出“授粉＋巡检＋整枝打叶＋采摘”多任务协同架构，形成标准化农业机器人技术体系，推动设施农业智能化转型，助力“机器换人”战略落地。

- **成果推广应用情况及在农业生产中的持续作用**

本项目研发的番茄授粉机器人通过光明食品集团上海崇明农场瑞华实业100亩示范基地验证，实现全年10个月稳定应用（开机率83.3%），亩产达2 463千克，较自然授粉增产26.4%，单台机器人作业覆盖10亩温室，制造成本较国际同类产品降低40%。项目构建“授粉＋巡检＋整枝打叶＋采摘”多任务模块化技术体系，已在长三角设施农业区推广。通过技术标准化与“产、销、研”一体化模式，推动农业机器人规模化应用，提升番茄品质与产业竞争力。

¤ 发明专利

- **名称：**一种仿生轮足腿部结构及轮足式机器人
- **公开号：**CN202310776203.9

¤ 实用新型专利

- **名称：**一种高速三级伸缩臂
- **公开号：**ZL202321611518.X

¤ 外观专利

- **名称：**多用途农业机器人
- **公开号：**ZL202330389779.0

¤ 软件著作权

- **名称：**吊轨机器人运行巡检仿真系统 V1.0
- **公开号：**2023SR0710532

025 | 草菇全程智能工厂模型构建与技术应用研究

- **主持及参加单位：**上海市农业科学院、上海国森生物科技有限公司
- **参与人员：**郭倩、查磊、余昌霞等

- **科研成果简介**

本项目获得了稳定的草菇培养料生产工艺及栽培工艺，构建了研究性质的试验设备和设施。运用集中二次发酵技术的工作原理、工艺参数和技术标准，并根据实际情况进行生产性应用；运用工厂化培养基质标准、标准化操作工艺和环境参数控制模型，使不同批次间草菇生长形态变化与时间轴线相契合，大幅减少人工干预频次，达到最佳的调控结果；通过建立工厂化培养基质标准、标准化操作工艺和环境参数控制模型；建立以时间为轴线的培养基质补水模型和培养基质温控模型，实现专业补水控温床架在生产上的推广应用。

- **成果推广应用情况及在农业生产中的持续作用**

本项目在上海国森生物科技有限公司建成草菇工厂化栽培智能试验基地，将为我国草菇产业发展提供源源不断的原创性技术支撑。指导上海凌江食用菌专业合作社建成 4 条移动仓式发酵隧道，每条隧道容积为 12 立方米，用于草菇生产。同时，该项目的草菇菇房采用扩散式空气循环系统，面积 200 平方米，与传统菇房相比，

菇床二次发酵后培养料含水量提高了3个百分点，缩短原基形成期1～2天，产量提高了22%。研发的环境控制系统，使用面积800平方米，与未使用前相比，栽培期间温度控制更加精确，上下温差不超过2℃，平均产量与对照相比提高了26%。

发明专利

- **名称：** 一种草菇培养料添加剂及其制备方法与应用
- **公开号：** CN114680000A

- **名称：** 一种食用菌温、湿度专用检测系统
- **公开号：** CN112697194A

- **名称：** 一种草菇培养料的制作方法
- **公开号：** CN112772290A

- **名称：** 一种食用菌培养料小型发酵箱及其应用
- **公开号：** CN112840961A

实用新型专利

- **名称：** 一种食用菌培养料小型发酵箱及其应用
- **公开号：** CN112840961A

- **名称：** 一种移动仓式食用菌培养料发酵装置
- **公开号：** CN217038210U

- **名称：** 一种食用菌温、湿度专用检测系统
- **公开号：** CN213714399U

软件著作权

- **名称：** 发酵箱温度控制系统［简称：发酵箱控制系统］V1.0
- **公开号：** 软著登字第7595414号

- **名称：**食用菌 AI 摄像头软件系统［简称：食用菌 AI 摄像头］V1.0
- **公开号：**软著登字第 6109215 号

- **名称：**食用菌温湿度专用温湿度检测仪软件系统［简称：食用菌温湿度专用温湿度检测仪软件］V1.0
- **公开号：**软著登字第 6109182 号

- **名称：**上海农科院草菇特征识别算法软件［简称：草菇识别算法］V1.0
- **公开号：**软著登字第 9514418 号

- **名称：**上海农科院草菇 AI 专家系统［简称：草菇专家系统］V1.0
- **公开号：**软著登字第 9514417 号

026 | 基于菌渣自动发酵控制系统草菇工厂化生产技术研究与示范

- **主持及参加单位：**上海源申食用菌培育专业合作社、上海市奉贤区农业技术推广中心、上海市农业科学院
- **参与人员：**刘军、查磊、李正鹏等

• 科研成果简介

本项目研发了草菇发酵隧道及其控制系统，通过对发酵各个阶段的参数设置，可以实现发酵过程的全自动控制，不仅可以全程实现无人值守，而且提高了发酵过程的控制精度；另外，开展了基于不同菌渣来源的草菇工厂化栽培培养料配方试验，筛选了高产菌渣配方 1 个，形成基于菌渣隧道发酵草菇培养料的草菇工厂化生产技术；实现培养料发酵全过程自动化控制及生产过程机械化，极大提高了生产效率。

• 成果推广应用情况及在农业生产中的持续作用

本项目建成了上海源申食用菌培育专业合作社的草菇工厂化智能栽培基地，实现了草菇生产从配方、发酵工艺、栽培工艺、智能化生产系统整合等技术研发，将为我国草菇工厂化产业发展提供源源不断的原创性技术支撑。同时，该项目明确了草菇二次发酵不同阶段的培养料温度、湿度、电导率、pH 等参数，为草菇标准化栽培提供了依据。本项目帮助上海源申食用菌培育专业合作社建设了基于菌渣自动发酵的草菇工厂化生产线，实现年利用菌渣 1 615 吨，节约人工 55.6%，草菇工厂化产量 3.42 千克 / 米 ^{2}，极大地提高了生产效率。

软件著作权

- **名称：**发酵隧道温度控制系统 V2.0
- **公开号：**2024SR0108603

027 | 雷竹笋林机械化覆盖技术研究

- **主持及参加单位：**智耕股份有限公司、上海市闵行区农业技术服务中心
- **参与人员：**章春琴、竺国领、张峻等

科研成果简介

本项目砻糠收放装置的覆盖功能和收集功能可使实际生产实现定时、定量，以确保在预定的时间段内完成覆盖工作。其次，收集功能可在笋期结束后实现砻糠收集工作的及时完成。应用新型砻糠覆盖吸放装置不仅提高了工作效率，降低了劳动力成本，还解决了劳动力短缺问题，而且机械代替人工后，省时57%、省工72%。

成果推广应用情况及在农业生产中的持续作用

本项目砻糠收放装置的覆盖功能可确保雷竹笋在售价高峰期产出最高量，这在雷竹笋需求高峰期（元旦和春节期间）显

得尤为重要。收集功能的实现，一方面可避免因人工短缺而延误收集覆盖物，导致高温季节留在竹林的覆盖物灼伤竹子，影响下一季笋的生长；另一方面可将不再使用的覆盖物及时回收到堆肥池堆制有机肥还田，不仅解决了废弃物对环境的污染，还保护和改善了生态环境，形成了生态农业的良性循环。

实用新型专利

- **名称：**砻糠覆盖吸放装置
- **公开号：**CN219577953U

028 | 设施果园多功能自主作业机器人系统研制

- **主持及参加单位：**上海大学、上海交通大学、上海御郊农业专业合作社
- **参与人员：**苗中华、李楠、李云辉等

科研成果简介

本项目围绕设施果园的喷药、除草与病虫害监测自主作业三个核心问题，综合运用机械、电气与信息处理等方法与手段，在传统农机技术与无人驾驶技术框架下，从模块化机电、自主导航和自主作业三个维度，针对规模化果园生产作业耗时费力的问题，研发了一款可重构设施果园多功能自主作业机器人，在技术上解决了作业单元模块化制造技术、非结构化果园环境感知技术、果园作业路径规划与优化技术、动态避障技术及自主植保作业控制技术，在体系上构建了“感–规–控”一体化农业无人驾驶与作业技术框架，为上海设施农业生产管理装备设计与传统农机装备的改造升级提供参考。

- **成果推广应用情况及在农业生产中的持续作用**

本项目研发的设施果园多功能自主作业机器人已在上海国荣果业专业合作社开展示范应用，面积达300亩，节约化肥1 000千克，减少农药用量100升，同时减少人工300小时，为设施果园生产管理（除草、喷药等）提供先进、高效的智能化无人作业装备，推动农业科技创新。

发明专利

- **名称：**面向非结构化果园的激光SLAM回环检测方法
- **公开号：**CN202210856876.0

- **名称：**一种机载电池组双向能量均衡控制系统与方法
- **公开号：**CN202211062045.2

- **名称：**激光雷达和IMU系统的时空联合标定方法
- **公开号：**CN202310208025.X

- **名称：**局部路径规划方法、装置、四轮差速机器人及存储介质
- **公开号：**CN202310437383.8

- **名称：**基于鲁棒转移子空间学习的故障诊断方法及系统
- **公开号：**CN202310850712.1

029 | 智慧果园水肥药一体化系统关键技术开发及应用示范

- **主持及参加单位：** 上海诺同农业科技有限公司、上海畅响自动化技术有限公司、上海市农业技术推广服务中心、苏州博田自动化技术有限公司
- **参与人员：** 阚雨晨、闫龙翔、王秀敏等

科研成果简介

本项目开发了水肥药一体化管理系统软件1套。该系统可以结合果园土壤的水肥要求、不同病害的情况，制定施肥、浇水和用药方案。根据预警系统提示，由管理员分析后进入管理系统，启动不同的管理方案。同时，搭载智慧果园管理云平台，将此软件搭载于云平台上，配合升级的配方液体药肥云配肥系统，完成了设备开发及液体药肥微工厂和灌溉施肥系统的建设，实现了产品生产基地化、管理控制自动化、客户服务个性化。融合人工智能和机器人技术，开发了果园精准作业机器人，包括果园巡检机器人和果园喷雾机器人，并研发了相关关键技术。

成果推广应用情况及在农业生产中的持续作用

本项目水肥药一体化管理系统软件及其配套的配方液体药肥云配肥系统在全国建立6个配肥站，应用液肥超过1万吨，辐射面积1万亩以上，成为上海市和甘肃省化肥减量项目主推技术之一。

软件著作权

- **名称：** 诺同智慧农业机器人云管理系统
- **公开号：** 软著登字第10633169号

- **名称：** 诺同智慧农业精准配肥云管理系统
- **公开号：** 软著登字第10643578号

· **名称：** 诺同智慧农业水肥精准云管理系统
· **公开号：** 软著登字第 10643580 号

030 | 基于树体生物信息的上海主要果树肥水智能化调控技术研究与应用

- **主持及参加单位：** 上海交通大学、上海马陆葡萄研究所、上海市柑橘研究所、上海市桃研究所、上海市梨研究所
- **参与人员：** 王世平、王磊、苗玉彬等

科研成果简介

本项目以葡萄等上海主栽果树为主要应用对象，改变以往只考虑环境或作物本身的影响参数，协同考虑果树生产的气候和环境因素、果树生长发育过程中表型特征对水肥胁迫的响应等因素，创新实现“该补啥补啥”的目标导向，精准平衡施肥决策。与此同时，融合传感器技术和机电一体化技术，通过对多传感器融合的水肥溶解液多通道泵控变量配比和精确施用等关键技术的创新研究，进行水肥一体有机耦合施用，最终实现作物环境协同反馈的果树智能施肥控制，达到“该补多少补多少”和“以肥促水、以水调肥、肥水相济”的目的。构建了葡萄等上海地区主要果树精准化施肥作业技术体系，提升了果树产业精准生产技术水平。

成果推广应用情况及在农业生产中的持续作用

本项目所开发技术在国内外均具有新颖性和实用性。项目成果符合国家提倡的节能环保要求，可有效节省人工，减少劳

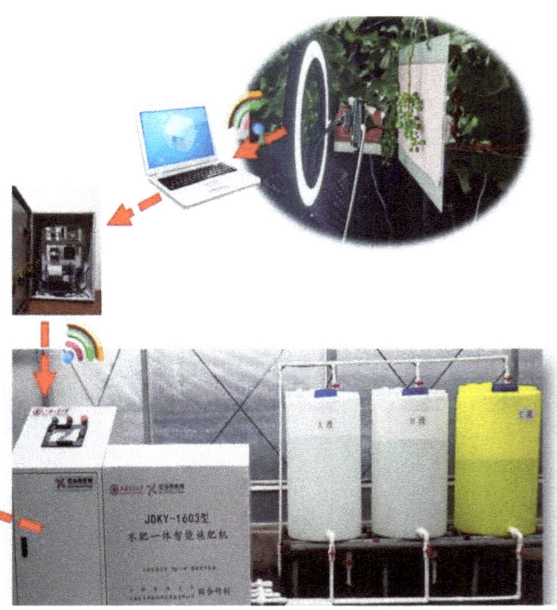

动强度，提高劳动效率。项目成果将促进项目合作单位生产模式优化，为上海市农业科技水平提升贡献力量。同时，本项目所形成的体系及相关产品不仅可以运用在葡萄等产业领域，而且对其他果树产业也具有一定的技术优势和指导意义，对推动我国农业（果树）现代化具有积极作用。

发明专利

- **名称：**葡萄水肥一体化营养液及其施肥方法
- **公开号：**CN114716277A

- **名称：**针对深度神经网络对抗样本的对抗噪声去除方法及系统
- **公开号：**CN113963213A

- **名称：**基于卷积神经网络的图像识别方法、系统、终端和介质
- **公开号：**CN112396123A

软件著作权

- **名称：**基于葡萄根系土壤水分状况的精准灌溉控制软件［简称：葡萄精准灌溉系统］V1.0
- **公开号：**软著登字第 8080076 号

- **名称：**葡萄水肥一体化精准灌溉控制软件［简称：葡萄智能灌溉系统］V1.0
- **公开号：**软著登字第 5926366 号

- **名称：**柑橘水肥一体化精准灌溉控制软件［简称：柑橘智能灌溉系统］V1.0
- **公开号：**软著登字第 5926381 号

- **名称：**柑橘器官表型特征分析测量系统［简称：柑橘表型测量系统］V1.0
- **公开号：**软著登字第 5926374 号

- **名称：**阳光玫瑰葡萄表型特征参数监测系统［简称：葡萄表型特征参数监测系统］V1.0
- **公开号：**软著登字第 5877988 号

031 | 设施园艺智能电动微型耕作机研制

- **主持及参加单位：**上海益森园艺用品有限公司、华东理工大学
- **参与人员：**胡庆松、张丽珍、陈雷雷等

- **科研成果简介**

本项目针对设施农业发展过程中面临的机械化作业难题，研制成功了适用于设施园艺的电动微耕机，开发无刷直流电动

机和锂离子电池动力平台系统，同时开发机载土壤信息分析和采集系统。该微耕机可与土壤分析系统集合，利用相关传感器来检测土壤的含水率、温度、电导率等信息，同时采用蓝牙技术，可与手机等设备连接，实现部分土壤参数的采集和分析，并对系统测试结果进行校准。开发了电池管理系统，可通过 2G 网络远程传输数据来实现物联网信息采集，电池组能实现 GPS 远程定位和监控、电池参数平台可视化管理、远程断电及异常报警。对微耕机运动轨迹进行分析，能实时分析机器工作过程中电池的工作状态、工作电压、电流、电芯温度、BMS 保护板温度变化曲线，结合物联网可远程监测电池包参数及实时状况。

- **成果推广应用情况及在农业生产中的持续作用**

本项目与上海羊鑫果蔬专业合作社和上海市农业科学院合作，用于蔬菜大棚土壤松土和耕作测试及应用推广工作，累计培训 23 人次，推广使用面积 50 亩以上，并获得合作单位的一致好评。该产品由锂电池和无刷电机提供动力，与传统的汽油微耕机相比，无大量的有害气体排放，不会对人体造成损伤，也不会对栽培的蔬菜造成污染，非常适合蔬菜大棚等场地应用。满电电池包可实际使用 500 平方米以上，将取代传统污染较大的汽柴油机器，有利于改善自然环境、提高农产品数量和保障农产品质量安全，促进绿色农业发展。

实用新型专利

- **名称：**一种外转子无刷电机转子组件
- **公开号：**ZL202322971460.6

- **名称：**动力头及应用该动力头的锂电微耕机
- **公开号：**ZL202323308220.4

- **名称：**一种具有土壤信息分析运用技术的微耕机
- **公开号：**ZL202420098324.2

- **名称：**一种锂电微耕机调速开关装置
- **公开号：**ZL202420143575.8

032 | 基于 AI 技术智能识别与防治病虫草害的移动系统开发及应用

- **主持及参加单位：**上海劲牛信息技术有限公司、上海交通大学
- **参与人员：**石称华、黄科力、刘哲辉等

- **科研成果简介**

本项目根据上海市病虫草害防治现状，贯彻农业农村部对病虫害智能识别和数字化防控的要求，构建了基于 AI 技术智能识别病虫草害的移动系统和后台管理软件——病虫害助手。通过该系统，农户能够通过智能手机拍照识别作物病虫害，并获取相应的防治建议；农业管理部门通过管理后台也能掌握一定区域农业病虫害的整体情况，从而发布预警信息，帮助农户及早防治，减少损失。“病虫害助手”是人工智能技术、植保数据库、专家知识系统的深度融合，是传统植保手段的全新突破，是农民可以装在口袋里的智能化“新农具”。

- **成果推广应用情况及在农业生产中的持续作用**

本项目研发的“病虫害助手”系统在嘉定区和浦东新区进行了示范应用，对核心示范区域水稻、青菜、草莓等作物常见病害识别率达 95%，有效提升了植保人员与农户病害识别的效率。其中，在浦东地区，针对水稻病虫害识别进行了定制化的小程序开发，农户通过“浦东惠农通”公众号入口即可便捷使用“病虫害助手”小程序，目前可识别水稻的 20 多种常见病虫害；同时开展了线上线下的使用培训。水稻病虫害智能识别系统在上海浦东新区的推广应用，提升了水稻种植户应用智能化农业技术的水平，树立了科技兴农的典范。

外观设计专利

- **名称：**显示屏幕面板的诊断病虫害的图形用户界面
- **公开号：**ZL202130616648.2

软件著作权

- **名称：**劲牛病虫草害智能识别助手软件（iOS 版）
- **公开号：**2021SR0773651

- **名称：**劲牛病虫草害智能识别助手软件（Android 版）
- **公开号：**2021SR0773626

- **名称：**劲牛病虫草害智能识别系统管理后台软件
- **公开号：**2021SR0885596

033 | 基于 MPS 的花卉工厂智能生产管理平台研发及应用

- **主持及参加单位：**上海鲜花港企业发展有限公司、上海农易信息技术有限公司
- **参与人员：**沈强、王晖、张功茂等

科研成果简介

本项目以上海鲜花港主要盆花红掌、凤梨、竹芋作为实施对象，选定对应的 3 个生产温室作为项目实施区域，完成 MPS 花卉工厂智能生产管理平台一套并通过第三方软件功能测评（包括生产场所、生产过程、环境及仓储管理）；申请软件著作权 2 项；编写《花卉数据对外接口清单》一份，可以将花卉数据对接到上海农业一张图；制定盆花生产技术过程规范一套（《盆栽红掌生产技术过程规范》《盆栽凤梨生产技术过程规范》《盆栽竹芋生产技术过程规范》），并在盆花生产过程中应用；开发花卉温室环境监测预警系统一套，实现电脑端和手机端实时监测应用。管理平台应用于花卉生产，保证了生产的稳定性，提高了生产管理效率，进一步提升了花卉智能化生产水平。

成果推广应用情况及在农业生产中的持续作用

本项目通过应用花卉工厂智能生产管理平台和盆花生产技术过程规范，累计种植盆栽红掌 55.9 万盆、凤梨 47.6 万盆、竹芋 23.5 万盆，合计 127 万盆。花卉工厂智

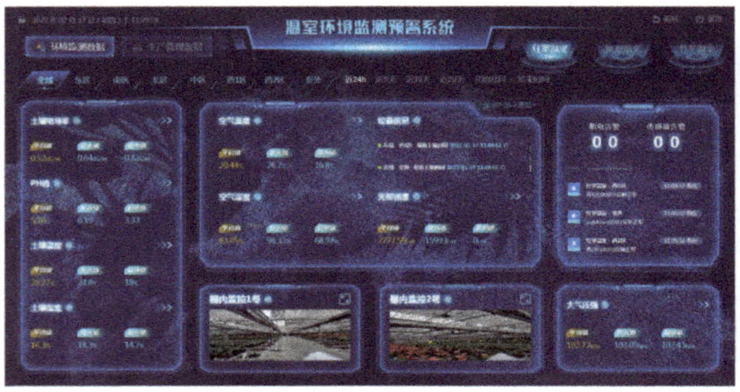

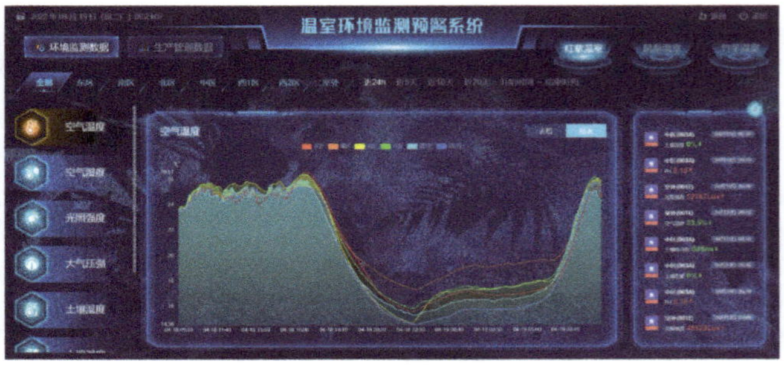

能生产管理平台的研究和应用，探索实践了基于国际先进管理水平的平台开发和应用，积累了花卉生产过程数据及环境感知数据，提升了温室智能化水平，提高了劳动生产率，有助于进一步推动花卉产业优化升级；平台和工厂化的管理经验，可以向国内其他地区的花卉企业进行复制和推广，引领我国花卉生产向国际先进水平迈进。

软件著作权

- **名称：**花卉温室环境监测预警系统 V1.0
- **公开号：**2022SR0504882

- **名称：**花卉工厂智能生产管理平台 V1.0
- **公开号：**2022SR0504838

标准

- **名称：**盆栽红掌生产技术过程规范
- **公开号：**QB/20220501001

- **名称：**盆栽凤梨生产技术过程规范
- **公开号：**QB/20220501002

- **名称：**盆栽竹芋生产技术过程规范
- **公开号：**QB/20220501003

034 | 水产养殖智能化技术的集成示范

- **主持及参加单位：**上海市崇明区水产技术推广站、上海市水产研究所（上海市水产技术推广站）、中国水产科学研究院渔业机械仪器研究所
- **参与人员：**成建忠、周捷、刘世晶等

- **科研成果简介**

本项目针对崇明区水产养殖的不同生产方式，结合信息系统的差异性构建和智能技术的专用性研发，分别针对淡水鱼绿色生态养殖系统、河蟹生态养殖系统和稻虾绿色高效综合种养系统，构建了包括水质监测与预警、气象监测与预警、仓库智能化管控、鱼蟹精准投喂以及鱼类全周期投喂管理等针对性强的综合信息化管理平台，即结合崇明区水产养殖实际和水产品安全监管工作需要，在配备适用性强的智能化技术基础上，研发了淡水鱼养殖信息系统、河蟹养殖信息系统、稻渔种养信息系统，并形成了统一管理门户。在此过程中，形成了 10 项软件著作权、3 项实用新型专利和 8 项发明专利；发表论文 6 篇。

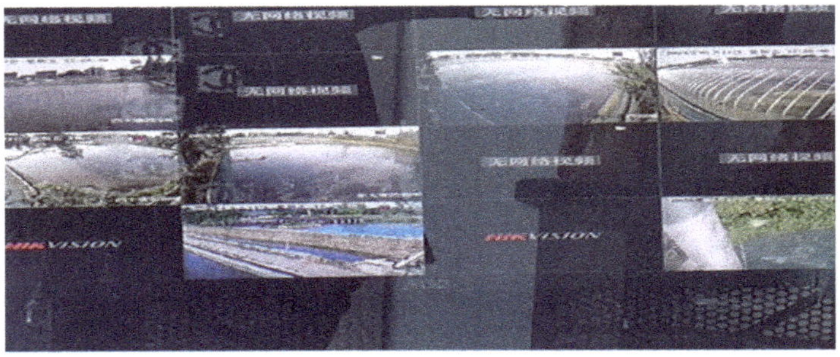

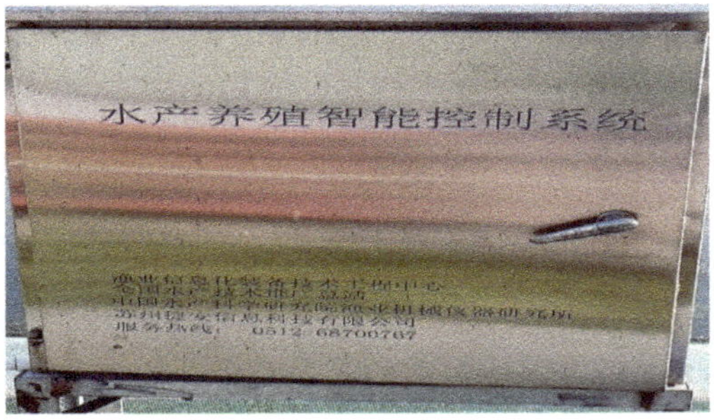

• 成果推广应用情况及在农业生产中的持续作用

本项目在崇明区堡镇南海村上海惠康水产养殖专业合作社进行了河蟹池塘水质监测及预警辐射推广应用，充分发挥了专业人才与师资人才的帮传带作用，锻炼和培养了一批从事优势水产养殖工程、智能渔业装备研发、渔业信息技术等研究方面的中青年科技骨干，形成了以科研院所和高校的研究机构为技术支撑、科技型企业为成果转化平台的产业形态，提高了崇明区渔业现代化水平。通过科研成果转化，使参与研究和示范的企业成为技术创新的最早且可持续的获益者；同时，优化了渔业产业结构，使水产关键技术得到大力推广和应用，实现了水产品优质、高效、安全的生态养殖。

实用新型专利

- **名称：**一种用于静态水体修复的移动式平板膜净化装置
- **公开号：**CN20222083161.2

- **名称：**一种用于池塘底泥上药的处理船
- **公开号：**CN202020531550.7

- **名称：**一种稻虾田尾水净化处理系统
- **公开号：**CN202122677716.3

发明专利

- **名称：**池塘养殖 pH 缺失数据插补方法
- **公开号：**CN202111347638.9

- **名称：**用于池塘水体净化修复的移动固化平板膜净化机器人
- **公开号：**CN202210347065.6

- **名称：**池塘养殖溶解氧缺失数据插补方法
- **公开号：**CN202111346609.0

- **名称：**一种养殖池塘中溶解氧含量的预测方法
- **公开号：**CN202111445738.5

- **名称：**水产养殖尾水固体颗粒物高效去除系统及尾水净化方法
- **公开号：**CN202111293621.X

- **名称：**一种针对池塘底部淤泥加药及搅拌的处理船
- **公开号：**ZL202010284356.8

- **名称：**一种草鱼主养殖池套养鳗鲡的养殖方法
- **公开号：**CN202111420962.9

- **名称：**一种用于水产养殖用投入品的智能监管系统及方法
- **公开号：**CN202210315502.8

软件著作权

- **名称：**成鱼捕捞管理操作系统
- **公开号：**2020SR1620946

- **名称：**水产养殖用户管理系统
- **公开号：**2021SR1713923

- **名称：**水产养殖环境监测及水质预测系统
- **公开号：**2021SR1713922

- **名称：**水产养殖饲料仓库管理系统
- **公开号：**2021SR1713919

- **名称：**工厂化鲈鱼、大西洋鲑养殖投喂量估算及投喂全周期管理系统
- **公开号：**2021SR1713924

- **名称：**水产养殖虾类生产管理系统
- **公开号：**2021SR1713941

- **名称：**水产养殖蟹类生产管理系统
- **公开号：**2021SR1713921

- **名称：**水产养殖鱼类生产管理系统
- **公开号：**2021SR1713923

- **名称：**水产养殖药品仓库管理系统
- **公开号：**2021SR1712223

- **名称：**水产养殖智能化管理系统
- **公开号：**2020SR1620947

035 | 水产养殖尾水一体化处理装置研发与示范

- **主持及参加单位：** 上海环总实业有限公司、中国水产科学研究院渔业机械仪器研究所、上海海洋大学、上海市水产研究所、上海市环境科学研究院
- **参与人员：** 马磊、程果锋、张俊等

- **科研成果简介**

本项目围绕我国淡水养殖池塘存在的水体生态环境失衡、尾水排放超标等难题，跟踪研究了典型池塘养殖尾水的排放规律及污染物特征，突破了旋流过滤一体化、陶瓷膜旋转微纳米曝气、低耗高压臭氧氧化和高效一体化浮选等关键技术，实现了在一个装置内同时完成悬浮物浮选、泡沫控制、固液分离、臭氧氧化杀菌消毒等多个养殖尾水净化过程。研发了用于水产养殖尾水快速处理的专用设备，水处理量达到 100 米^3/ 时，悬浮物去除率超过 90%，COD 去除率达 40%，经处理后的养殖尾水达到了《淡水池塘养殖尾水排放要求》（DB 31/1405—2023）。

- **成果推广应用情况及在农业生产中的持续作用**

本项目研发的池塘养殖尾水一体化处理设备具有占地小、高效低耗、运输方便、自控化程度高等优势，在上海、江苏、安徽、海南等地进行了推广应用，建立了草鱼、南美白对虾等养殖品种的尾水处理示范点。相比传统的“三池两坝”等尾水处理方式，节约占地面积 60%、减少人力成本 2/3、提高养殖效益 15%，取得了显著的生态、经济及社会效益，为提升我国水产养殖规模化、标准化、机械化水平，加快发展生态健康水产养殖，促进美丽乡村建设等提供了重要科技支撑。

发明专利

- **名称：** 池塘养殖尾水过滤装置
- **公开号：** ZL202111279354.0

- **名称：**一种节能型循环水养殖系统
- **公开号：**ZL202110504047.1

- **名称：**循环水养殖池
- **公开号：**ZL202210605060.0

- **名称：**一株可降解异烟酸的反硝化细菌及其生产的菌剂和应用
- **公开号：**ZL202010545212.3

- **名称：**一株腐质霉菌 KC0924g 及其生产的菌剂和应用
- **公开号：**ZL202111575721.1

- **名称：**硝化菌和光合细菌共生的对虾养殖尾水处理系统
- **公开号：**ZL201911187439.9

- **名称：**流水养殖水体中悬浮颗粒物净化装置
- **公开号：**ZL202010169786.5

¤ 实用新型专利

- **名称：**水产养殖排放水体颗粒物的去除装置
- **公开号：**ZL202220443724.3

- **名称：**一种移动式水净化装置
- **公开号：**ZL202122970003.6

- **名称：**一种淡水养殖水体中颗粒物快速去除装置
- **公开号：**ZL202321398469.6

- **名称：**一种废水处理多级过滤装置
- **公开号：**ZL202220976219.5

- **名称：**一种用于污水处理的滤块
- **公开号：**ZL202022510938.1

- **名称：**流水养殖水体中悬浮颗粒物净化装置
- **公开号：**ZL202020301071.6

- **名称：**一种废水处理用消毒装置
- **公开号：**ZL202220976435.X

- **名称：**一种新式高氨氮含氟光伏废水高效处理装置
- **公开号：**ZL202020274820.0

- **名称：**一种用于快速去除池塘颗粒物的成套系统设备
- **公开号：**ZL202320555092.4

- **名称：**一种用于静态水体修复的移动式平板膜净化装置
- **公开号：**ZL202220831612.5

- **名称：**一种稻虾田尾水净化处理系统
- **公开号：**ZL202122677716.3

- **名称：**一种集污排污跑道养殖池
- **公开号：**ZL202220468483.8

标准

- **名称：**水产品池塘养殖通用技术规范
- **公开号：**DB 31/T 348—2024

036 | 南美白对虾标准化养殖设施及绿色高效养殖模式的研究示范

- **主持及参加单位：**上海孙桥溢佳农业技术股份有限公司、上海集贤虾业养殖专业合作社、上海彰显渔业专业合作社
- **参与人员：**卜崇兴、刘立平、卜立君等

- **科研成果简介**

本项目从池塘养殖设施化、信息化、节能减排等方面进行了研究，借鉴成熟种植温室大棚的优势，结合水产养殖的特点和不同水产养殖品种的生长环境调控需求，研制了跨度 25 米和 12.5 米的两种不同模式的南美白对虾养殖设施；南美白对虾绿色设施养殖技术与农业物联网结合，亩产比常规养殖提高 80% 以上；养殖尾水经过基地尾水处理设施进行统一处理后达标外排。本项目成果解决了目前水产养殖温室大棚存在的抗风能力不足、排水不畅、环境调

控能力差等问题，有力地推进渔业增效、渔民增收、节能减排及支撑生态渔业和现代渔业建设。

- **成果推广应用情况及在农业生产中的持续作用**

本项目研制的南美白对虾标准化养殖设施和绿色高效养殖模式主要在长三角地区得到推广和应用，水产养殖塑料薄膜温室建造方便、结构牢固、排水顺畅，抵抗大风、大雪等恶劣天气的能力强，具有良好的通风、散热及保温性能；通过宣传，四川、甘肃、新疆等地相关企业或养殖户也到实地考察这些新技术和方法；通过改善养殖设施环控调整方案，这一技术将为设施养殖生产带来持续的益处。

发明专利

- **名称：**一种水产养殖大棚
- **公开号：**CN217217877U

标准

- **名称：**水产养殖用塑料薄膜温室技术规范
- **公开号：**T/SFAEA010005-2022_x0010

037 | 高效智能牧场 TMR 配套装备的研发与示范

- **主持及参加单位：**上海正宏农牧机械设备有限公司、上海奶牛育种中心有限公司、上海市农业机械研究所
- **参与人员：**周国财、范良俊、刘怀丹等

- **科研成果简介**

本项目通过探索本市包含牧场粗饲料预处理设备等 TMR 配套装备适用技术的集成和应用，实现牧场粗饲料预处理设备的高效智能伸缩臂青贮取料机、圆盘式双层筛网饲草粉碎机、滚筒式苜蓿草破切机等关键设备的研制与应用示范，研究使用本项目研制的牧场粗饲料预处理设备与 TMR“中央厨房”装备的相应技术，形成一套科学、可行的规模牧场“粗饲料预处理集成高效精准 TMR 中央厨房”技术操作规范，开展牧场“粗饲料预处理集成高效精准 TMR 中央厨房”技术的示范推广，评估其在牧场降本增效方面的实际应用效果，为本市牧场生产可持续发展提供先进的技术支撑。

- **成果推广应用情况及在农业生产中的持续作用**

本项目研制的高效智能牧场 TMR 配套装备样机在上海金山种奶牛场进行应用示

范，牧场TMR饲料加工损耗降低到1.5%、滨州筛变异系数降低到2.48%。研制的样机在上海忆南奶牛场也进行了应用示范。在上海应用示范的基础上，项目成果向长三角地区乃至全国各地辐射的潜力很大。

实用新型专利

- **名称：**一种牧场粗饲料预处理集成精准配料系统
- **公开号：**ZL202122328172.X

- **名称：**一种伸缩型高效青贮取料机
- **公开号：**ZL202120146664.4

- **名称：**一种多层筛碎草机及新型叉位式多层筛碎草机
- **公开号：**ZL202120146662.5

- **名称：**一种饲草剖开机
- **公开号：**ZL202320763171.4

- **名称：**一种饲草剖切收储系统
- **公开号：**ZL202321893805.0

软件著作权

- **名称：**正宏粗饲料加工自动化精准配料系统 V1.0
- **公开号：**2023SR1167450

038 | 人工智能在奶牛细菌性乳腺炎炎症预警和防控中的创新集成

- **主持及参加单位：**中国农业科学院上海兽医研究所、上海市动物疫病预防控制中心、上海奶牛育种中心有限公司、上海交通大学、南京农业大学
- **参与人员：**韩先干、苗晋锋、唐伟等

科研成果简介

本项目围绕奶牛乳腺炎的诊断和防控两大核心问题，综合应用多学科的方法和手段，基于传感器获取奶牛行为数据和生物传感器技术快速检测平台，解析奶牛体征、行为信息变化与奶牛乳腺炎发病间的联系，进行病原快速检测；完成了奶牛穿戴式多参量传感系统研制，开发了基于 pH 敏感和探针杂交有机场效应晶体管（OFET）核酸传感器的细菌检测芯片及手持式检测系统；建立了基于导电聚合物 / 蚕丝纤维复合材料的柔性温度标签，建立了 5 种奶牛乳腺炎病原菌及其耐药性诊断的检测方法，2 种用于检测奶牛乳腺炎感染及主要病原菌检测的新型电化学生物传感器检测技术；首次建立奶牛乳腺炎人工智能预警系统，并进行了临床应用。

成果推广应用情况及在农业生产中的持续作用

本项目研发的奶牛乳腺炎人工智能预警穿戴传感系统已在上海光明乳业等相关牛场开展了应用，对奶牛健康状况进行了监测诊断。项目实施以来，累计推广奶牛超 1 万头，奶牛乳腺炎的诊断时间和治疗时间均得到缩短。通过优化治疗方案，奶牛每疗程治疗费用节约 100 元，整体共节约治疗成本超过 50 万元。此外，由于对牛源病原菌感染的快速诊断，总体降低了奶牛的死亡率、淘汰率，提高了乳制品的产量，平均每头奶牛每年经济效益提高 120 元，整体养殖增效 100 万元以上。该项目的实施，有效促进了相关奶牛场的发展，减少了奶牛乳腺炎的发生与流行，降低了环境污染，经济、社会和生态效益显著。

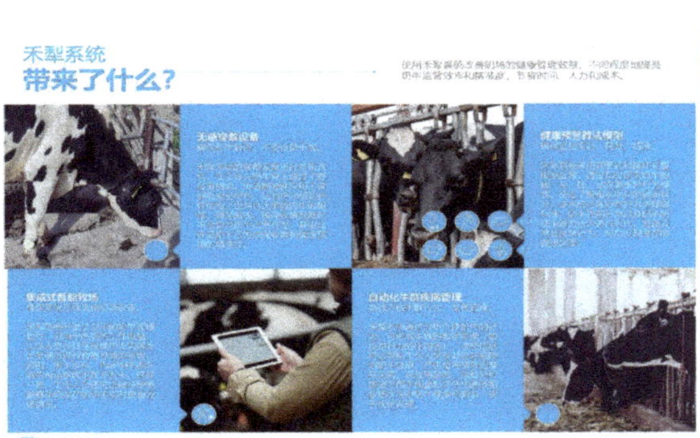

¤ 发明专利

- **名称：**一种大肠杆菌电化学检测方法
- **公开号：**CN202310231192.6

- **名称：**一种用于检测奶牛乳腺炎致病菌的试剂盒及其方法
- **公开号：**CN202210905842.6

- **名称：**抗金黄色葡萄球菌单克隆抗体、应用及包含其的免疫磁珠
- **公开号：**CN202310612269.4

- **名称：**一种用于衣康酸检测的质粒及其应用
- **公开号：**CN202310365401

- **名称：**抗肠炎沙门菌单克隆抗体、包含其的免疫磁珠及其应用
- **公开号：**CN202211469061.3

- **名称：**一种动物健康智能预警系统和预警方法
- **公开号：**CN202210035171.2

- **名称：**用于畜牧动物健康预警的低功耗穿戴式系统及长续航方法
- **公开号：**CN202110729090.8

- **名称：**一种奶牛健康预警系统和预警方法
- **公开号：**CN202011106445.X

- **名称：**一种基于细菌介导叠氮炔环加成和原子转移自由基聚合的金黄色葡萄球菌电化学检测方法
- **公开号：**CN202011106591.2

¤ 软件著作权

- **名称：**奶牛乳腺炎金黄色葡萄球菌 MLST 分型软件 V1.0
- **公开号：**2021SR0567748

- **名称：**奶牛乳腺炎乳房链球菌 MLST 分型软件 V1.0
- **公开号：**2021SR0567762

- **名称：**奶牛乳腺炎大肠杆菌 MLST 分型软件 V1.0
- **公开号：**2021SR0567889

- **名称：**奶牛乳腺炎克雷伯杆菌 MLST 分型软件 V1.0
- **公开号：**2021SR0567888

- **名称：**奶牛乳腺炎乳房链球菌耐药数据库软件 V1.0
- **公开号：**2021SR0567761

- **名称：**奶牛乳腺炎大肠杆菌耐药表型数据库软件 V1.0
- **公开号：**2021SR0567760

- **名称：**奶牛环境性乳腺炎发病预警信息数据库软件 V1.0
- **公开号：**2021SR0567703

- **名称：**奶牛传染性乳腺炎发病预警信息数据库软件 V1.0
- **公开号：**2021SR0567741

039 | 美丽乡村中小河道绿色清淤技术及装备研发

- **主持及参加单位：**上海上咨工程设计有限公司、上海市水利工程集团有限公司
- **参与人员：**邓柏旺、沈达、李玲玉等

科研成果简介

本项目针对村沟宅河周边交通不便、河道沉积物复杂、排泥场受限等难题，采用引进和自我创新相结合的方式，研制出一整套集水下冲吸、管道输送、淤泥环保处理为一体的环保清淤设备，并形成设备的操作规程及村沟宅河清淤技术的相关标准，在乡村进行示范应用，解决了村沟宅河疏通难题。自主研发的清淤设备，以挖掘机为载体，将清淤与杂物破碎处理融入一套装置，通过一清、二搅、三抽、四冲等工艺，实现村沟宅河环保清淤。自主设计的疏浚泥堆场下排式气喷射防淤堵快速脱水装置，通过预先在排泥场布设三维集排水体系，由真空泵抽吸将排水板收集的水分排出场外，达到清出的淤泥快速脱水减容的目的。

成果推广应用情况及在农业生产中的持续作用

本项目中小河道挖吸破碎一体化机械疏浚施工工法已在奉贤区南门港水闸改造工程、跳墩河流域水环境综合整治工程、休宁县城市基础设施及水环境综合整治 PPP 等多个项目的疏浚施工环节得到应用，不

仅节省了围堰构筑成本，有效提高施工效率、节约劳动力、缩短工期，还减轻了对原主河道的影响。疏浚泥堆场下排式气喷射防淤堵快速脱水施工工法已在青浦区环城水系治理工程二期Ⅱ标、崇明区环岛运河南河（庙港—三沙洪）河道整治工程等多个整治项目中得到应用，有效降低了排泥场占地，产生了良好的社会效益、经济效益和生态效益。目前，两项施工工法均已获评水利行业工法，在农村中小河道整治项目推广应用。

发明专利

- **名称：**一种新型射流式清淤设备
- **公开号：**CN110984270B

- **名称：** 疏浚泥堆场多维气喷射防淤堵集成综合排水系统
- **公开号：**CN109440761B

- **名称：**中小型河道疏浚淤泥垃圾连续防堵分离装置和方法
- **公开号：**CN110847275B

实用新型专利

- **名称：**泥浆输送管路自动收放装置
- **公开号：**CN217458332U

- **名称：**一种水泵进水口防堵装置
- **公开号：**CN 211370705U

- **名称：**中小型河道清淤垃圾同步分离装置
- **公开号：**CN211774009U

- **名称：**软硬垃圾隔离处理降阻免堵清淤挖吸一体化装置
- **公开号：**CN213143168U

- **名称：**一种旋转式防堵塞清淤机头
- **公开号：**CN212336123U

- **名称：**往复推刮清污式水力冲吸淤装置
- **公开号：**CN212336124U

- **名称：**摇摆推刮清污式水力冲吸淤装置
- **公开号：**CN212336128U

软件著作权

- **名称：**淤泥真空脱水设备自动加药系统 V1.0
- **公开号：**2022SR0418088

- **名称：**水下疏浚深度实时测量系统 V1.0
- **公开号：**2022SR0418087

标准

- **名称：**美丽乡村中小河道清淤设备施工技术规程
- **公开号：**SS/T 01—2022

040 | 农业物联网的区域应用技术研究与示范

- **主持及参加单位：**上海左岸芯慧电子科技有限公司、上海市闵行区农产品质量安全中心、上海仪电鑫森科技发展有限公司
- **参与人员：**陆翔、古成龙、田朝杰等

科研成果简介

本项目围绕闵行区粮食、蔬菜、果树种植和水产养殖的33家经营主体开展农业物联网区域应用研究，集成气象、土壤、光照、水肥灌溉、病虫害防治等自动采集技术，研究制定示范型、标准型生产基地农业物联网建设标准并应用，提升农业生产精准、高效、生态管理水平；结合区块链技术，对物联网设备自动化采集数据、生产经营数据实时上链，提升农业数据增信价值，为农业新型经营主体分级管理提供支撑；打造“闵行区智慧农业管理驾驶舱”，并与“上海数字农业”平台实现对接。

成果推广应用情况及在农业生产中的持续作用

本项目农业物联网的区域应用技术已在全国32省、140余个县域展开推广应用，覆盖3 200万亩农用地，为推进农业数字化转型、赋能都市现代农业发展做出了重要贡献。

发明专利

- **名称：**一种农产品溯源信息的更新方法、装置及电子设备
- **公开号：**CN116188035A

- **名称：**一种土壤检测组件以及土壤在线数据监测装置
- **公开号：**CN116337942B

¤ 软件著作权

- **名称：**左岸蔬菜生产管理系统软件
- **公开号：**2022SR0216808

- **名称：**左岸智慧农业物联网云平台
- **公开号：**2022SR0216644

- **名称：**左岸农产品合格证管理系统软件
- **公开号：**2022SR0217104

- **名称：**农产品质量安全监管软件
- **公开号：**2022SR1019189

- **名称：**仪电鑫森 5G 视频传输系统
- **公开号：**2021SR1552744

- **名称：**数字接口管理系统
- **公开号：**2022SR0986929

041 | 农药包装废弃物智能回收装置及监管平台的开发与应用

- **主持及参加单位：**上海劲牛信息技术有限公司、上海市浦东新区农业农村综合监管事务中心
- **参与人员：**石称华、黄科力、刘哲辉等

• 科研成果简介

本项目着力解决农药包装废弃物回收难的问题，基于物联网（NB-IoT）和互联网技术实现了农药包装废弃物的无人值守回收，并利用农药包装二维码建立了智慧有偿回收模式。“蛙收”回收箱配套有回收小程序和回收监管平台，既方便农户使用，也为监管部门提供了便利；“蛙收”系统具有无人值守、操作简便、回收数据自动采集、补贴实时到账、运营成本低等核心优势。“蛙收”回收箱一般放置于农资零售门店，通过数据智能校验，使针对本地区的农药包装废弃物回收补贴能够高效、精准

发放到本地区农户，激发农户主动交回农药包装废弃物的积极性，建立可良性运转的补贴回收机制，提高回收效率，解决监管难题，助力美丽乡村建设。

- **成果推广应用情况及在农业生产中的持续作用**

本项目“蛙收”农药包装废弃物智慧回收系统已先后在浙江温州、上海浦东新区和嘉定区、云南曲靖等地落地应用；通过与浦东新区供销合作社合作，已在其旗下的56个农资零售门店及合作单位开展了基于“蛙收”系统的农药包装废弃物智慧化回收，至今已回收约3万个农药包装瓶/袋，受到回收管理人员及农户好评。同时，本项目得到了中国乡村发展基金会的支持，通过公益项目的模式在全国开展推广应用，目前已经在云南曲靖、河南台前县及范县先行先试，后期将进一步扩大公益回收模式的应用范围，让智慧化的农废回收技术和公益力量惠及更广大的农村地区。

发明专利

- **名称：**一种农药废弃包装回收方法、装置、回收系统及存储介质
- **公开号：**ZL2019105235985.

实用新型专利

- **名称：**一种无人值守的农药包装废弃物智能回收装置
- **公开号：**ZL2019218468349.

- **名称：**一种农药包装废弃物回收智能自助终端
- **公开号：**ZL2021216577353.

- **名称：**自动分类的废弃物回收箱
- **公开号：**ZL2022231334371.

外观专利

- **名称：**废弃物回收箱
- **公开号：**ZL2021308483862.

- **名称：**回收箱
- **公开号：**ZL202230786070X.

软件著作权

- **名称：**蛙收—农药包装废弃物回收系统软件
- **公开号：**2021SR1440759

- **名称：**劲牛农药包装废弃物智能回收监管平台软件
- **公开号：**2021SR1448037

042 | 露地蔬菜农机农艺融合技术集成示范

- **主持及参加单位：** 上海海磊果蔬专业合作社、上海市奉贤区农业技术推广中心、上海王超蔬果种植专业合作社
- **参与人员：** 王华、唐玉英、施颖红等

- **科研成果简介**

本项目筛选出“沪甘157”和“丽丽”适合机械化作业的结球甘蓝品种2个；筛选出“沪菠5号”和“沪菠7号”适合机械化作业的菠菜品种2个。通过开展不同机型、不同方式的起垄机、播种机、移栽机和采收机等农用机械试验，从中选出了山东曹县鲁富机械的四轮双行多功能开沟起垄机，其开沟深度达30～40厘米，垄宽可调65厘米或80厘米。垄宽65厘米对应圆球青甘蓝或牛心结球甘蓝的双行移栽模式，垄宽80厘米对应扁球形结球甘蓝的双行移栽模式。形成结球甘蓝露地机械化生产技术规程1套。

- **成果推广应用情况及在农业生产中的持续作用**

本项目通过开展露地结球甘蓝全程机械化现场会等方式，让奉贤区的多家合作社选用宜机化的甘蓝品种。“沪甘157”和“丽丽”机械化移栽约2 000亩次，实现了结球甘蓝“耕种管收”全程机械化。

043 | 无人农场飞防植保关键技术研究与应用

- **主持及参加单位：**心意植保（上海）农业科技有限公司
- **参与人员：**金海霖、郭路峰等

科研成果简介

本项目明确了水稻飞防的无人机作业参数设定、助剂选配，结合本市农药使用的剂型和病虫害危害程度，集成了水稻飞防关键共性技术，在水稻产量与传统防治相当的前提下，无人机飞防植保节约总用工 80%，植保成本相较人工担架式防治下降了 75% 左右，与自走式植保车成本相当。形成了《无人机水稻植保高效作业规范》意见，制定上海市地方标准《植保无人驾驶航空器安全作业技术要求》，建设了上海本地应用平台“上海农业无人飞机服务平台”，可有效对上海无人机飞防植保进行作业管理。通过理论教学与实际操作及技能竞技，严格培训高质量专业化技术学员 90 名，培养具有资格飞手合格证书的学员超过 600 名。

成果推广应用情况及在农业生产中的持续作用

本项目实施以来已累计接入“上海农业无人飞机服务平台”监视的植保无人机 331 架，为后续开展规模化病虫害无人机植保防治作业第三方监测服务奠定了良好基础，对有效推动水稻乃至其他作物或果林的植保无人机健康发展具有积极意义。

金山廊下“晚”稻田变量施肥试验

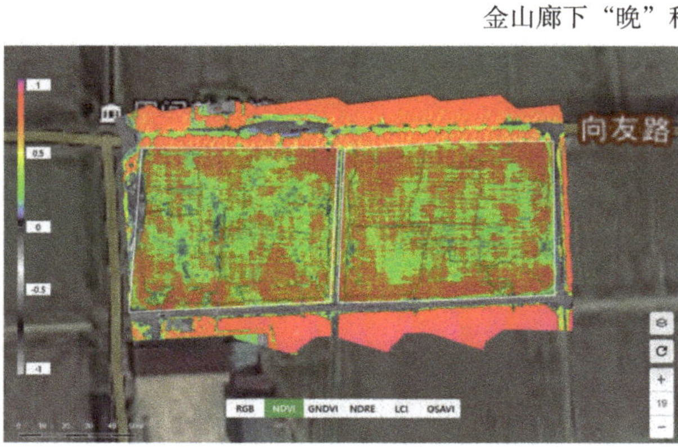

重栽稻田测绘光谱图（8月14日）

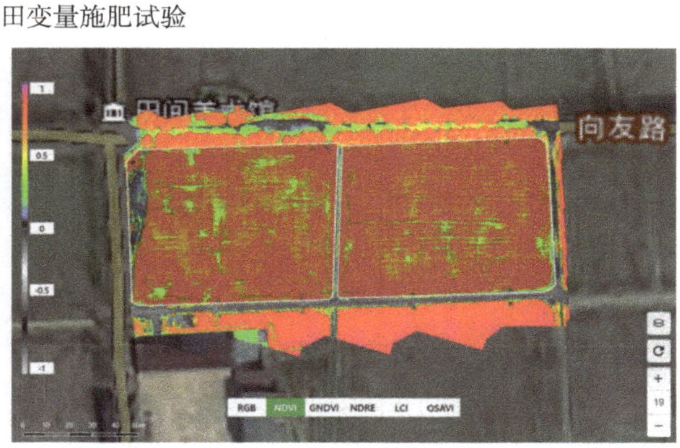

分蘖期施肥（20千克/亩复合肥）7天后（8月22日）测绘光谱图（左侧非变量，右侧变量施肥）

044 | 蔬菜生产“机器换人”融合技术模式集成示范

- **主持及参加单位：**上海浦远蔬菜园艺专业合作社
- **参与人员：**刘尧军、刘伟伟、庄关云等

- **科研成果简介**

本项目的建设旨在实现农业增效、农民增收，促进蔬菜生产基地长远发展。项目的建设可示范推广蔬菜生产技术，为当地农民提供技术指导与服务，提高职业技能，辐射带动农民的种植技术，提高种植效益，进而提高农业发展的整体质量和效益，促进地区经济发展。

- **成果推广应用情况及在农业生产中的持续作用**

本项目的实施能够完善蔬菜育苗—种植—管养—收割—包装运输环节的一体化生产模式，改善传统质量低下的人工作业生产模式，显著提升基地机械化生产水平。本项目的建设将提高蔬菜生产基地内部农业机械化作业水平，提升农产品生产能力，充分发挥蔬菜生产、加工的机械化优势，提高蔬菜生产加工能力，优化蔬菜产业结构，大力发展农业科技产业，提升蔬菜机械化生产水平，打造蔬菜生产保鲜一体化基地，构建现代化蔬菜产业生产经营体系。

045 | 架式草莓关键技术的集成示范

- **主持及参加单位：** 上海家扶家果蔬专业合作社
- **参与人员：** 余进、王亚敏、张浩军等

- **科研成果简介**

本项目通过设施及设备、栽培基质研究、优质种苗选择、肥水管理及EC值控制——营养精准控制技术、植株管理和花果控制技术、绿色防控技术等一系列栽培技术，开展架式草莓关键技术的研究，形成稳定的生产模式，实现架式草莓高产、优质、安全化生产，同时建立示范基地，进行推广应用。

- **成果推广应用情况及在农业生产中的持续作用**

本项目采用立架栽培，可以循环使用，比地栽栽培节省翻地人工。栽培架高90厘米，在进行草莓定植、拔老叶和匍匐茎、疏花疏果、采摘等时不用弯腰，比地栽栽培节省人工。在肥料利用上，架式栽培采用肥水一体化按需定量定点施肥，解决了地栽栽培过多水肥流失浪费等问题。架式栽培模式种植穴盘苗。穴盘苗为基质苗，土传病害少，农药使用量少。架式栽培模式也解决了地栽栽培草莓生产苗种植到大田里容易滋生土传病虫害的问题，同样可减少农药的使用量。所以，架式草莓种植是一种可以推广的种植模式。

046 | 设施农业中空间电场绿色防控技术研究与示范

- **主持及参加单位：**上海合庆火龙果产业股份有限公司、上海市浦东新区农业技术推广中心
- **参与人员：**李玉梅、陈凤婷、张耀良等

科研成果简介

本项目主要围绕在设施大棚内气传病害频发，而使用化学农药会导致农残及环境污染的问题，探索使用空间电场防病促生系统对果蔬常见病害的防治情况，以及对果蔬生长情况的影响。项目创新应用空间电场产生大量的带电离子可以抑制粉尘飞扬和雾气上升，进而隔绝气传病害的气流传播渠道这一工作原理，使空间电场防病促生设备成为预防经济作物病害的有效装备。项目采用化学防治和空间电场防治作对比，在产量和病害发生率的二维数据分析下，针对火龙果、葡萄和黄瓜进行了试验研究，结果表明：应用空间电场防病促生系统对火龙果、葡萄和黄瓜病害和虫害均有一定的防治作用，可以有效减少农药使用量 45% 左右，且对产量均有 5% ~ 10% 的提升。

成果推广应用情况及在农业生产中的持续作用

本项目在火龙果上应用空间电场技术示范推广面积为 52.58 亩；开展了 3 次技术培训，共培训 178 人次。本项目形成了《空间电场防病促生系统对设施农作物绿色防控的技术规程》，为本项目成果在全市乃至全国进行示范推广提供了理论依据。

047 | 果树机械化生产装备选型及主要环节配套技术研究

- **主持及参加单位：**上海新弘生态农业有限公司、上海市农业机械鉴定推广站、上海市农业科学院、上海市农业技术推广服务中心、上海市农业机械研究所、上海常奉农产品专业合作社、上海思尔腾农业科技有限公司
- **参与人员：**荆晶、吴雄杰、施春晖等

科研成果简介

本项目改造和建设农机与农艺相结合的现代化适宜机械化果园3个，面积共计881亩。引选出适合省力化栽培的果园动力机械、果园旋耕机、开沟施肥机、行间割草机、株间除草机、风送式植保机、电动修枝剪、采摘平台、枝条粉碎机等果园机械，涵盖果园生产的全环节，并形成梨、桃农机与农艺相融合的栽培技术规程各1套，指导机械化果园进行生产。与传统种植模式相比，在土地旋耕、株行间除草、开沟施肥、植保、采摘、修枝等主要生产环节，用工量减少62.65%，生产的机械化率达71.25%，极大地提高了果园生产效率。项目实施期间，召开3次果园机械化作业现场观摩会。发表论文2篇。

成果推广应用情况及在农业生产中的持续作用

本项目有众多基地人员来参观学习，采购同款或相似功能的果园机械进行生产管理，提升了果园农机装备能力，充分发挥了机械化生产在减轻劳动强度、提高作业效率、提升作业质量等方面的作用，促进了上海及周边地区果园机械化发展。

048 | 不同模式下蟠桃生产机械化装备选型及应用示范

- **主持及参加单位：**上海溪游生态农业专业合作社、上海市农业机械鉴定推广站、上海市金山区农业机械化技术推广站
- **参与人员：**杨晓峰、王洪兵、俞翠军等

科研成果简介

本项目在合作社 125 亩蟠桃生产区域的耕整地、施肥、修剪、病虫害防治等日常农事活动中实施。通过机械的使用，人工使用成本大幅度降低。在开心形桃树种植区域节约人工 66.44%，节约用工成本 65.7%；在 Y 形桃树种植区域节约人工 75.21%，节约用工成本 71.87%。通过人力、物力成本的节约，很大程度上加强了园区的盘活能力和整体统筹能力。2023 年蟠桃产量（处于幼苗阶段树形未统计在内，数量 58.5 亩），Y 形树 13 亩，亩产 703.8 千克，可溶性固体物平均 14.16%；开心形树 35.5 亩，亩产 678.9 千克，可溶性固体物平均 14.2%。

成果推广应用情况及在农业生产中的持续作用

本项目研究耕整地及其配套动力、开沟施肥、植保等农机具在蟠桃省力化栽培种植模式下的农机配套技术，与开心形、Y 形树种植模式相结合，提高果园工作效率，减少对劳动力的依赖，提升果品品质。通过成果展示、技术培训等，能在区域蟠桃种植基地推广应用相应农机设备，提升蟠桃产业的发展水平，还能降低劳动力成本 60% 以上，进一步提升种植户经济效益。

049 | “家绿”网上田头菜场产销配送云服务

- **主持及参加单位：**上海家绿蔬菜专业合作社
- **参与人员：**张春辉、张光明、侯文涛

- **科研成果简介**

本项目建立了网上田头菜场云服务平台，消费者可以轻松地在家中通过网络下单购买新鲜的农产品。通过直接与产地连接，平台能够加速食品从农田到市民餐桌的流程，保证食品的新鲜度和质量。同时，减少了中间环节的流通，有效地降低了物流成本，使消费者可以以更合理的价格购买到优质的农产品。该模式不仅有利于消费者，也对农民和生产商有着积极影响。农民可以获得更好的销售渠道，增加收入，同时减少了对中间商的依赖；生产商则能够通过直接与消费者互动，更好地了解市场需求，提高产品销售的精准性。这一模式不仅推动了农产品的流通方式升级，也促进了农业产业的可持续发展。

- **成果推广应用情况及在农业生产中的持续作用**

本项目促进了农产品的直销和市场化，使得农产品供需更加平衡，减少了库存积压和食品浪费。其次，通过数字化管理和数据分析，平台可以帮助农民更好地了解市场需求和趋势，指导他们进行种植和生产规划，提高农产品的质量和产量。此外，通过线上线下相结合的模式，平台也能够提供培训和技术支持，帮助农民提升种植技能和经营水平。该平台不仅推动了农业现代化和数字化转型，也促进了农产品供应链的优化和效率提升，为农业产业的可持续发展做出贡献。

第四章

农产品安全与加工

001 | 功能性益生菌研究与开发

- **主持及参加单位：**上海理工大学、上海交通大学
- **参与人员：**艾连中、吴艳、王光强等

- **科研成果简介**

本项目建立了完善的益生菌精准筛选平台，并完善了益生菌菌株库；构建了完备的 CRISPR 基因编辑系统，实现了益生菌高密度发酵和高活性制备；开发了系列益生菌产品及益生菌发酵产品，并在企业实施了产业化生产。这些益生菌菌株不仅填补了国内具有自主知识产权益生菌发酵剂的空白，同时实现了产品的差异化和多元化，促进了乳品市场产品结构多元化，极大地提高了行业科技水平及产品生产效益，推进了益生菌及相关行业的健康持续发展。

本项目相关成果获 2020 年度上海市科学技术奖技术发明一等奖。

- **成果推广应用情况及在农业生产中的持续作用**

本项目获得具有自主知识产权益生菌及其相关产品，已经在湖北均瑶大健康饮品股份有限公司、河北一然生物科技有限公司等企业实现产业化，产生了良好的经济和社会效益。

¤ 发明专利

- **名称：**一种改善骨质疏松的植物乳杆菌
- **公开号：**ZL201810414459.4

- **名称：**一种基于活体成像系统研究细菌在体内相互作用的方法
- **公开号：**ZL201910608518.6

- **名称：**一株罗伊氏乳杆菌 R28 菌株、其筛选方法及应用
- **公开号：**CN202111526563.0

- **名称：**利用复合保护剂提高植物乳杆菌存活率的冷冻干燥方法
- **公开号：**CN201910644232.3

- **名称：**一种提高植物乳杆菌存活率的冷冻干燥方法
- **公开号：**CN201910644186.7

- **名称：**一种利用多糖提高植物乳杆菌存活率的冷冻干燥方法
- **公开号：**CN201910644259.2

- **名称：**一种植物乳杆菌在制备对骨性关节炎具有保护作用的药剂中的应用
- **公开号：**CN202111594993.6

- **名称：**一株能有效缓解糖尿病的植物乳杆菌
- **公开号：**CN202010223696.X

- **名称：**一种对脑卒中具有保护作用的植物乳杆菌
- **公开号：**CN202010135379.2

- **名称：**一种用于缓解咽炎的唾液乳杆菌
- **公开号：**CN202010137606.5

- **名称：**一种调控嗜热链球菌胞外多糖含量的方法
- **公开号：**CN201911395263.6

- **名称：**益生元在肠道环境中促进植物乳杆菌生长的应用
- **公开号：**CN201911271422.1

- **名称：**植物乳杆菌在缓解肠炎的功能性食品中的应用及功能性食品
- **公开号：**CN202011559546.2

- **名称：**一种降低菌株胆固醇能力的方法
- **公开号：**CN202011577723.X

- **名称：**一种利用益生元富集有益菌的方法
- **公开号：**CN202011551643.7

- **名称：**一种发酵牛油果及其制备方法
- **公开号：**CN202110125765.8

002 | 上海主要地产鲜食果蔬中多重危害因子复合污染的风险评估

- **主持及参加单位：**上海市农业科学院、浙江省农业科学院、江苏省农业科学院、上海海洋大学、上海市农业技术推广服务中心、上海市农产品质量安全中心
- **参与人员：**韩铮、刘贤金、赵志辉等

科研成果简介

本项目针对上海地产鲜食果蔬中多重危害因子复合污染普遍但风险难以评估的问题，围绕有害微生物、农药残留、真菌毒素、重金属和多环芳烃等危害因子，建立了鲜食果蔬中主要危害因子的高通量精准检测关键技术4项。梳理了桃、葡萄、梨、草莓、黄瓜、番茄、生菜、茼蒿等上海主要地产鲜食果蔬中不同危害因子的污染水平和分布特征。建立了细胞和动物的联合毒性评价模型，揭示了不同危害因子的联合毒性机制和作用靶点；系统评估了果蔬中多种危害因子联合污染的安全风险，对不同危害因子进行风险排序并提出优先监管的种类，形成了风险评估报告8份；追溯不同危害因子的来源和关键控制环节，形成了不同鲜食果蔬中重要危害因子的防控技术规范8项。

本项目相关成果获2020—2021年度神农中华农业科技奖科学研究类二等奖。

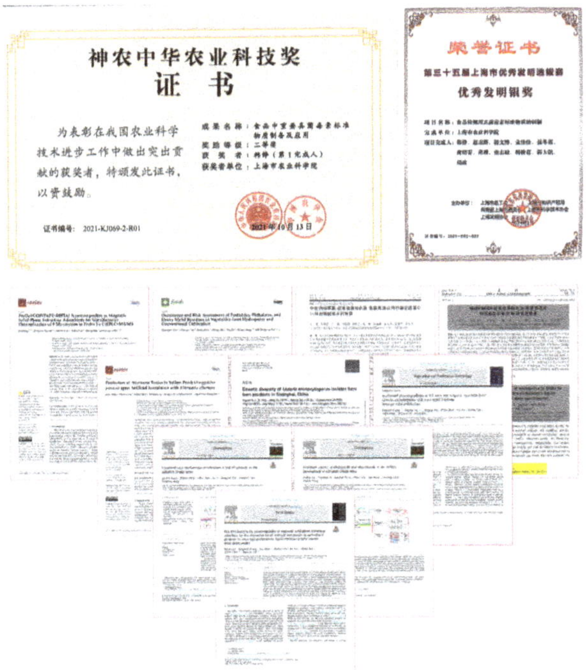

成果推广应用情况及在农业生产中的持续作用

本项目为果蔬中不同危害因子复合污染限量标准的制定及有效防控提供理论基础和科学依据。项目所提出的鲜食果蔬中不同危害因子的复合污染防控建议，可以规范果蔬产品的生产、加工、储存和运输条件，减少多种危害因子的污染，有助于保护生态环境、减少经济损失，具有较高的社会效益；所形成的不同危害因子的检测技术、标准物质、联合毒性评价技术和风险评估模型，为果蔬质量安全提供有效的技术保障和产品支持，促使上海主要地产鲜食果蔬产品的安全监管前移。项目成果在上海农产品质量安全监管中具有较好的推广前景。

¤ 发明专利

- **名称：**一种植物源食品中吡虫啉代谢物的检测方法
- **公开号：**ZL202111356436.0

- **名称：**一种富含 β－葡聚糖的香菇多糖及其制备方法
- **公开号：**CN114062552B

- **名称：**蔬果上氟茚唑菌胺及其代谢物含量的检测方法
- **公开号：**CN114062551B

- **名称：**罗勒烯和 β－石竹烯作为链格孢霉毒素生成抑制剂的应用
- **公开号：**CN114965744B

003 | 上海地区西甜瓜和水稻重要危险性病原的数字 PCR 精准识别检测技术的建立及推广应用

- **主持及参加单位：**上海市农业技术推广服务中心、浙江大学、上海海关动植物与食品检验检疫技术中心、上海星辉蔬菜有限公司
- **参与人员：**罗金燕、陈磊、于翠等

- **科研成果简介**

本项目建立了抗植物样品抑制剂干扰、准确度高、灵敏度高和绝对定量的 4 种水稻和西甜瓜重要病原的数字 PCR 检测体系，降低了检测成本且检测灵敏度高于现行国标实时荧光 PCR 法。在此基础上，通过对上海本地繁制种及市售种子种苗的检测应用，不断改进、完善和优化各项样品处理技术及检测技术，最终制备了 4 种病原的数字 PCR 检测试剂盒并制定了使用规范，为在种苗生产和流通领域应用数字 PCR 技术打下了基础。

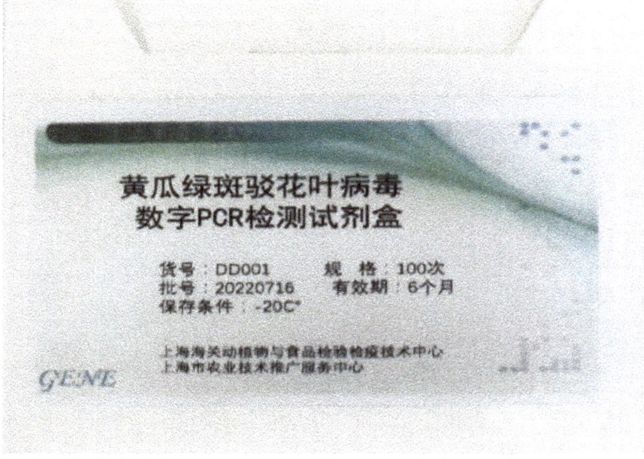

本项目相关成果获2019—2021年度全国农牧渔业丰收奖农业技术推广成果奖二等奖。

- **成果推广应用情况及在农业生产中的持续作用**

本项目检测技术已在国内21个瓜类和水稻种植省份及海南南繁育种基地推广应用。在田间及时发现疫情12起，并及时拦截了携带有瓜类果斑病菌的西瓜种苗和携带有水稻细菌性条斑病菌的水稻种子，做到了早发现、早报告和早处置。通过本项目技术的推广应用，发现了黄瓜绿斑驳花叶病毒、瓜类果斑病菌、水稻细菌性条斑病菌等，避免了疫情的扩散蔓延，保障了粮食作物和经济作物的生产安全，维护了社会稳定。

发明专利

- **名称：**一种用于检测水稻细菌性条斑病菌的引物对及检测方法
- **公开号：**ZL202110553869.9

- **名称：**抗瓜类果斑病菌抗体及其应用
- **公开号：**ZL202210203866.7

- **名称：**一种利用茄子叶片提取液制备纳米银颗粒的方法、产品和应用
- **公开号：**ZL202210121125.4

004 | 上海地区稻谷及其制品中稻曲菌素污染的发生及防控技术研究

- **主持及参加单位：**上海市农业科学院、中国水稻研究所
- **参与人员：**范楷、韩铮、赵志辉等

- **科研成果简介**

本项目针对稻谷及其制品中稻曲菌素污染的问题，建立了稻谷及其制品中多种稻曲菌素的精准检测方法，调查了上海市稻谷及其制品中稻曲菌素污染情况，解析其污染水平与分布特征，阐明稻曲菌素污染发生情况与影响因素，形成了稻谷及其制品中稻曲菌素污染的防控技术规范。本项目的研究将为稻曲菌素的日常监管、风险评估和污染控制等提供理论依据和技术支撑，有助于推动农业经济发展，保障粮食安全和大众身体健康。

- **成果推广应用情况及在农业生产中的持续作用**

本项目所形成的检测、预警、监管、控制等方面的技术将在稻米的生产、加工、储存和运输等过程中具有非常广阔的推广前景和市场前景。稻曲菌素污染发生情况的考察和防控技术的建立，将有利于在后期的农业生产中规范稻米的加工、运输、

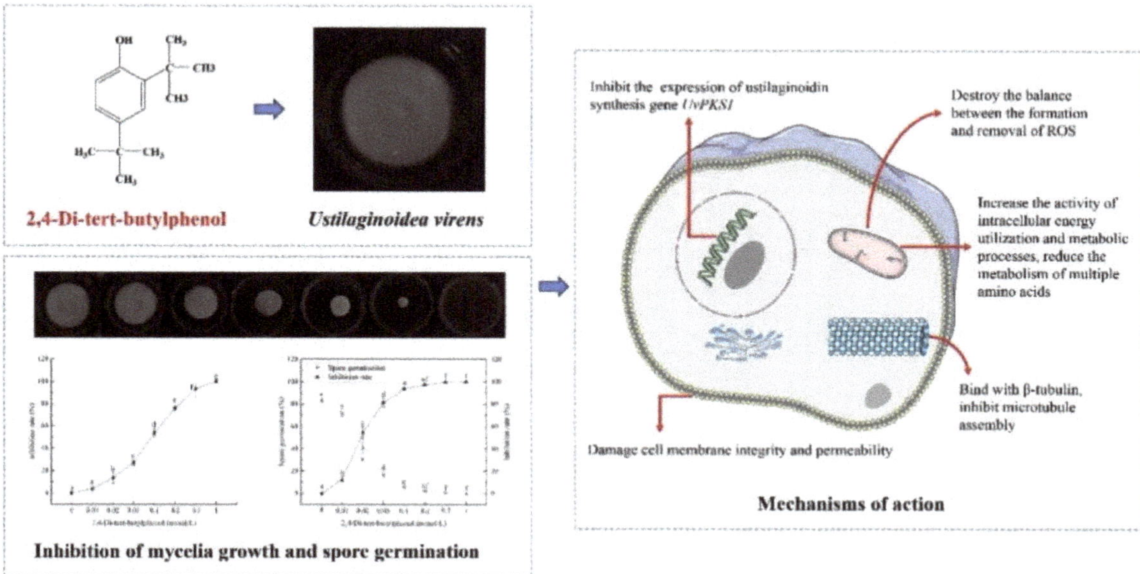

储存条件，减少粮食作物污染，推动农业可持续发展，保障人民的生命和财产安全。

发明专利

- **名称：**一种稻绿核菌生长抑制剂
- **公开号：**CN115500350A

- **名称：**一种去除稻谷中稻曲菌素的方法
- **公开号：**CN115644345A

005 | 稻谷等粮食仓储过程中真菌毒素的变化规律及控制技术研究

- **主持及参加单位：**上海市农业科学院、江苏省农业科学院、上海浦江仓储有限公司
- **参与人员：**韩铮、徐剑宏、赵志辉等

- **科研成果简介**

本项目围绕稻谷等粮食仓储过程中常见危害因子（真菌毒素）的变化规律及控制技术为核心，综合应用多学科手段和方法，通过表型和分子生物学等研究，分离纯化易污染的产毒真菌和毒素，采用精准检测技术和非靶向筛查技术实现了稻谷和小麦等谷物样品中多种真菌毒素快速、高通量筛查。从实验室和实际仓储过程两个维度研究了谷物中真菌毒素的变化规律，发现污染关键环节和影响因素，考察了熏蒸剂、杀菌剂和天然产物对毒素产生的控制效果。本项目成果为农业可持续发展、农产品监管提供科学依据和有效建议。

200种真菌毒素及真菌代谢产物数据库

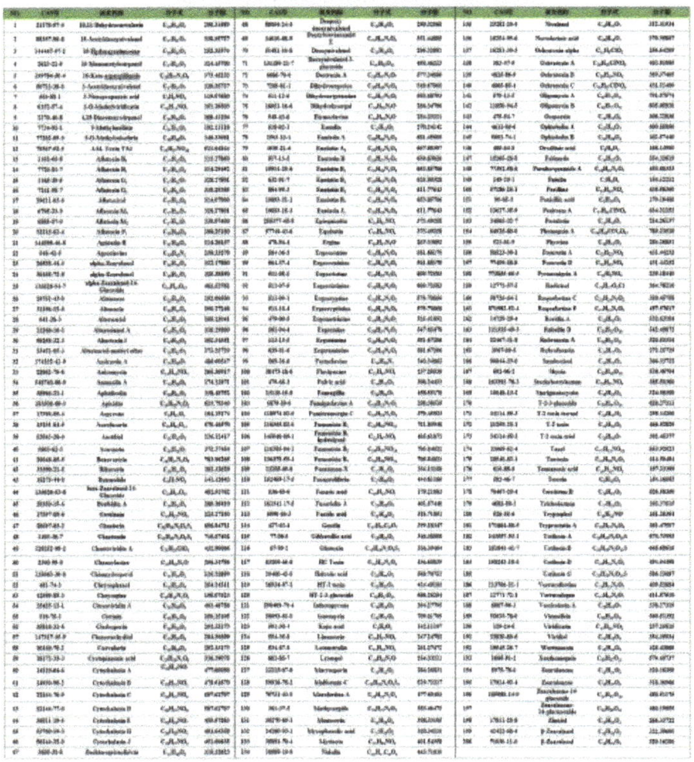

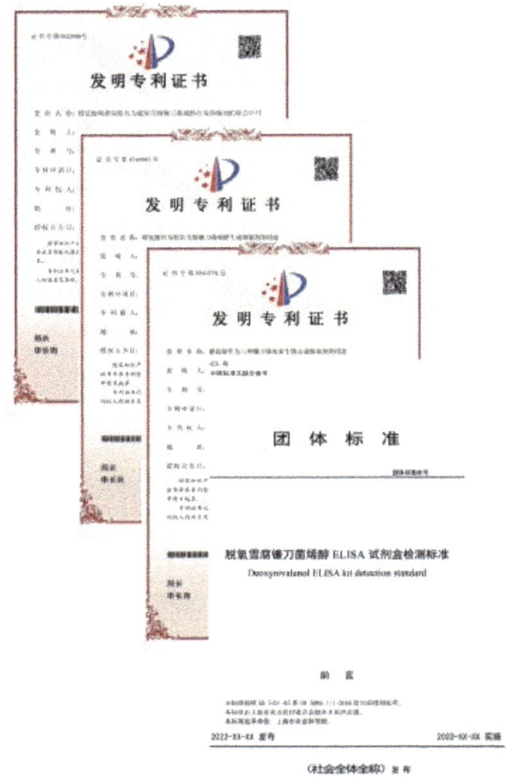

成果推广应用情况及在农业生产中的持续作用

本项目研究揭示了仓储过程中的真菌毒素变化规律，对于农产品的仓储过程将具有很重要的指导意义和借鉴作用。建立的靶向性和非靶向性毒素筛查技术平台，可为政府监管部门、企事业单位、研究院所甚至个体生产商和消费者提供技术支持。同时，本项目建立的农产品仓储过程中的防控技术和调整的上海地区实际农产品的仓储条件规范，在未来稻谷和小麦的仓储中必然具有很好的推广前景。

发明专利

- **名称：**精氨酸和蘑菇醇作为脱氧雪腐镰刀菌烯醇合成抑制剂的联合应用
- **公开号：**CN113854292B

- **名称：**精氨酸作为脱氧雪腐镰刀菌烯醇生成抑制剂的用途
- **公开号：**CN112841212B

- **名称：**精氨酸作为链格孢毒素生物合成抑制剂的应用
- **公开号：**CN202111295871.7

- **名称：**蘑菇醇作为三种镰刀菌毒素生物合成抑制剂的用途
- **公开号：**CN113875754B

006 | 抗氧化功能性糙米加工关键技术研发与示范

- **主持及参加单位：**上海交通大学、上海瀛丰五斗生态农业发展有限公司
- **参与人员：**宋立华、李云飞、张建华等

- **科研成果简介**

本项目将氢技术应用于全谷物糙米的加工，建立和优化了富氢水加工发芽糙米的绿色新工艺，在显著提高糙米发芽率的同时改善了发芽糙米的食用口感和蒸煮特性，增强了发芽糙米的功能营养特性，为功能性营养主食的开发奠定了原料基础。本项目针对特殊人群的营养需求，利用富氢水发芽糙米，开发了 6 种可应用于高胆固醇血症、高血压及减肥人群的发芽糙米配方食品和 1 种适用于吞咽障碍人群的发芽糙米配方食品。

- **成果推广应用情况及在农业生产中的持续作用**

本项目与上海瀛丰五斗生态农业发展有限公司合作进行了中试生产，成果推广还在持续进行中。

发明专利

- **名称：**一种富氢水加工发芽糙米的工艺优化方法
- **公开号：**ZL202010613596.8

- **名称：**一种发芽糙米功能性代餐食品
- **公开号：**ZL202110644855.8

007 | 藜麦米分级加工定等与贮藏关键技术及示范应用

- **主持及参加单位：**上海理工大学、光明农业发展（集团）有限公司
- **参与人员：**管骁、曹洪伟、易峰等

- **科研成果简介**

本项目建立了对藜麦皂苷含量快速测定的分光光度法，与高效液相色谱法相比，测量误差约为 9.72%。基于藜麦的多种健康功效，开发了藜麦面条、藜麦面包、藜麦酸奶、藜麦油、藜麦乳等 5 款藜麦新型食品。建立了藜麦米精准适度碾磨可控分级加工技术，制定了藜麦米分级质量标准，实现了藜麦米 4 个不同层次的质量定级。建立了藜麦米微波预处理结合真空贮藏保鲜技术，与传统热风处理方法相比，贮藏 4 周时脂肪酸值降低了 27.43%、霉菌数量降低至 40CFU/ 克，贮藏期延长 6 个月以上。制定了中国粮油学会团体标准“藜麦粉”1 项，授权发明专利 2 件，发表 SCI 论文 10 篇，培养硕士研究生 3 名。

- **成果推广应用情况及在农业生产中的持续作用**

本项目通过藜麦绿色高值化加工技术创新和专用装备研发，建立了完整的藜麦加工和产品创新体系并示范推广，发明了藜麦皂苷的高效制备与定量方法，创新了干法精准分层研碾技术，研制出智慧型谷物柔性分层处理装备。解决了非发酵型藜麦蛋白饮料生产的技术瓶颈，研发出感官与营养平衡的产品。改良了藜麦酸奶发酵体系，提升了产品品质。此外，项目还研究了藜麦粉替代面粉对面条、面包等产品的影响，建立了科学的复配体系，开发出优质藜麦主食化产品并进行示范推广应用。这些成果为藜麦产业的持续发展提供了有力支撑。

发明专利

- **名称：**利用藜麦制备皂苷的方法及藜麦皂苷的分离鉴定法
- **公开号：**ZL202110865514.3

- **名称：**一种藜麦肽纳米载体及其制备方法和应用
- **公开号：**ZL202210740587.4

008 基于降解酶制剂的粮食中呕吐毒素污染的安全控制技术研究及示范应用

- **主持及参加单位：**中国科学院上海营养与健康研究所、上海良友物流集团股份有限公司
- **参与人员：**武爱波、陆爱民、余佃贞等

科研成果简介

本项目围绕粮食中呕吐毒素污染的防控问题，从生防拮抗真菌木霉等生物源材料中挖掘出编码DON毒素降解酶相关的关键基因，创制出DON等毒素降解酶。构建了食品真菌毒素生物合成与降解数据库Biodegrador、ToxinDB等，成功模拟部分毒素降解反应规则。建立了不同人源性细胞、肉鸡、仔猪等靶动物体内呕吐毒素安全性评价技术体系，并在食品科学领域顶刊综述中提出解决食品呕吐毒素污染难题必须依赖生物源性降解酶及其安全控制策略。

成果推广应用情况及在农业生产中的持续作用

本项目产出的DON毒素降解酶制剂，主要靶向食品原料粮食中DON毒素生物源性安全控制，获国家粮食、饲料等专业机构测试验证。降解酶制剂的关键原始菌株及相应技术资料已通过排他性许可转让，为后期大范围推广应用该降解酶制剂产品提供了资质保障。基于该降解酶制剂生产的美邦净（原酶）在粮食及加工副产物、饲料加工与制粒等不同场景应用，用户反馈良好。

发明专利

- **名称：**枳壳内生真菌及其在拮抗真菌及降解真菌毒素中的应用
- **公开号：**ZL202011481223.4

- **名称：**降解真菌毒素的多功能酶及其应用
- **公开号：**ZL202011056471.6

009 | 农产品中重金属快速精准检测试纸条的制备和示范

- **主持及参加单位：**上海师范大学
- **参与人员：**伍晓斌、李晶、徐乃丰等

科研成果简介

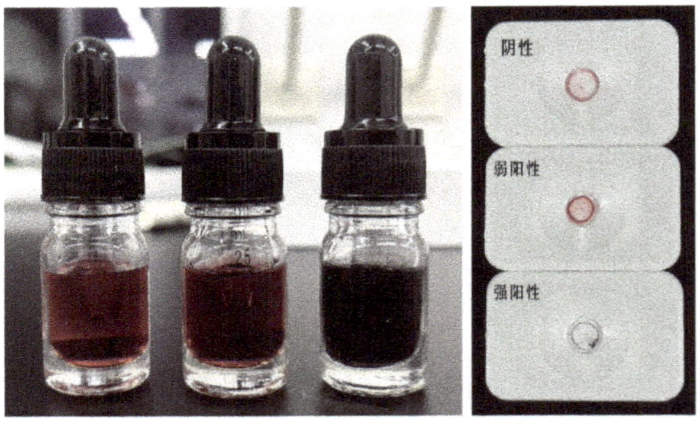

本项目建立了敏感、有效的重金属离子螯合剂的筛选体系，并最终得到对菌株具有最优保护和恢复作用的41种化学毒性较小的、最具可能性的、价格较低的螯合剂。鉴定了筛选出的高效、专一、安全并能产生颜色反应的重金属离子螯合剂，如铅和铬离子螯合剂DMSA、铜离子螯合剂BCS、镉离子螯合剂ADA、汞离子螯合剂BDTH2。成功制备了检测大米、小白菜、牛奶、葡萄、桃子和大豆中重金属铅离子的试纸条，检测限为0.000 4毫克/千克，检测时间在30分钟内；检测重金属铬离子的试纸条，检测限为0.03毫克/千克，检测时间在5分钟内；检测铜离子的试纸条，检测限为0.5毫克/升，检测时间在1分钟内；检测重金属镉离子的试纸条，检测限为0.022毫克/千克，检测时间在1分钟内；检测重金属汞离子的试纸条，检测限为0.000 6毫克/千克，检测时间在1分钟内。

成果推广应用情况及在农业生产中的持续作用

本项目研发的快速检测产品在上海、湖北和浙江的5家企业进行示范应用，检测样品500份，每家企业各检测样品达100份。

发明专利

- **名称：**一种快速检测铜离子的方法和试剂盒
- **公开号：**CN202210894222.7

- **名称**：一种快速检测镉离子的方法及试剂盒
- **公开号**：CN202311589379.X

- **名称**：一种快速检测铬离子的方法及试剂盒
- **公开号**：CN202311588787.3

- **名称**：一种比色检测铅离子的方法及试剂盒
- **公开号**：CN202311829211.1

- **名称**：一种无籽金纳米材料的合成 检测汞离子的方法及试剂盒
- **公开号**：CN202410429283.5

010 | 特色绿叶蔬菜生产加工产业链品质提升和示范应用

- **主持及参加单位**：上海市质量监督检验技术研究院、上海市农产品质量安全中心、上海百蒂凯蔬果种植专业合作社、上海绿立方农业发展有限公司
- **参与人员**：葛宇、丰东升、冷桃花等

- **科研成果简介**

本项目开展特色绿叶蔬菜标准化种植、加工和运输全产业链技术研究及质量安全和营养品质分析，为优质营养型绿色蔬菜的示范推广提供充足的数据支撑，以实现全方位提升绿色蔬菜生产产业链的科学性。建立了 2 套蔬菜种植标准化技术规程、1 套鲜切加工标准化规程、1 套冷链运输标准化技术规程和 1 套常温运输标准化技术规范；开发了 3 套功效成分及安全指标的检测新技术，获授权发明专利 1 项。

- **成果推广应用情况及在农业生产中的持续作用**

本项目种植、加工等技术规范已推广

至上海市多家蔬菜种植加工企业，累计实现了 1 000 亩绿色生食蔬菜的种植示范基地、日产 10 ~ 15 吨鲜食蔬菜加工推广示范基地及种植面积为 5 000 平方米的无土栽培蔬菜示范基地，每年为推广企业增值上百万元收益，取得了良好的经济效益和生态效益。

发明专利

- **名称：** 可同时检测多种微生物的多重荧光定量 PCR 检测方法和多重荧光定量 PCR 检测试剂盒
- **公开号：** CN114214443B

011 | 鲜食玉米和黄桃采后升值技术及产品开发

- **主持及参加单位：** 上海市农业科学院、上海绿晟实业有限公司、上海海洋大学、上海银龙农业发展有限公司、上海交通大学、上海闽龙实业有限公司
- **参与人员：** 乔勇进、谢晶、王春芳等

- **科研成果简介**

本项目形成了黄桃、鲜食玉米综合保鲜技术各 1 套，完成了《黄桃采后冷链流通保鲜操作技术规范》和《鲜食玉米采收、贮藏保鲜技术规范》。黄桃、鲜食玉米（糯玉米）保鲜期达到 40 天，损耗率低于 10%。其中，黄桃经过降温（LTC）+ 触媒乙烯吸收剂技术（FT-eco），经 40 天低温贮藏后，褐变指数为 4.2%，腐烂指数为 2.5%，综合损耗率为 6.7%；鲜食糯玉米经臭氧熏蒸处理，低温高湿贮藏 43 天后损耗率为 7.1%。研发上市冻干玉米粒、黄桃冻干片、黄桃果粉、玉米须茶、风味玉米汁饮料产品 5 个，形成相关加工工艺技术 5 套，基地应用年产值实现 1 701.32 万元。申请发明专利 5 件，授权实用新型专利 2 件；发表

论文 20 篇，其中 SCI 论文 13 篇；培养技术人员 6 名。

- **成果推广应用情况及在农业生产中的持续作用**

本项目通过研究气调、冰温等新技术及应用，将鲜食玉米和黄桃保鲜期显著延长。组建系统化采后保鲜和升值技术，研发系列精深加工产品。玉米须、玉米芯等副产物的开发利用，拓展了产业链，优化了鲜食玉米和黄桃产品结构和市场销售模式。研究形成了相应的技术或标准，并在生产加工基地培训了相应的技术人员。本项目形成的技术或标准将在更多企业、更大范围进行示范、应用和推广，形成针对鲜食玉米和黄桃产业发展的新的产业增长点和突破点，构建高质高效的完善产业链，为鲜食玉米和黄桃产业发展提供技术支撑。预计未来 5 年内，黄桃和鲜食玉米贮藏保鲜量年均增长 10% 以上，加工量年均增加 6% 以上，形成黄桃和鲜食玉米标准化保鲜和系列化加工产品，实现市场的常态化保障供应。

发明专利

- **名称：**一种减轻桃果实采后冷害的冰温贮藏方法
- **公开号：**CN202211356113.6

- **名称：**提高黄桃果片总酚含量和原花青素含量的方法
- **公开号：**CN202210466476.9

- **名称：**延长冷冻甜玉米货架期的方法
- **公开号：**CN202211320737.2

- **名称：**一种益生面条的制备方法
- **公开号：**CN202311270807.2

- **名称：**玉米芯提取物及其制备方法与应用
- **公开号：**CN202310415047.3

实用新型专利

- **名称：**一种维生素 C 测定样品准备仪
- **公开号：**ZL202121477350.9

- **名称：**一种湿度可调的二氧化氯保鲜箱
- **公开号：**ZL202123076022.0

012 | 即食果蔬中致病菌风险监测及建模评估研究

- **主持及参加单位：** 上海理工大学
- **参与人员：** 董庆利、秦晓杰、刘阳泰等

● 科研成果简介

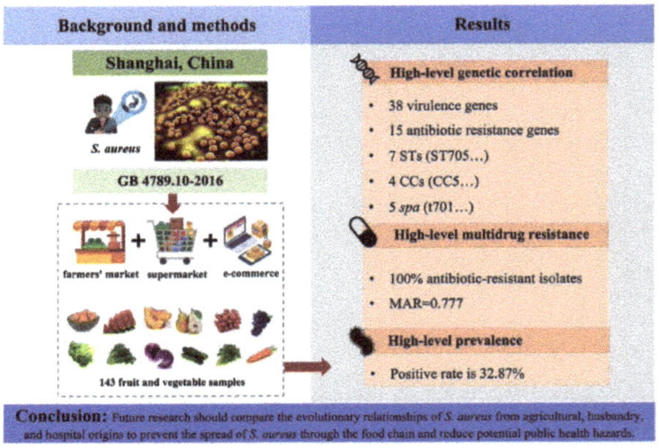

本项目开展沪产沪销即食果蔬中主要致病菌的污染监测、智能识别和风险参数优化、交叉污染建模和快速风险评估系统构建，明确了致病菌在即食果蔬中的污染分布，建立了原始监测数据真实化处理及定性–定量数据转化方法，分析了分离菌株的耐药性等生物学特性，提出了一种基于人工智能单细胞拉曼光谱的食源性致病菌精确识别通用算法；定量分析了不同生物被膜态致病菌在即食果蔬及相关接触表面的单次接触和连续接触转移、残留情况，并利用模型分析转移规律；系统整合了果蔬类农产品/食品监测获得致病菌的污染情况，搭建了定量风险评估及预警系统，形

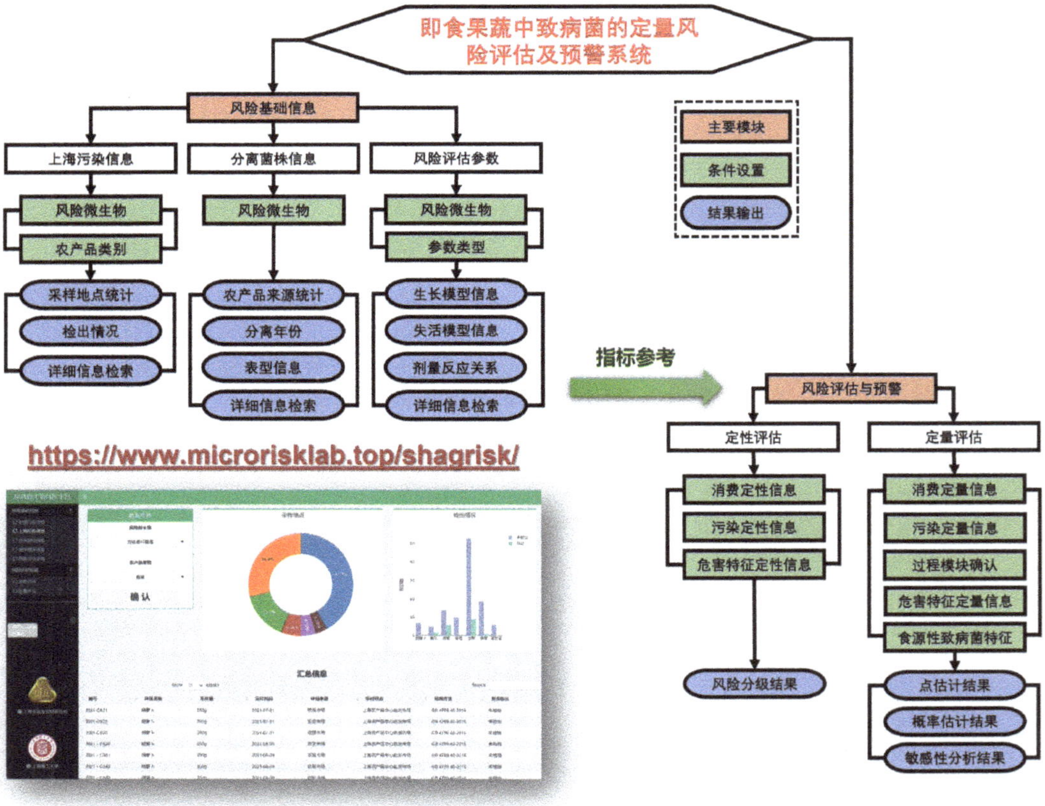

成了可视化操作界面，并实现了部分检索、统计、预测、评估等功能。

- **成果推广应用情况及在农业生产中的持续作用**

本项目围绕“智能识别 – 优化模型 – 实时平台”研发主线，集合从生产到消费果蔬中致病菌的消长动力学模型，改进复杂模型的精准算法，构建风险精准评估平台，已在多家重点果蔬企业推广示范。

软件著作权

- **名称：**食品微生物风险评级平台 V1.0
- **公开号：**2022SR0337313

013 | 蔬菜绿色生产方式精准识别技术研究和可视化应用

- **主持及参加单位：**上海市农业科学院、上海市农产品质量安全中心
- **参与人员：**宋卫国、刘星、邓波等

- **科研成果简介**

本项目围绕上海市农产品质量安全与溯源技术需求进行研发，取得了一系列成果。首先，建立了上海地产蔬菜稳定同位素丰度数据库，涵盖 1 251 个蔬菜样品，为蔬菜溯源提供了基础数据支撑。其次，开发了基于 $\delta^{15}N$ 值的有机蔬菜识别模型，判别准确率达到 81.38%，提升了有机蔬菜的

蔬菜溯源可视化系统

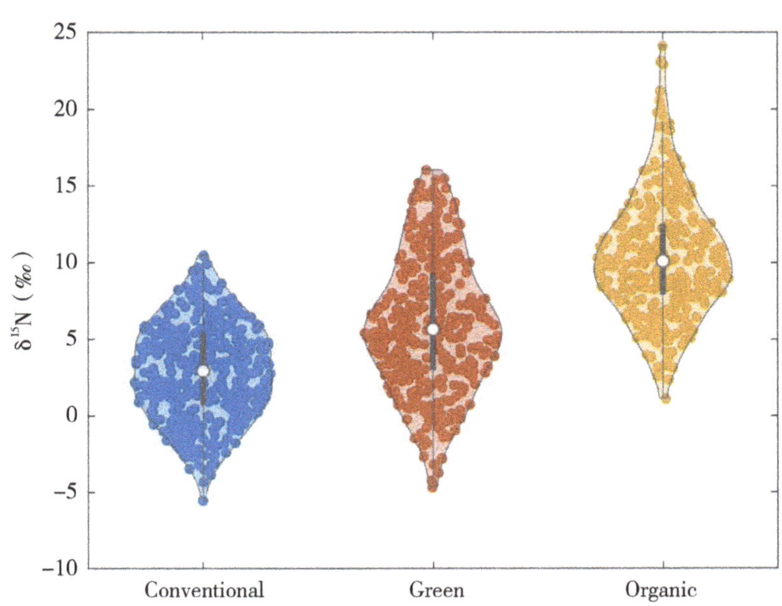

蔬菜的氮稳定同位素分布

鉴别能力。在此基础上，制定了青菜、生菜、杭白菜和番茄的有机绿色精准识别技术标准操作规程（SOP），为规范化检测提供了技术依据。项目还构建了蔬菜溯源可视化系统，完成了对上海市场蔬菜的精准识别与溯源分析。通过系统研究，形成了市场蔬菜种植模式和产地排他性识别评估报告，为政府部门监管决策提供了科学依据。这些成果为蔬菜种植模式识别和产地判别提供了可靠的技术支撑。

- **成果推广应用情况及在农业生产中的持续作用**

本项目得到的识别有机蔬菜的氮稳定同位素阈值，正应用于市场有机蔬菜验证。随着所构建的蔬菜溯源可视化系统的逐渐完善，已开始应用于豇豆、桃和水产品（鲈鱼、中华绒螯蟹）的产地溯源。

软件著作权

- **名称：**有机蔬菜识别可视化溯源系统 V1.0
- **公开号：**2024SR0239021

- **名称：**基于机器学习的绿色蔬菜产地溯源系统 V1.0
- **公开号：**2024SR0238646

- **名称：**生鲜食品质量追溯管理系统 V1.0
- **公开号：**2023SR0744565

014 | 鲜切蔬菜加工中质量控制关键技术

- **主持及参加单位：**上海扬升农副产品专业合作社、上海交通大学
- **参与人员：**纪阳、奥岩松、张建华等

- **科研成果简介**

本项目以菠菜、上海青、芹菜、西兰花和细香葱 5 种蔬菜为材料，探究了 4℃冷藏条件下普通包装和真空包装蔬菜的菌落总数变化规律；通过 DNA 提取和 PCR 扩增，对新鲜及腐败蔬菜在属水平上的微生物多样性及相对丰度进行了分析；通过回接实验，筛选、鉴定出 5 种蔬菜中的主要腐败菌。热烫与 1-MCP 处理工艺延缓了冷藏鲜切芹菜、菠菜和上海青的衰老和劣变；充分利用海藻酸钠的抗氧化能力等优化后的复合膜可有效延长鲜切蔬菜的贮藏时间；丝素蛋白－壳聚糖（SF-CS）膜能克服 SF 膜较脆的缺点。肉桂精油微乳液（CEOM）解决了精油在水相中的溶解和稳定性问题，同时提高了抑菌效果。SF-CS-CEOM 可食涂膜处理能将鲜切蔬菜在 4℃下的货架期延长至 10 天。使用核黄素结合蓝光 LED 处理可

使叶绿素降解酶活性降低，减缓了黄化速度；同时，显著抑制了微生物增殖，延缓了失水萎蔫。结合 PLA 包装能将鲜切西兰花在 15℃下的货架期从 4 天延长到 11 天。

- **成果推广应用情况及在农业生产中的持续作用**

本项目具有广阔的市场前景，随着加工技术的不断提升，我国净菜市场发展迅速，净菜产量从 2014 年的 725.7 万吨增长至 2023 年的 2 670.9 万吨，需求量从 2014 年的 647.3 万吨增长至 2023 年的 2 447.4 万吨，市场规模从 2014 年的 570.9 亿元增长至 2023 年的 2 757.5 亿元。

发明专利

- **名称：**一种复合可食用膜液及其制备方法和应用
- **公开号：**CN202311628757.0

- **名称：**一种含丝素蛋白的复合可食用膜液的制备方法及应用
- **公开号：**CN202311500368.X

015 | 上海地产特色果蔬品质快速评价技术及一体化智能装备研发

- **主持及参加单位：**上海海洋大学
- **参与人员：**朱永恒、赵勇、刘海泉等

- **科研成果简介**

本项目构建了基于功能化纸基微流控芯片快速检测地产特色果蔬成分（葡萄糖、蔗糖、果糖、氨基酸、维生素 C、酸度）的

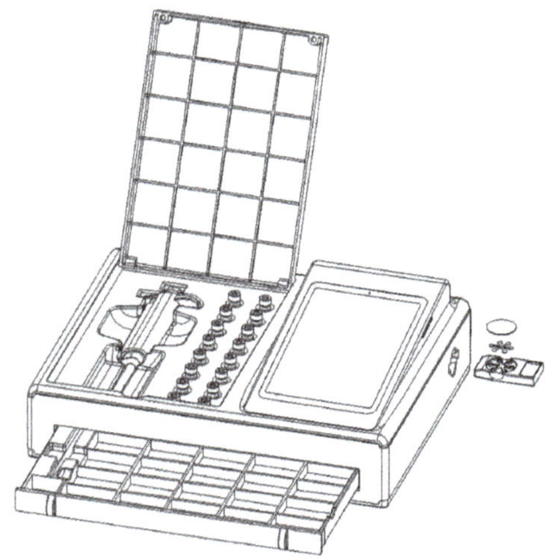

设计图

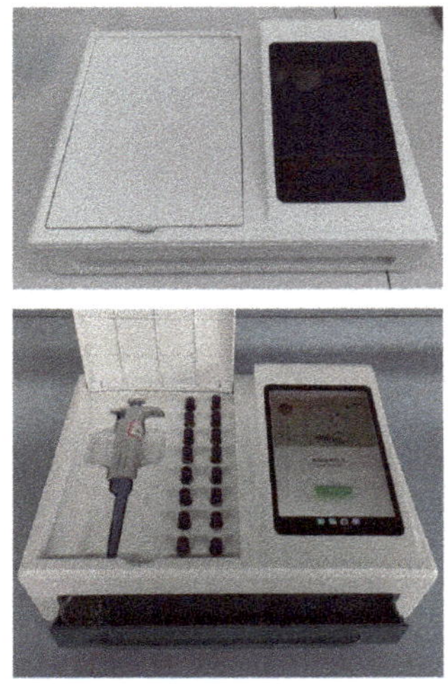

实物图

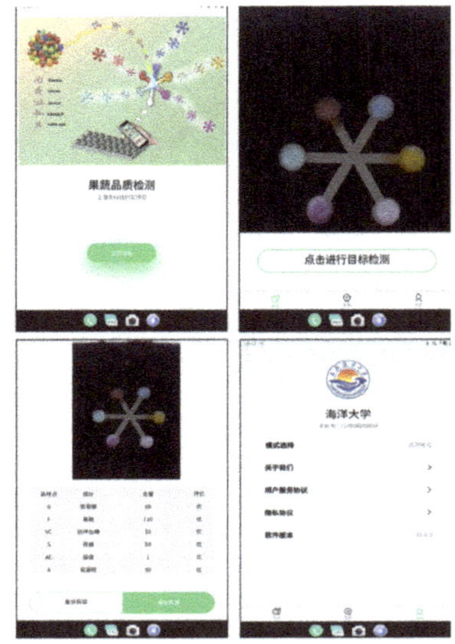

快速检测技术。通过创新设计具有6个检测区域（高通量）的雪花状芯片构型，结合化学/生物双显色检测技术，显著提升了芯片的富集效率及检测的灵敏度和选择性。研发的智能检测样机及应用软件App集成了显色识别、浓度转换和数据自动传输功能，极大地提高了检测效率，并将其成功应用于6种不同果蔬的实际检测，为消费者实时评价果蔬品质及果蔬采摘优化提供科学依据。本项目已发表论文4篇，其中SCI论文3篇、中文科技核心论文1篇；申请专利2项，已授权实用新型专利1项。结合功能化纸基微流控芯片开发了样机1套，并初步建立了果蔬品质数据库。

- **成果推广应用情况及在农业生产中的持续作用**

本项目开发了基于功能化纸基微流控芯片的地产特色果蔬品质的快速评价技术及一体化智能装备样机，并在相关蔬菜种植基地和瓜果专业合作社进行了检测应用，反响良好。在此基础上可建立完整的果蔬品质信息库，预期可为果农的科学种植和采摘、果蔬品质的在线检测等提供科学依据，并以此来指导果蔬的精细化栽培。根据果蔬中特定营养素的变化规律来判断灌溉水及营养液的用量，提高果蔬产量及质量，实现及时有效采摘，保证果蔬的口感和营养价值。同时，该一体化装备不仅能对农贸市场果蔬进行快速检测，还可通过手机App、公示屏、农产品品质物联网监管平台等供监管部门和消费者进行实时查询和监管，为实现农业物联网及现代农业发展搭建新的科技平台。

发明专利

- **名称：** 一种试剂盒及其在果蔬中糖类物质检测中的应用、一种果蔬中糖类物质检测的方法
- **公开号：** CN117147537A

016 | 崇明芦笋质量安全控制技术研究及示范应用

- **主持及参加单位：**上海师范大学、中国科学院上海生命科学研究院、华东师范大学、上海交通大学、上海绿笋芦笋种植专业合作社
- **参与人员：**王元凤、陈守慧、朱品宽等

- **科研成果简介**

本项目聚焦上海崇明芦笋目前存在的各种潜在污染危害，全局性监控芦笋中重金属、真菌毒素的污染，提出真菌毒素源头及采后的脱除治理技术，建立了崇明芦笋中重金属、生物毒素、农药残留等重要危害物的快速检测方法各1套。以哈兹木霉菌株为生物材料来源，将其代谢产物修饰到纳米硒表面，开发了木霉源纳米硒生物肥料及针对芦笋的脱毒技术。实现了崇明芦笋及其制品品质安全保障的全过程监管，为芦笋生产和制品加工企业及政府监管部门提供了强有力的技术支撑。

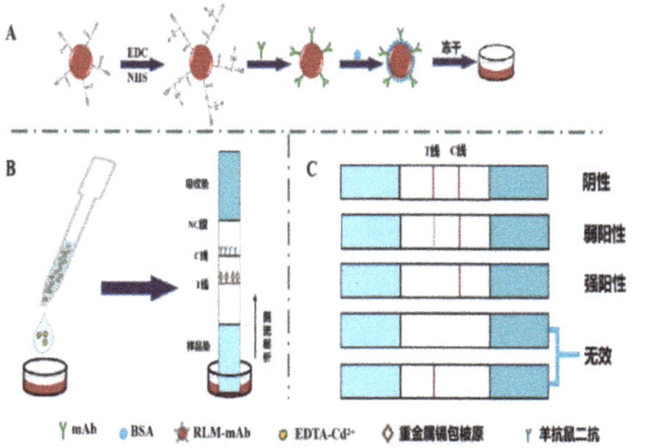

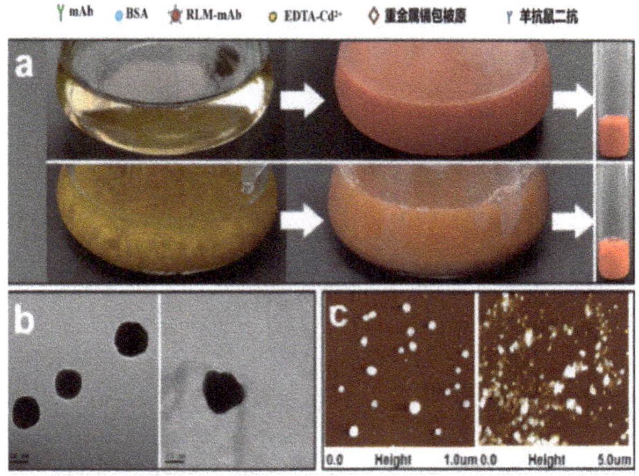

- **成果推广应用情况及在农业生产中的持续作用**

本项目在上海绿笋芦笋种植专业合作社等合作社进行示范应用，通过芦笋中病原微生物防控示范和生物毒素防控示范，改良土壤的同时，减少了芦笋的发病率（由10%减少到1%），提高了芦笋的产量与质量，并打响崇明芦笋在全国市场的品牌。2019年在上海绿笋芦笋种植专业合作社新建85立方米保鲜库一座，保鲜芦笋销往上海超市和全国重点市场，大力推进崇明芦笋绿色生态可持续发展，并为崇明世界级生态岛建设做出贡献。

发明专利

- **名称：**一种快速检测重金属镉的免疫微球层析试纸条及其制备方法
- **公开号：**202110865492.0

- **名称：**Trichoderma-derived selenium nanoparticles foliar fertilizer for reducing
- **公开号：**201910080663.1

- **名称：**一种基于铂包金纳米粒子与碳点间接竞争荧光ELISA检测小分子的方法
- **公开号：**202110435783.6

- **名称：**一种基于响应面分析的双水相萃取花豇豆酯酶的方法
- **公开号：**202111559199.8

017 | 上海区域特色食用菌风味肽的研究和开发利用

- **主持及参加单位：**上海市农业科学院、上海交通大学、上海鑫迪食品有限公司、上海菇林源菌业专业合作社
- **参与人员：**杨焱、李文、陈万超等

- **科研成果简介**

本项目从上海区域特色食用菌——大球盖菇和双孢蘑菇中分离到5种风味肽，解析了其氨基酸序列结构，明确了其主要呈味机理；获得大球盖菇和双孢蘑菇风味富集的采后最佳干制技术各1项，EUC值分别提升了22.5%和18.1%；开发了一种连续酶解制备大球盖菇风味肽工艺，可溶性肽含量达到245.4毫克/克；开发了一种超声辅助酶解制备大球盖菇和双孢蘑菇基料的新工艺，肽含量分别达到492.8毫克/克和518.5毫克/克。申请国家发明专利6项；发表论文13篇，其中SCI收录6篇。

- **成果推广应用情况及在农业生产中的持续作用**

本项目采用大球盖菇、双孢蘑菇的残次菇，创新了物理场辅助生物酶解定向制备呈味活性肽技术，显著提升了肽含量及呈味基料的咸鲜味特性，风味肽含量达30%～40%，鲜味和咸味感官指标提升1.3～1.8倍，ACE酶抑制活性提升3倍，达到呈味特性和降压活性双重提高效果。项目开发的大球盖菇风味肽菇精、大球盖菇肽面条、复合菇酱及玉米菇粉脆片等4种菌菇风味及休闲食品，拓展了残次菌菇的加工利用方向，在增强食品风味的同时还具有减盐、降血压、降血糖等功能，应用前景广阔。

发明专利

- **名称：**一种大球盖菇可溶性风味肽及其制备方法和应用
- **公开号：**CN115287320B

- **名称：**一种大球盖菇风味活性肽基料及其制备方法和应用
- **公开号：**CN114468311A

- **名称：**具有降血压功能的大球盖菇咸味活性肽及其应用
- **公开号：**CN115819503A

- **名称：**一种大球盖菇菌丝体风味肽及其制备方法和应用
- **公开号：**CN116217659A

018 | 食用菌 β－葡聚糖高效制备关键技术研究与产品开发

- **主持及参加单位：**上海市农业科学院、上海应用技术大学、上海百信生物科技有限公司、上海春芝堂生物制品有限公司
- **参与人员：**常雅宁、唐黎华、于富民等

科研成果简介

本项目研究了18种食用菌中β－葡聚糖在提取物和细胞壁中的分布规律，优选出绣球菌、猴头菇、灵芝等富含β－葡聚糖的优质原料。建立了食用菌β－葡聚糖高效提取制备工艺，包括碱提法和蒸汽爆破法，猴头菇、绣球菌多糖得率和β－葡聚糖含量较传统方法均大幅提升。研发了高压均质法改性加工提升食用菌β－葡聚糖溶解度的技术，使β－葡聚糖溶解度提升了近7倍。开发了以灵芝β－葡聚糖为核心功能因子的灵芝多糖饮品2款，已完成成果转化和产业化；开发出以β－葡聚糖为功能因子的猴头菇口服液、绣球菌饮品和绣球菌压片糖果产品各1个，并进行了中试生产。申请发明专利3件，目前已授权2件；发表论文7篇，其中SCI论文5篇。

成果推广应用情况及在农业生产中的持续作用

本项目在获得功能性β－葡聚糖高效制备技术的基础上，将进一步进行工艺熟化，解决其共性生产技术问题，保障功能性配料的供给；后续将针对产品的产业化技术及成果转化需求，不断完善以食用菌β－葡聚糖为主要功能成分的产品配方，丰富产品形态，推动更多产品进入市场。另外，基于现有研究基础结合标准研制部门推动β－葡聚糖检测方法标准化进程，为后续配料和产品的质控提供支撑。

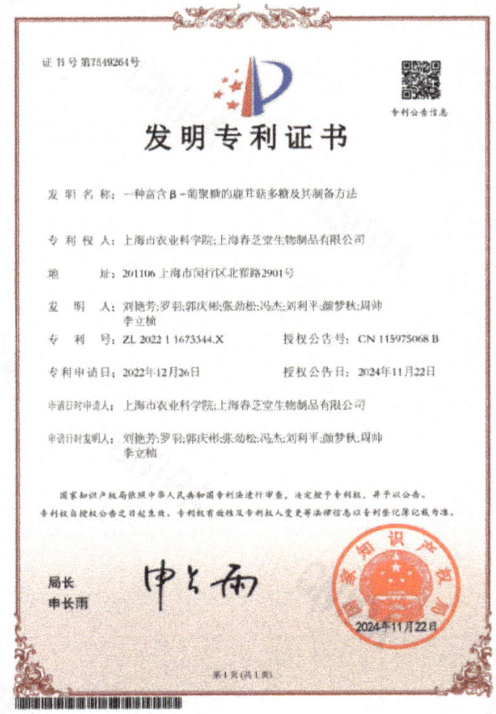

证书号第7549264号

专利公告信息

发明专利证书

发明名称：一种富含β–葡聚糖的鹿茸菇多糖及其制备方法

专利权人：上海市农业科学院;上海春芝堂生物制品有限公司

地址：201106 上海市闵行区北翟路2901号

发明人：刘艳芳;罗羽;郭庆彬;张劲松;冯杰;刘利平;颜梦秋;周帅;李立楠

专利号：ZL 2022 1 1673344.X　　授权公告号：CN 115975068 B

专利申请日：2022年12月26日　　授权公告日：2024年11月22日

申请日时申请人：上海市农业科学院;上海春芝堂生物制品有限公司

申请日时发明人：刘艳芳;罗羽;郭庆彬;张劲松;冯杰;刘利平;颜梦秋;周帅;李立楠

国家知识产权局依照中华人民共和国专利法进行审查，决定授予专利权，并予以公告。

专利权自授权公告之日起生效。专利权有效性及专利权人变更等法律信息以专利登记簿记载为准。

局长
申长雨

国家知识产权局
2024年11月22日

第1页(共1页)

发明专利

- **名称：** 一种富含β–葡聚糖的香菇多糖及其制备方法
- **公开号：** ZL202311323193.X

- **名称：** 一种富含β–葡聚糖的鹿茸菇多糖及其制备方法
- **公开号：** ZL202211673344.X

019 | 地产草莓、蓝莓中农药多残留精准识别检测技术研发及应用示范

- **主持及参加单位：** 上海市农业技术推广服务中心、浙江大学、浙江昊天检测技术服务有限公司
- **参与人员：** 赵莉、郭逸荣、赵颖等

科研成果简介

本项目围绕农产品日常检测过程中常规的大型分析仪器难以满足田间地头、生产基地、批发市场、进出口岸等农残快速精准识别的痛点问题，从农药抗原和农药单克隆抗体优化筛选开始，依托胶体金免疫层析技术及QuEChERS前处理方法，建立了一套基于胶体金免疫层析技术的快速

筛查草莓、蓝莓中吡虫啉、啶虫脒、噻虫嗪等 11 种农药残留的方法，对于保障食用农产品质量安全与民众健康、推动农业可持续发展和促进生态环境稳定具有十分重要的现实意义。

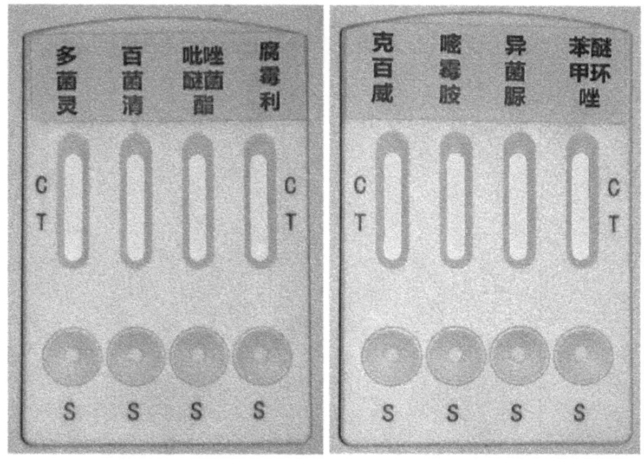

- **成果推广应用情况及在农业生产中的持续作用**

本项目开发的吡虫啉、啶虫脒、噻虫嗪等 11 种农药胶体金试纸条已在 2 家草莓生产基地和 1 家蓝莓生产基地进行示范推广，年监测量 500 份以上。胶体金试纸条测试结果与仪器分析结果一致性为 100%，为本市即食水果质量安全监管做出重要贡献。

发明专利

- **名称：**一种抗氨基甲酸酯类农药的宽谱单克隆抗体及其可变区序列
- **公开号：**ZL202111320900.0

- **名称：**一种特异性抗百菌清抗体的可变区序列及其重组全长 IgG 抗体
- **公开号：**ZL202110805530.3

- **名称：**一种特异性抗异菌脲的单克隆抗体及其重组表达质粒
- **公开号：**ZL202310278309.6

020 | 多味浆果类水果资源开发与精深加工技术研究示范

- **主持及参加单位：**上海绿晟实业有限公司、上海理工大学
- **参与人员：**程朝辉、李保国、吴金花等

- **科研成果简介**

本项目完成了对草莓、蓝莓、无花果等多味重组水果进行真空冷冻干燥过程的研究，制定了《真空冷冻干燥多味重组水果技术操作规程》，相关产品达到国家标准要求；开发了系列真空冷冻干燥多味重组水果产品，获得全球食品安全（BRC）认证；取得了多味重组水果的冻结和冻干基础数据，为真空冷冻干燥提供理论支持。发表论文 3 篇，申请国家发明专利 1 件，获得软件著作权 3 项。本项目成果填补了冷冻干燥重组水果的技术和市场领域的空白，

具有重要的理论、推广及应用价值。

- **成果推广应用情况及在农业生产中的持续作用**

本项目对浆果类特色水果进行深度加工开发，带动了上海经济果林产业的发展，尤其是在我国远洋舰艇、航空航天等战略战备果蔬食品供应方面，具有十分深远的意义。在满足国际市场需求的同时，开发适合国内市场的产品，带动了本区域果蔬种植业的发展，促进农民增收、农业增效；延长了农业产业链，实现了产业增值，保障了农业产业的可持续发展，将资源优势转化为经济优势，社会效益显著。

发明专利

- **名称：**一种分离收集装置及方法
- **公开号：**CN202310642453.3

软件著作权

- **名称：**浆果类水果超声波清洗自动控制软件 V1.0
- **公开号：**2022SR1583808

- **名称：**绿晟多味浆果类水果组分自动调节智能控制系统 V1.0
- **公开号：**2022SR1603914

- **名称：**绿晟多味浆果类水果冷冻干燥智能控制系统 V1.0
- **公开号：**2022SR1603915

021 | 球茎类花卉危险性有害生物监测技术研究

- **主持及参加单位：**上海市农业技术推广服务中心、上海海关动植物与食品检验检疫技术中心、浙江大学、华东理工大学、上海种业（集团）有限公司
- **参与人员：**罗金燕、陈磊、于翠等

科研成果简介

本项目完成了上海 7 种主要球茎类花卉（百合、郁金香、水仙、银莲花、风信子、朱顶红、仙客来）危险性有害生物风险评估报告。通过普查郁金香、百合等球茎类花卉，完成了上海球茎类花卉危险性有害生物普查报告 1 份，建立了上海球茎类花卉危险性有害生物可识别 DNA 条形码信息库 1 个。理清了球茎类花卉软腐病菌 *Pectobacterium* 属和 *Dickeya* 属的细菌系统分类地位，建立了相应的普通 PCR 和荧光定量 PCR 特异性检测方法；建立了一种南芥菜花叶病毒的 RPA 结合胶体金试纸条的 RPA-LFD 可视化检测方法；建立了一种西花蓟马酶介导双重指数扩增（EmDEA）检测方法。项目成果为破解和解决球茎类花卉生产中面临的有害生物危害问题，保护上海球茎类花卉生产安全提供了有效途径。

成果推广应用情况及在农业生产中的持续作用

本项目检测了上海市种植的 12 种球茎类花卉疑似球根茎烂病样品 125 个，对扩增产物进行测序分析，结果准确、可靠。联合上海种业（集团）有限公司在其球茎类花卉种植基地建立隔离观察苗圃 3 个，分别为崇明港沿基地、松江五库基地和九亭基地，并在崇明区农技中心港沿、港西、向化等基地，青浦区白鹤基地、辰山植物园及上海鲜花港等球茎类花卉种植基地建立监测点。应用本项目研发的 4 种危险性有害生物的检测方法和构建的危害 7 种球茎类花卉的有害生物可识别 DNA 条形码数据库，对百合、郁金香等种球和成品花的病虫害种类、危害情况进行监测，检测样品 20 709 个，摸清了有害生物发生的情况。

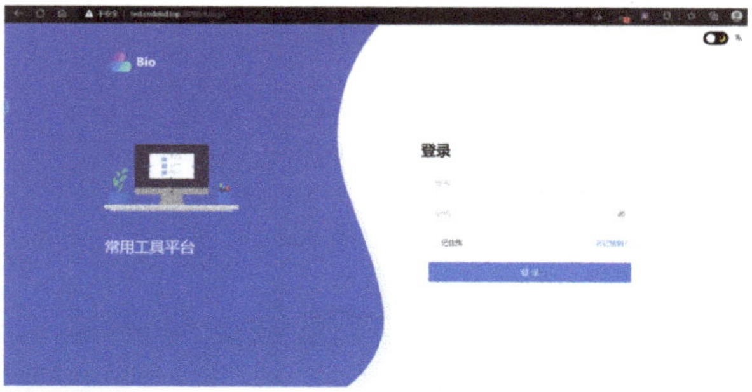

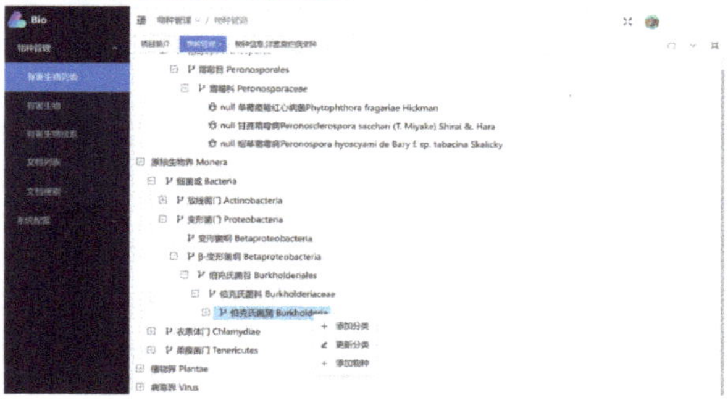

☒ 发明专利

- **名称：**一种高耐镉的生防解淀粉芽孢杆菌及其应用
- **公开号：**ZL202110666584.6

- **名称：**南芥菜花叶病毒 RPA-LFD 可视化快速检测方法的建立
- **公开号：**ZL202410089797.0

- **名称：**一种用于检测和鉴别果胶杆菌属细菌的引物对、试剂盒及方法
- **公开号：**ZL202011414082.6

- **名称：**一种用于检测鉴定狄克氏属细菌的引物对、试剂盒及方法
- **公开号：**ZL202110923299.8

022 基于 IAC 样品前处理的镧系微球试纸条检测体系的水产品中禁用药物和毒素精准检测研究与应用

- **主持及参加单位：**中国农业科学院上海兽医研究所、上海海关动植物与食品检验检疫技术中心
- **参与人员：**王权、李健、蒋蔚等

- **科研成果简介**

本项目围绕水产品中禁用药物和毒素“精准检测”和“快速检测”两大核心问题，综合运用多科学原理、技术和手段，在样品前处理技术和检测技术 2 个维度研究，从技术和试剂盒研究、联用体系创新

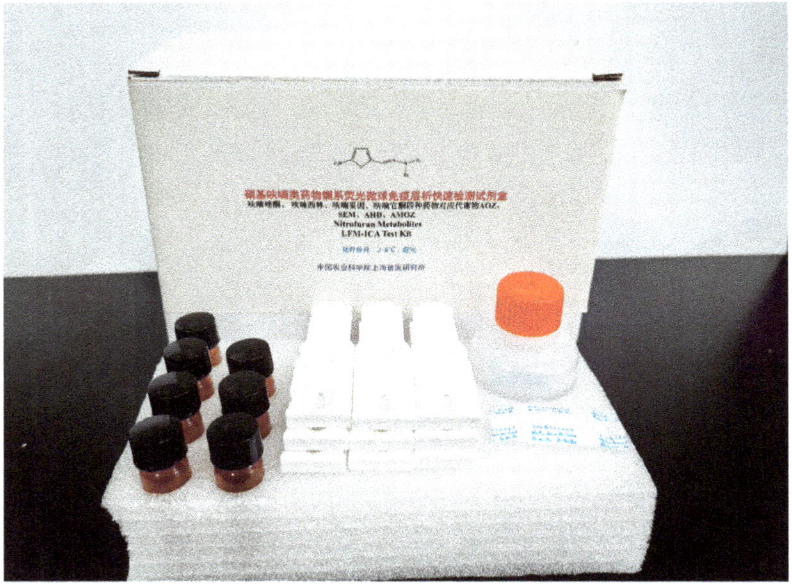

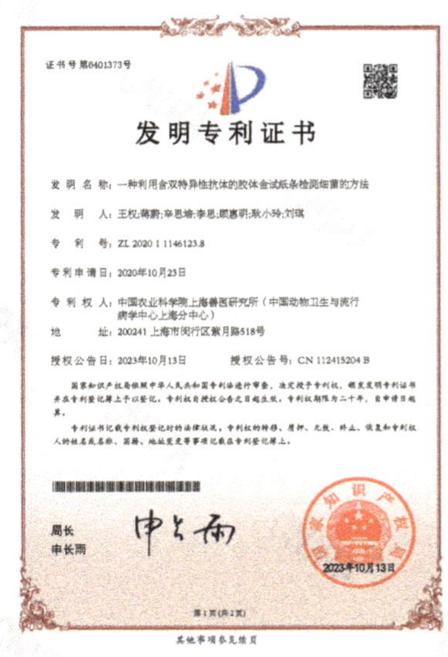

优化、检测体系验证应用三级实施层次，针对药物和毒素小分子完全抗原与抗体、免疫亲和层析柱、镧系微球试纸条制备等关键技术进行了原始和集成创新与应用。基于并行多残留检测及“类”残留检测技术路线的2技术联用检测体系具有操作简单、快速、高通量、稳定、准确、灵敏等特点，孔雀石绿、氯霉素、己烯雌酚、甲孕酮、硝基呋喃类药物、氟喹诺酮类药物等禁用药物和大田软海绵酸的回收率为85.2%～101.55%，相对标准偏差在2.08%～11.23%，检出限为0.014～0.852微克/千克。

- **成果推广应用情况及在农业生产中的持续作用**

本项目研制的水产品中孔雀石绿、氯霉素、己烯雌酚、甲孕酮、硝基呋喃类药物、氟喹诺酮类药物等禁用药物和贝类毒素——大田软海绵酸的镧系微球荧光免疫层析试纸条试剂盒，在海关系统推广运用，完成500多批次和8 000多份样品的检测任务，与商品化的试剂盒相比检测方法操作简便、重复性好，灵敏度高，很好地保障了进出口水生动物及其产品快速通关检测的需要。也在上海2家水产养殖企业进行了实际应用，操作简便，直观可视，定性定量检测均可，适合企业自检，可进行大规模的样品筛查使用。

发明专利

- **名称：**一种利用含双特异性抗体的胶体金试纸条检测细菌的方法
- **公开号：**CN202011146123.8

023 | 水产养殖中重要痕量化学污染物的检测和风险评估

- **主持及参加单位：**上海市农业科学院、上海市水产研究所（上海市水产技术推广站）、上海海洋大学、上海市环境科学研究院
- **参与人员：**宋卫国、饶钦雄、王献礼等

- **科研成果简介**

本项目开展水产品全产业链环境污染物“检测识别－风险评估－产地溯源－污染防控”研究，建立了水产品养殖体系中二噁英、多溴联苯醚、全氟化合物、壬基酚的精准识别和筛查技术体系；明确了污染物在典型水产养殖产业链中的迁移规律和分布特征，揭示了水产养殖中二噁英等化合物污染的关键成因；评估了水产品中污染物的膳食风险；立项上海市地方标准《中华绒螯蟹养殖过程中二噁英及其类似物污染防控技术规范》；申请专利5项，发表论文6篇，建立数据库1个。项目成果有力地保障了上海市水产品的质量安全管控和消费安全。

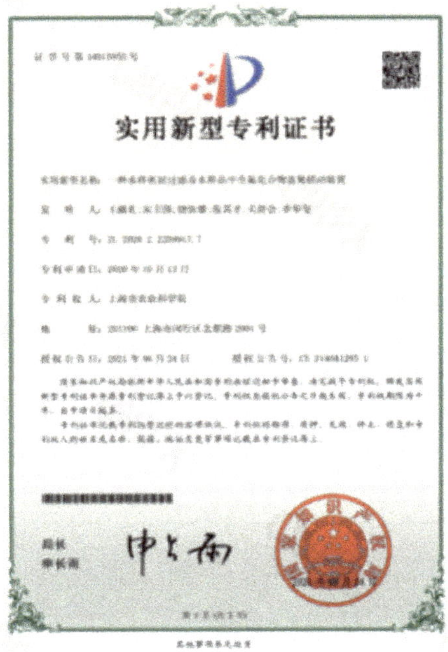

- **成果推广应用情况及在农业生产中的持续作用**

本项目建立了水产品养殖体系中二噁英、多溴联苯醚、全氟化合物、壬基酚的精准识别和筛查技术体系，为后期测定农产品中环境污染物的残留奠定了基础。累计为政府相关部门提供项目建议书3份、风险评估报告4份。承担卫健委2024年国家食品污染物和有害因素风险监测任务，面向企事业单位，开展二噁英类和全氟化合物的检测服务，累计实现创收330余万元。

发明专利

- **名称：**一种低成本替代传统活性炭柱的二噁英净化专用柱及其应用
- **公开号：**CN115228138A

- **名称：**一种水样采集及自动上样一体式采样袋
- **公开号：**CN115228138A

- **名称：**一种硅酸镁凝胶及其制备方法和应用
- **公开号：**CN115124047A

- **名称：**一种水产品中25种多溴联苯醚的高灵敏检测装置及其方法
- **公开号：**CN115561348A

实用新型专利

- **名称：**一种水样密封过滤及水样品中全氟化合物富集联动装置
- **公开号：**CN214041285U

软件著作权

- **名称：**农产品新污染物风险筛查与溯源数据库系统 V1.0
- **公开号：**软著登字第 11795883 号

024 | 大宗淡水鱼土腥味控制与品质提升技术研究及应用

- **主持及参加单位：**上海财宇生态农业科技有限公司、上海海洋大学、喃嵘实业（上海）有限公司、上海市水产研究所（上海市水产技术推广站）
- **参与人员：**李永权、李慷、吴正海等

科研成果简介

本项目聚焦淡水养殖业“品质提升”与“异味控制”两大产业痛点，构建“环境解析 – 技术研发 – 模式优化 – 标准制定”四位一体的创新体系，系统开展草鱼、鲫等大宗水产品土腥味物质的环境行为研究、生态调控技术创新及产业化应用。通过多学科交叉研究，在土腥味物质溯源解析、生态调控技术体系构建、工程化养殖模式创新等方向取得突破，形成覆盖“基础研究 – 技术开发 – 示范推广”全链条的创新成果。项目获授权发明专利 3 项，实用新型专利 5 项，发表 SCI 论文 8 篇。形成的“环境友好型养殖 – 精准化暂养净化 – 品牌化销售”产业模式，为水产养殖绿色转型提供重要技术范式。

成果推广应用情况及在农业生产中的持续作用

本项目相关成果在上海等重要消费市场实现规模化应用，构建起覆盖 2 000 亩示范池塘的技术辐射网络。通过“陆基设施暂养 + 冷链物流”模式，支撑叮咚买菜等新零售平台建立优质水产品供应链，推动传统养殖效益提升 30% 以上。项目形成的

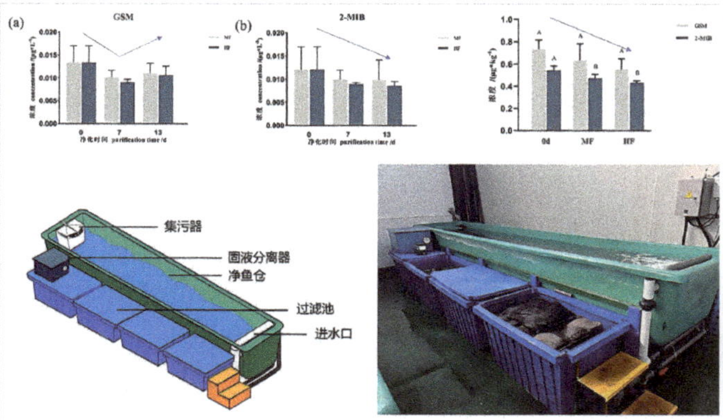

联合研发高效去除土腥味的“净鱼舱”

工厂化流水槽吊水模式应用和项目科研成果

高效去除土腥味的“净鱼仓”设备销售已超1 800万元，相关品质提升技术在多地推广，成为重要的技术范式，为水产养殖业“品质提升”与“异味控制”做出了贡献。

发明专利

- **名称：**一种岸基可拆卸式池塘底层养殖废水净化处理装置
- **公开号：**CN202110840800.4

实用新型专利

- **名称：**一种水产品暂养装置排污管用杂质过滤设备
- **公开号：**CN217160833U

- **名称：**一种水产品暂养装置
- **公开号：**CN216722728U

- **名称：**一种生物养殖水槽
- **公开号：**CN215774959U

025 | 重要动物源耐药病原菌的快速筛查及风险防控研究

- **主持及参加单位：**上海海洋大学、上海市农产品质量安全检测中心、上海海关动植物与食品检验检疫技术中心
- **参与人员：**孙晓红、邓波、黄新新等

- **科研成果简介**

本项目围绕常见的6种食源性致病菌开发基于RAA的快速检测技术，实现快速高效的分离与鉴定，对其进行流行性、毒力、耐药性分析，了解不同产品中各菌株的毒力基因和耐药基因的分布规律，并通过化学和生物方法对其防控。研究开发了多种食源性致病菌的RAA-LFD快速检测技术，开展了上海地产及进入上海的多种畜产品、水产品和养殖环境中重要食源性致病菌污染调查，提出了天然活性物质和噬菌体等绿色生化防控措施，构建了一整套全面、系统的水产品和生鲜乳重要耐药病原菌防控技术体系。授权发明专利2项、实用新型专利4项。

- **成果推广应用情况及在农业生产中的持续作用**

本项目形成出入境检验检疫行业标准1项。针对口岸中进出口食品需快速检测通关的需求，建立单增李斯特菌荧光RAA检测法，并应用于出入境检验检疫食品基质及实际样品中，满足大批量进出口食品，

ICS 07.100.30
CCS X 04

SN

中华人民共和国出入境检验检疫行业标准

SN/T 5516.9—2023

出口食品中致病菌荧光重组酶介导链替换核酸扩增(RAA)检测方法
第9部分:单核细胞增生李斯特氏菌

Real-time recombinase-aid amplification detection method for pathogens in export food—Part 9: *Listeria monocytogenes*

2023-05-05 发布　　2023-12-01 实施

中华人民共和国海关总署　发布

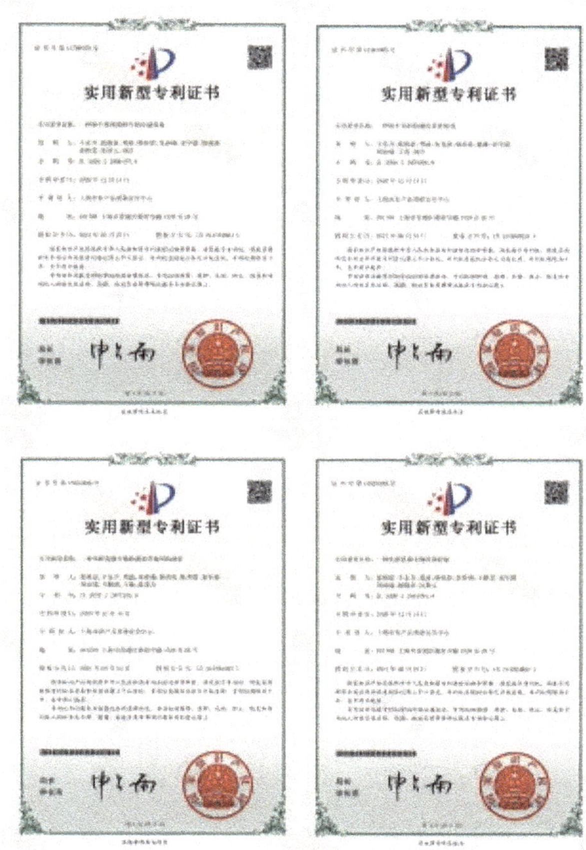

尤其是肉类、海产品及乳制品中单增李斯特菌的快速检测要求，提升政府监管力度，保障食品安全。

发明专利

- **名称：**副溶血性弧菌噬菌体 vB_VpaP_MGD2 及其用途和新型生物杀菌制剂
- **公开号：**CN110616197B

- **名称：**一种基于双重 RAA-LFD 技术检测副溶血性弧菌和霍乱弧菌的引物组、试剂盒及方法
- **公开号：**CN113736897B

实用新型专利

- **名称：**一种奶牛场用新鲜牛奶存储设备
- **公开号：**ZL202022996157.8

- **名称：**一种奶牛饲料检测用采样装置
- **公开号：**ZL202022976508.9

- **名称：**一种生鲜乳微生物检测采样瓶用收纳架
- **公开号：**ZL202022977292.8

- **名称：**一种生鲜乳微生物用采样瓶
- **公开号：**ZL202022981591.9

标准

- **名称：**出口食品中致病菌荧光重组酶介导链替换核酸扩增（RAA）检测方法 第 9 部分：单核细胞增生性李斯特菌
- **公开号：**SN/T 5516.9—2023

026 | 禽蛋中主要危害因子的高效识别和风险评估研究

- **主持及参加单位：**上海市农产品质量安全中心、中国农业科学院上海兽医研究所
- **参与人员：**张维谊、龚海燕、马颖清等

- **科研成果简介**

本项目针对现有检测方法效率低、检测盲点多、微生物信息不全等问题，运用高效识别技术，建立了能够同时检测 219 种药物残留的禽蛋药物多残留非靶向筛查系统和包含 62 种细菌的禽蛋产品微生物组数据库；构建了首个同时包含药物残留和微生物的禽蛋中危害因子高效识别平台。结合禽蛋产品膳食消费数据，首次对本市地产及流通环节禽蛋产品中的危害因子进行风险评估和变化趋势分析，为行业主管部门提供数据支撑和技术支持，确保市民“舌尖上的安全”。

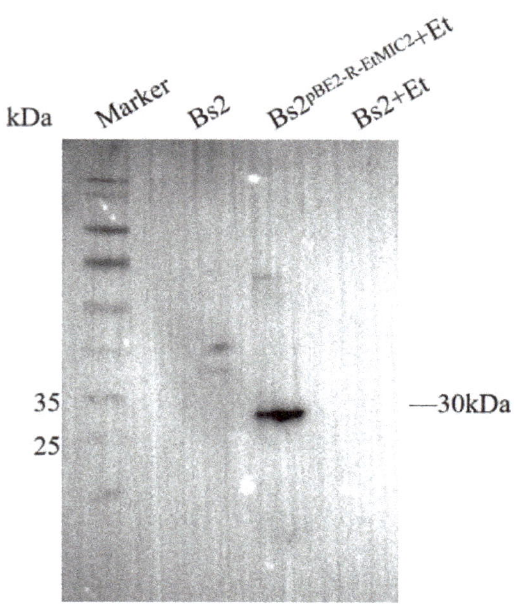

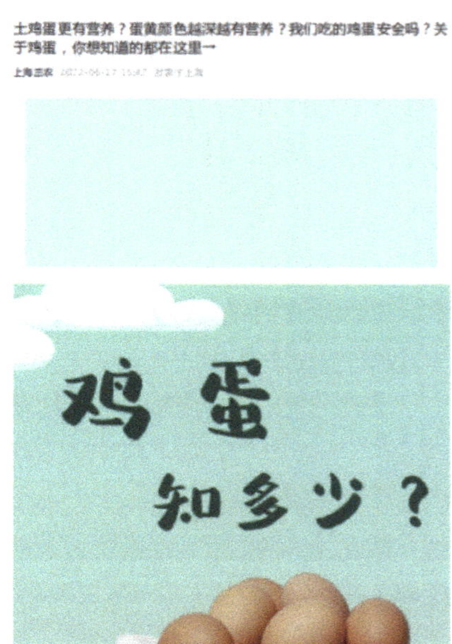

成果推广应用情况及在农业生产中的持续作用

本项目禽蛋中危害因子高效识别平台已筛查禽蛋产品近800批次，禽蛋产品覆盖鸡蛋及鸭蛋、鸽蛋、鹌鹑蛋、鹅蛋等高附加值品种，危害因子风险评估范围覆盖学龄前儿童组、青少年组和成年组等不同年龄段人群的健康，开展鸡蛋食用安全科普活动，为行政监管部门提供技术支撑；为减少或替代抗球虫药物的使用提供新的方案，从而有效降低抗球虫类药物的使用，保护生态环境安全，具有较高的生态效益和社会效益。

实用新型专利

- **名称：**一种禽蛋运输用防震周转箱
- **公开号：**ZL202022237575.9

- **名称：**一种用于禽蛋收纳的分类收纳装置
- **公开号：**ZL202022237581.4

- **名称：**一种用于禽蛋收纳的组合式蛋托
- **公开号：**ZL202022237583.3

027 | 入沪生猪及其制品食源性病原与非洲猪瘟病毒监测、溯源与风险评估

- **主持及参加单位：**中国农业科学院上海兽医研究所、上海市动物疫病预防控制中心、上海市动健生物科技有限公司、上海市动物卫生监督所
- **参与人员：**陈兆国、韩先干、王建等

科研成果简介

本项目围绕严重危害入沪生猪健康及生猪制品质量安全的食源性病原和非洲猪瘟病毒，综合运用现代免疫学和分子生物学技术，建立重要食源性病原检测技术12项、分型技术3项；发现部分入沪生猪弓形虫来源于养殖场，脏器及肉表面沙门菌、链球菌来源于屠宰场，养殖场存在使用非洲猪瘟基因缺失疫苗现象；食用未加工猪肉，弓形虫的感染率为0.15%。本项目成果有效保障了市民的饮食安全，提高了监管效果，促进了养猪业发展。

成果推广应用情况及在农业生产中的持续作用

本项目研究建立的检测、分型和风险评估技术，已成功地运用到上海奉贤、松江和嘉定等区的部分生猪屠宰场、部分种猪和商品猪养殖场、农贸市场、无害化处理中心、动物防疫部门、入沪外来动物及动物产品指定道口、进出口食品公司，以

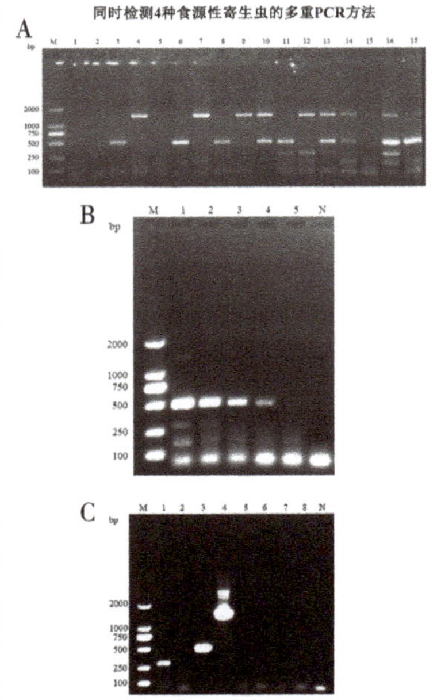

A：多重PCR方法；B：多重PCR方法的敏感性；C：多重PCR方法的特异性

及重庆、广州、惠州等地的部分生猪屠宰场和养殖企业，用于食源性病原与非洲猪瘟病毒的监测、分型与溯源、风险评估研究及监管工作，有效地保障了上述地区居民的饮食安全，提升了生猪产品的质量安全和监管水平，促进了当地养猪业的发展。

发明专利

- **名称：**抗金黄色葡萄球菌单克隆抗体制备、应用及包含其的免疫磁珠
- **公开号：**CN113214390B

- **名称：**抗病原体感染用靶向免疫检测点 PD-L1 的融合疫苗
- **公开号：**CN110327459B

- **名称：**细粒棘球绦虫 Severin 蛋白在检测囊型包虫病和细粒棘球绦虫感染试剂盒中的应用
- **公开号：**CN113354722B

- **名称：**用于住肉孢子虫检测的试剂盒、引物对、探针及方法
- **公开号：**CN113355441B

- **名称：**猪肉中食源性寄生虫的多重 PCR 检测引物组及试剂盒
- **公开号：**CN110452993B

- **名称：**一种用于检测金黄色葡萄球菌的试剂盒、引物对、探针和方法
- **公开号：**CN110195119A

- **名称：**一种用于检测阪崎肠杆菌的试剂盒、引物对、探针及方法
- **公开号：**CN111518935A

- **名称：**一种用于弓形虫基因编辑的 CRISPR/ Cas9 载体的构建方法
- **公开号：**CN114150001A

- **名称：**弓形虫感染 DC 的外泌体制备及其应用
- **公开号：**CN113832103B

- **名称：**一种猪红斑丹毒丝菌及其应用
- **公开号：**CN113897315A

028 | 优质猪肉评价体系研究及相关分子标记的筛选与解析

- **主持及参加单位：**上海市农业科学院、上海市农产品质量安全中心
- **参与人员：**吴潇、张维谊、丰东升等

科研成果简介

本项目完成上海地产猪肉特征品质数据测定分析，形成《上海地产猪肉品质综合评价报告》1 份；建立基于外观、质构、营养和风味物质的优质猪肉评价模型和评价体系，形成《猪肉鲜度评价技术规范》地方标准草案 1 份；制定《上海地产猪肉分级与检测》团体标准 1 项；挖掘优质猪肉特征性品质指标 8 个，筛选与猪肉品质相关的分子标记 30 个，建立猪肉中 9 种呈味核苷酸的高效液相色谱测定方法。

成果推广应用情况及在农业生产中的持续作用

本项目通过对猪肉产品进行外观、质构、营养和风味物质等评价指标的研究，挖掘特征性的营养成分和风味物质，建立

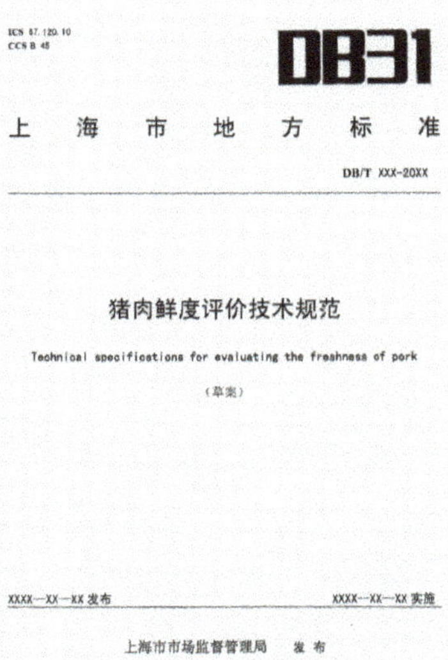
ICS 67.120.10
CCS B 45

DB31

上　海　市　地　方　标　准

DB/T XXX-20XX

猪肉鲜度评价技术规范

Technical specifications for evaluating the freshness of pork

（草案）

XXXX—XX—XX 发布　　XXXX—XX—XX 实施

上海市市场监督管理局　发布

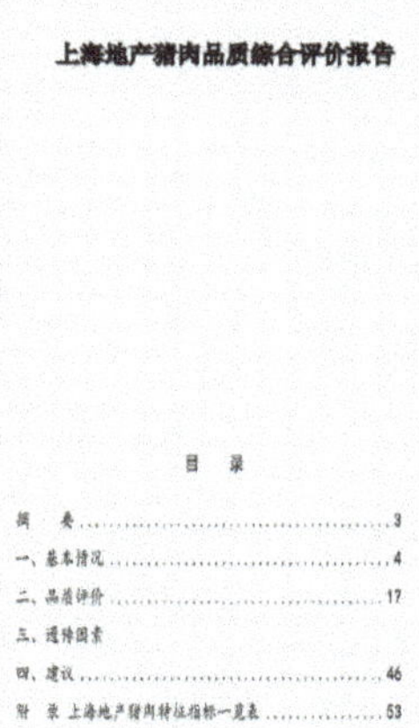
上海地产猪肉品质综合评价报告

目　录

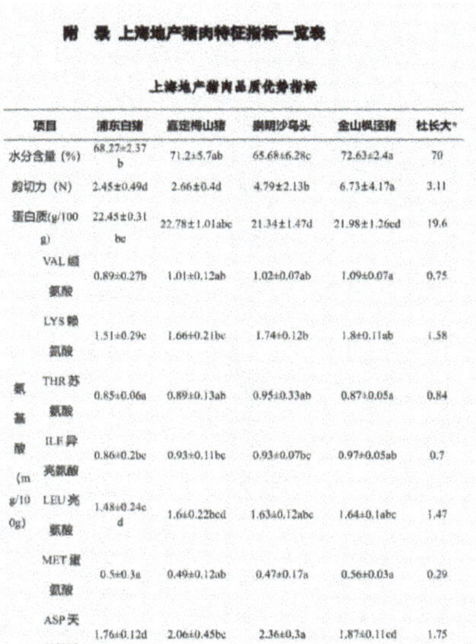
附　录 上海地产猪肉特征指标一览表

上海地产猪肉品质优势指标

项目		浦东白猪	嘉定梅山猪	崇明沙乌头	金山枫泾猪	杜长大*
水分含量（%）		68.27±2.37b	71.2±5.7ab	65.68±6.28c	72.63±2.4a	70
剪切力（N）		2.45±0.49d	2.66±0.4d	4.79±2.13b	6.73±4.17a	3.11
蛋白质(g/100g)		22.45±0.31bc	22.78±1.01abc	21.34±1.47d	21.98±1.26cd	19.6
氨基酸（mg/100g）	VAL 缬氨酸	0.89±0.27b	1.01±0.12ab	1.02±0.07ab	1.09±0.07a	0.75
	LYS 赖氨酸	1.51±0.29c	1.66±0.21bc	1.74±0.12b	1.8±0.11ab	1.58
	THR 苏氨酸	0.85±0.06a	0.89±0.13ab	0.95±0.33ab	0.87±0.05a	0.84
	ILE 异亮氨酸	0.86±0.2bc	0.93±0.11bc	0.93±0.07bc	0.97±0.05ab	0.7
	LEU 亮氨酸	1.48±0.24cd	1.6±0.22bcd	1.63±0.12abc	1.64±0.1abc	1.47
	MET 蛋氨酸	0.5±0.3a	0.49±0.12ab	0.47±0.17a	0.56±0.03a	0.29
	ASP 天冬氨酸	1.76±0.12d	2.06±0.45bc	2.36±0.3a	1.87±0.11cd	1.75

优质猪肉的评价体系，挖掘猪肉营养和风味评价指标，率先建立优质猪肉综合评价体系，将推动上海猪肉市场向优质化、品质化发展。开展优质猪肉性状与分子特性的关联分析，将为上海4个国家级地理标志畜产品和一些引进的畜产品品质特征和品质保持提供分子生物学水平的研究基础。科学合理地评价猪肉质量，可以实现优质优价，在维护消费者合法权益的同时，帮助猪肉生产企业获得更好的利润；同时，有助于督促生产者改进猪肉品质，优质产品保证了品牌质量，可吸引更多的消费者购买，形成良性循环，具有显著的社会效益。

发明专利

- **名称：**猪肉综合品质的评价方法以及获取猪肉综合品质评价公式的方法
- **公开号：**CN202410427546.9

- **名称：**一种同时检测畜禽产品中九种呈味核苷酸的试剂盒及方法
- **公开号：**CN202311388478.1

- **名称：**高肌内脂肪地方猪的选育方法
- **公开号：**CN202410734982.0

029 上海地区生猪养殖 - 屠宰 - 加工 - 消费环节重要耐药致病菌的流行及防控

- **主持及参加单位：**上海交通大学、上海市动物疫病预防控制中心
- **参与人员：**施春雷、赵洪进、张增峰等

科研成果简介

本项目建成了上海市重要食源性致病菌耐药性基础数据库，阐明了沙门菌等重要食源性耐药致病菌及其耐药基因在猪肉全产业链中的分布特征与流行规律，并确定了影响耐药性产生与传播的关键因素。建成了涵盖本市6个区，涉及12家规模化养殖场和12家家庭农场、5家屠宰企业的食源性致病菌耐药性监测网络，编制上海地区猪肉产业链耐药致病菌风险评估报告2份。编制生猪屠宰环节致病菌耐药性控制技术规范草案1套。发表本项目第一标注论文6篇，其中SCI论文5篇。

成果推广应用情况及在农业生产中的持续作用

本项目结合前期生猪养殖及屠宰环节主要食源性致病菌调查情况，制定生猪致病菌耐药性控制技术规范，在上海国家级梅山猪保种场（嘉定）和上海松林畜禽养殖专业合作社进行了初步尝试。经1年的

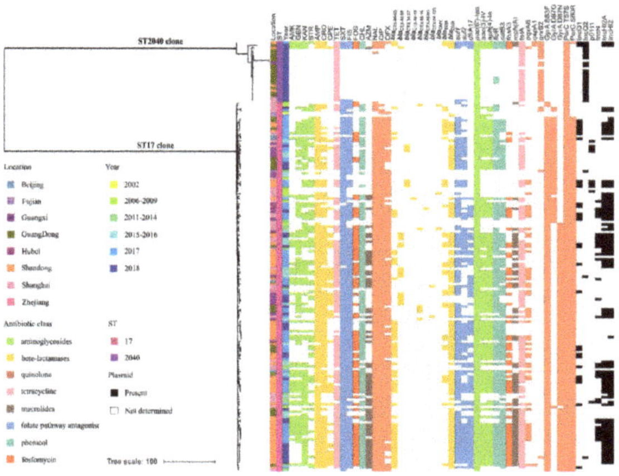

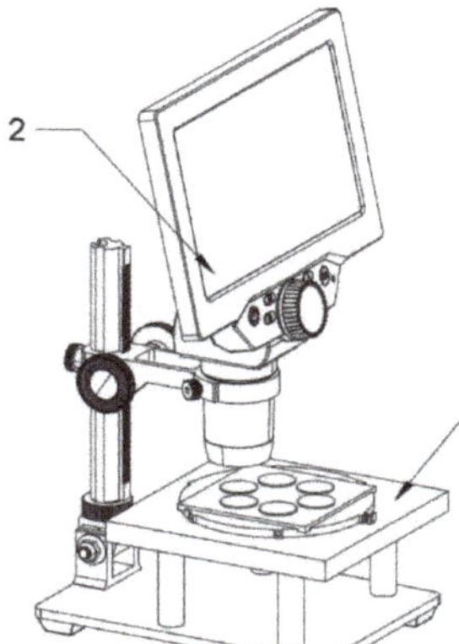

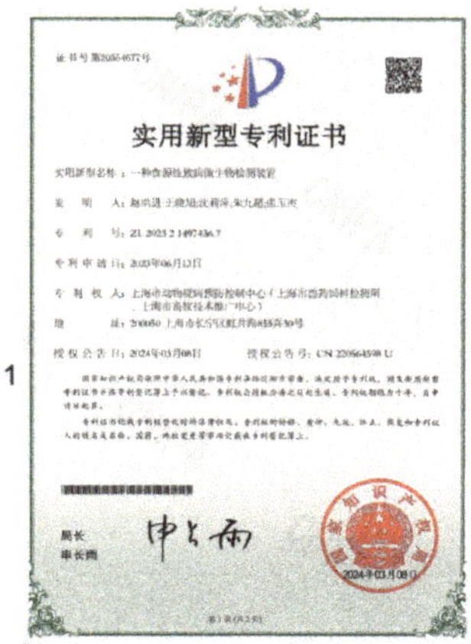

防控技术规范的实施，整体防控效果显著，致病菌和耐药性检出率显著下降，治疗药品投入量也明显减少，养殖效益与项目实施前有明显提高。

实用新型专利

- **名称：**一种食源性致病微生物检测装置
- **公开号：**ZL202321497436.7

030 | 新型绿色替抗产品溶菌酶二聚体（多聚体）的研制与应用

- **主持及参加单位：**上海市动物疫病预防控制中心、上海艾魁英生物科技有限公司
- **参与人员：**黄士新、黄易明、曹莹等

科研成果简介

本项目研制了一种安全、有效、质量可控的溶菌酶多聚体饲料添加剂，在保留溶菌酶单体产品所有特性的基础上，增加了免疫增加剂等特性。制定了溶菌酶多聚体生产工艺规程，完成了溶菌酶多聚体的产品中试和大生产工艺的研究。溶菌酶多聚体的成功研制促进了我国饲料添加剂研发水平的提高，新产品在养殖业上的推广应用，推动了我国畜牧业的可持续发展。

成果推广应用情况及在农业生产中的持续作用

本项目研制的溶菌酶多聚体产品年产量 1 123.7 吨，年销售额达 1.01 亿元。本项目成果在本市规模化养猪场进行示范应用，在改善仔猪肠道发育、促进营养物质吸收、提高断奶仔猪增重等方面具有良好的效果，从而大大提高了断奶仔猪的非特异性免疫功能。本产品纳入本市饲料禁抗后生猪健康养殖顶层设计中的无抗组合饲料添加剂，为替抗产品及新质养殖方式做出重要贡献。

实用新型专利

- **名称：**新饲料添加剂溶菌酶二聚体离子固化液的快速灭菌装置
- **公开号：**CN209122947U

031 | 进口蜂蜜和鱼粉中抗生素抗性基因的高通量检测与风险评估

- **主持及参加单位：**上海海关动植物与食品检验检疫技术中心、上海交通大学
- **参与人员：**李树清、林颖峥、王恒安等

- **科研成果简介**

本项目主要围绕进口及国产蜂蜜、鱼粉和奶酪等动物源性产品中存留抗生素抗性基因的传播风险，从抗性基因检测、细菌分离、质粒转化和风险评估 4 个层次进行研究。建立了 318 种抗生素抗性基因的

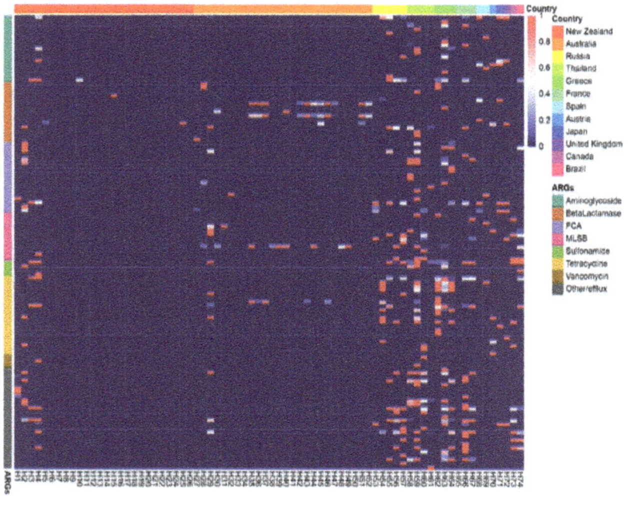

高通量定量 PCR 检测流程，对法定检疫微生物开展了分离鉴定、基因抗性水平分析及基因组序列检测，建立了抗性基因的风险评估模型。获得了主要进口及国产蜂蜜和鱼粉中存留抗生素抗性基因的种类、频率、丰度等基础数据，筛选出值得关注的目标抗性基因，为进口蜂蜜和鱼粉的安全性检测奠定了基础。

- **成果推广应用情况及在农业生产中的持续作用**

本项目研究成果“进口蜂蜜、鱼粉和奶酪中抗生素抗性基因的风险评估报告”为海关在进口口岸开展耐药细菌和耐药基因的监测提供了技术支撑；研究成果“鱼粉等进口饲料中沙门菌分离鉴定、药敏分析、耐药基因检测与基因组序列分析”已应用于海关总署“进出口农产品安全风险监控措施跟踪评价”中，为海关进一步优化相关安全风险监控计划、推动相关标准制（修）订提供了科学依据，对我国预防和控制细菌抗性基因传播有着重要的意义。

发明专利

- **名称：**一种质粒重组单核细胞增多性李斯特菌及其构建方法和应用
- **公开号：**CN202210204016.9

- **名称：**一种重组单核细胞增多性李斯特菌及其制备方法和用途
- **公开号：**CN202210055138.6

032 | 椴树蜜辅助降血糖功能产品开发

- **主持及参加单位：**华东理工大学、上海森蜂园蜂业有限公司
- **参与人员：**常雅宁、唐黎华、于富民等

- **科研成果简介**

本项目通过对椴树蜜的活性成分分析，并对其具有生物学活性的多酚类物质进行体外细胞实验，验证其对血糖的控制机理，开发以椴树蜜为主要成分的降血糖产品。通过对活性成分的富集分离提前工艺，开发出低 GI 蜂蜜产品。通过第三方机构组织的人体试食实验，证明该产品的血糖指数 ≤ 55，符合低 GI 食品要求。通过合作单位成果转化，成功推出了低 GI 蜂蜜产品。

- **成果推广应用情况及在农业生产中的持续作用**

本项目帮助企业解决了蜂蜜因人体代谢导致的高糖负担，满足了消费者的需求。可以有效带动椴树蜜产品在各个行业的应用，有利于推动椴树蜜产业发展，促进农民增收、农业增效。

发明专利

- **名称：**血糖生成指数低于 55 的蜂蜜及其制备方法
- **公开号：**CN116369484A

033 | 功能保健叶用茶原料资源引选与加工技术研究

- **主持及参加单位：**上海九洲练塘园林发展有限公司、上海市农业科学院
- **参与人员：**邓国华、乔勇进、张怡等

科研成果简介

本项目充分利用上海太浦河上游万亩生态涵养林优越的生态资源，引进了不同地理区域的保健茶原料植物（蒲公英、银杏及桑树等）种源共 42 份，形成金线莲和蒲公英优质栽培技术 2 套。筛选出了最佳采摘月份优异种质资源 5 份，形成蒲公英、银杏、金线莲及杜仲保健茶采样与加工技术 4 套。制定蒲公英、银杏、杜仲、桑叶、金线莲的保健茶加工技术规范 5 套。申请发明专利 1 项，发表论文 3 篇。

成果推广应用情况及在农业生产中的持续作用

本项目利用渥堆发酵工艺加工成蒲公英绿茶和红茶产品。通过对保健茶市场进行调研，基于保健功能目标对蒲公英茶进行了优化配比，完成产品的优化升级，后期将对该产品进行生产加工、产品质量确定、生产标准建立及产品推广。

发明专利

- **名称：**一种蒲公英茶加工工艺
- **公开号：**CN202111369990.2

034 | 上海市农产品中农药残留非靶向筛查系统的建立与应用

- **主持及参加单位：**上海市农业科学院、上海市农业技术推广服务中心、上海市农产品质量安全中心、上海理工大学
- **参与人员：**白冰、赵莉、司文帅等

- **科研成果简介**

本项目构建了农产品质量安全危害因子非靶向筛查和风险预警平台，形成了农产品中547种农药残留、农药制剂产品中445种农药和水溶性肥料样品中25种植物生长调节剂的高分辨质谱定性筛查方法。通过质谱筛查一级和二级数据库，确定了定性筛查的基本参数，提高了筛查方法的适应性，优化了样品前处理方法。通过对样品的稀释，减少了样品前处理步骤，提高了样品的回收率，减少了样品漏检和误检，并根据农药残留及隐性成分的特点，建立了农药残留及隐性成分的定量筛查方法，提高了定量的准确性。

- **成果推广应用情况及在农业生产中的持续作用**

本项目已经逐步建立了种植业产品中788种农药残留非靶向筛查技术，以及水产品、畜禽产品中352种兽药残留的非靶向筛查技术。项目成果连续多年应用于农业农村部、市农业农村委、市市场局、市卫健委等监测任务，每年检测7 000余批次，常规检测和高分辨质谱非靶向筛查相辅助，做好风险预警，大大提高了监测能力和问题发现率。

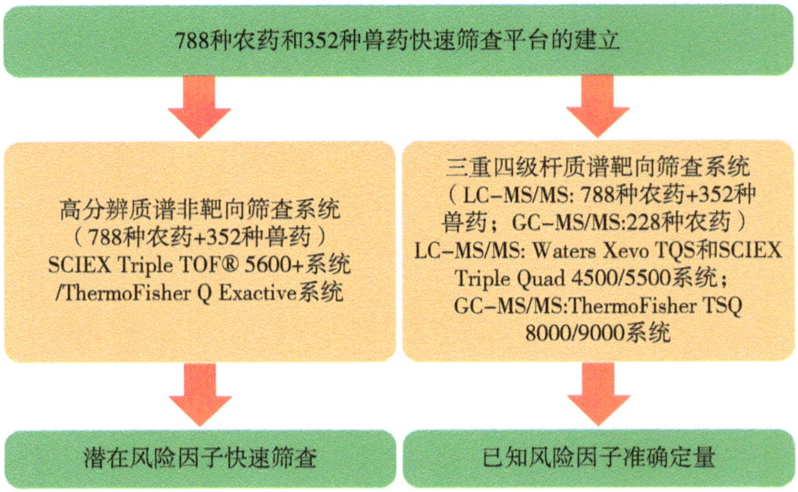

035 | 鲜食黄桃采后商品化处理技术

- **主持及参加单位：** 上海枫锦果蔬种植专业合作社、上海市农业科学院
- **参与人员：** 孙希洲、周慧娟、叶正文等

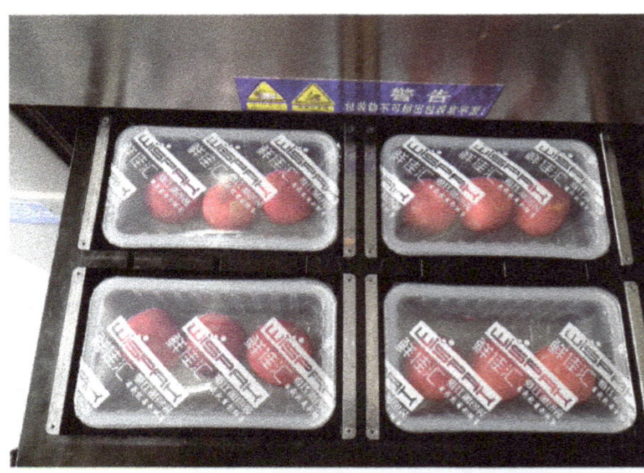

- **科研成果简介**

本项目围绕桃果实采后常温放置易腐烂变质、长期低温冷藏易使果实产生木质化或有害挥发性物质生成等冷害问题，开展了桃果实采后商品化处理与贮藏保鲜技术研究。建立了以“锦香”“锦园”“锦绣”等品种为主的鲜食黄桃气调包装保鲜示范基地1个，形成了中、晚熟鲜食黄桃采后处理操作技术规程1份。项目成果可使鲜食“锦绣”黄桃安全贮藏期达25天，腐烂率低于8%，可溶性固形物含量下降率低于10%，货架期可达3天，实现了桃采后减损、保质、增效的效果。

- **成果推广应用情况及在农业生产中的持续作用**

本项目相关成果在上海枫锦果蔬种

植专业合作社推广应用，年贮藏周转黄桃 50 吨，周转期长达 35 天，损耗由原来的 30% ~ 50% 降低至 10% 以内。将鲜食黄桃安全贮藏期延长至 24 天，货架期可达 3 天，损耗率控制在 8% 以内。项目实施期间，累计冷藏黄桃 22 吨，收益 30 万元，新增产值 10 万元，取得了良好的经济效益和社会效益。

036 | 鲜活水产品在物流过程中品质监控和违法添加物快速检测技术研究

- **主持及参加单位：**上海海洋大学、中洋鱼天下食品（上海）股份有限公司、江苏康成食品有限公司
- **参与人员：**梅俊、谢晶、刘大勇等

科研成果简介

本项目研究阐明了海水鱼保活流通过程中水体环境因素应激的生理调控机制，研发了应激安抚与生理调控新技术及海水鱼保活运输运前暂养等应激缓解调控技术，并筛选出 4 种海水鱼保活运输抗应激制剂。研发了海水鱼绿色休眠技术、多元耦合保活运输技术、基于生态冰温休眠的无水保活运输技术，实现了海水鱼载水保活运输 72 小时的存活率达 93% 以上，装载量可提高 1.5 倍以上。海水鱼生态冰温休眠无水保活运输 14 小时的存活率达 93% 以上，且保活运输后海水鱼的主要营养成分保持较好。

成果推广应用情况及在农业生产中的持续作用

本项目研发的鲜活水产品有水、无水保活等系列技术均属国内首创，综合技术达到国际先进、国内领先水平。目前，相关有水、无水保活关键技术在中洋鱼天下食品（上海）股份有限公司等企业应用，累计新增产值 3 612 万元，新增利润 303 万元，为其带来了良好的直接经济效益。

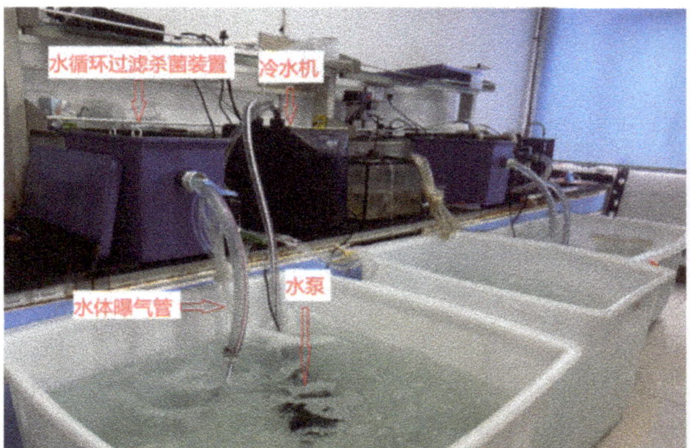

037 | 崇明生态岛水产养殖化学药物投入品风险评估与控制技术研究

• **主持及参加单位：** 中国水产科学研究院东海水产研究所
• **参与人员：** 房文红、于慧娟、王元等

• 科研成果简介

证书号第7828176号
发明专利证书
发明名称：一种溴氰菊酯降解菌及其应用
专利权人：中国水产科学研究院东海水产研究所
地址：200090 上海市杨浦区军工路300号
发明人：房文红;王元;白林;李乐天;刘全林;李新苍
专利号：ZL 2023 1 0051952.5　授权公告号：CN 116333918 B
专利申请日：2023年02月02日　授权公告日：2025年03月25日
申请日时申请人：中国水产科学研究院东海水产研究所
申请日时发明人：房文红;王元;白林;李乐天;刘全林;李新苍
局长 申长雨

本项目阐明了恩诺沙星、溴氰菊酯在水产养殖中的归趋行为，以及对浮游生物、微生物种群结构的影响，解析了恩诺沙星等抗生素在异育银鲫、对虾体内蓄积和消除规律。分析了崇明鱼虾蟹在不同养殖模式下化学药物残留的风险及危害，评估了恩诺沙星、氟苯尼考和溴氰菊酯等主要化学药物残留生态风险，对检出频率高的恩诺沙星进行了溯源分析，确定了高风险化学药物的风险控制点，提出了控制技术措施。探明了水草和尾水处理系统对药物的消除作用，从河蟹扣蟹塘里筛选到一株溴氰菊酯降解菌，并在河蟹养殖池塘开展应用示范试验。

• 成果推广应用情况及在农业生产中的持续作用

本项目建立了多组分化学药物残留检测技术，为水产品、渔药、饲料和环境的质量监管、隐患排查、安全预警提供有力的技术支撑。掌握了崇明水产养殖化学药物投入品和药物残留分布的主要特征，为水产品质量安全风险防控指出了方向。形成了一套促进水产养殖中化学药物残留降解的技术措施，提出了清塘翻耕底泥暴晒，利用自然光促进药物降解；针对特定化学药物残留，利用微生物来降解；构建人工湿地或尾水处理系统，利用基质吸附、植物吸收和微生物降解的协同作用来净化水体，取得了显著的生态效益和社会效益。

第二篇
农业科技创新

第一章
上海市农业科技创新项目绩效评价

在现代农业发展中，科技的创新和运用越来越重要，实施农业科技创新是发展现代农业的重要战略手段之一。近年来，上海市农业农村委员会紧紧围绕种源农业、装备农业、生态农业、数字农业等领域，聚焦优质高效动植物新品种选育、生态农业和循环农业的技术集成示范、信息技术在农业生产和管理中的应用、现代农业装备的研发和应用、食用农产品标准化生产和安全保障技术研究、农产品精深加工技术等方面开展技术攻关和成果推广，以提高本市农业科技自主创新能力，加速科技成果转化应用，促进科技与产业有效结合。经过连续多年、多领域的实施，农业科技创新项目为上海都市现代农业的发展做出了重要贡献。

上海市农业科技创新项目绩效评价工作已连续实施 12 年，本次绩效评价对象选取了 2020 年、2021 年验收的共 184 个项目作为评价对象，包括技术创新 94 个、技术推广 90 个，旨在考察农业科技创新项目实施后，对本市农业科技创新、农业产业发展、农民增收等社会和经济效益的实际影响作用，通过绩效数据对比分析，总结本市农业科技创新项目实施取得的成绩及不足之处，并提出进一步完善的建议。评价组按照相关绩效评价规范设计了项目评价工作方案，通过数据采集、报告撰写等环节形成了评价报告。

一、绩效评价工作情况

（一）绩效目标

（1）项目按计划完成相关的内容及考核指标实现情况。

（2）项目后续经济效益、带动效应及投入产出效果。如新品种、新技术的使用效果，项目推广范围、推广效果，农业增效、农民增收等。

（3）项目科技含量和创新能力。如软件著作权、相关标准、专利发明、新品种权等知识产权，SCI、中文核心期刊论文发表情况，省部级以上奖励获得情况。挖掘一批科技含量高和创新能力强的农业科技创新攻关成果。

（4）项目可持续性情况。如后续项目经费投入趋势、人才培养等。

（二）评价依据

（1）《上海市财政项目支出预算绩效管理办法（试行）》（沪财绩〔2020〕6号）。

（2）《关于我市全面实施预算绩效管理的实施意见》（沪委发〔2019〕12号）。

（3）《项目支出绩效评价管理办法》（财预〔2020〕10号）。

（4）《上海市农业科技创新项目及资金管理细则（试行）》（沪农委规〔2023〕8号）。

（三）绩效评价目的

本次评价将围绕项目决策、项目过程、项目产出及项目效益情况开展，力求从绩效的角度发现上海市农业科技创新项目（2020年、2021年验收）实施过程中取得的成绩，提高项目资金使用效果，为今后上海市农业科技创新项目的顺利实施奠定基础。具体目标如下：

（1）通过评价，了解上海市农业科技创新项目（2020年、2021年验收）的基本状况，对项目背景、项目意义、项目现状和项目内容做深入调研和分析。

（2）通过评价，了解上海市农业科技创新项目（2020年、2021年验收）的产出和效果情况，以及整体绩效状况。

（3）通过评价，总结项目决策、实施和管理过程中的亮点，为提高上海市农业科技创新项目管理水平及市财政资金使用效率提供参考。

（四）绩效评价工作方案制定过程

在借鉴国内外经验的基础上，通过分析项目立项背景、项目的实施情况、审计报告等资料，本着科学、可操作的原则，依据项目决策、项目过程、项目产出及项目效益的框架，初步设计了绩效评价方案，并对方案的科学性、合理性和可操作性进行了讨论，征询项目承担单位意见，确定了评价范围、评价目标、评价指标体系，最终形成了绩效评价工作方案。

（五）绩效评价方法

根据农业科技创新项目的特点及农业科技创新项目资金投入的特殊性，在评价过程中采取以下几种评价方法。

（1）目标评价法。根据合同书规定的考核指标与一定期限内目标完成情况进行比较。

（2）因素分析法。对实施农业科技创新项目的相关项目单位、项目管理部门及组织管理的力度，以及在日常管理工作中所做的涉及农业科技创新项目的工作业绩或措施等因素进行分析。

（3）功效系数法。对绩效评价得分进行修正。

（六）数据采集方法及过程

本次绩效评价数据包括定性和定量两种数据，定性数据主要通过相关政策文件、项目管理环节为切入点，收集并检查相关的档案资料。定量数据的采集主要通过被评价单位系统填报数据，对上报的所有数据逐项进行审核，同时抽取部分项目开展实地考察、面对面访谈等社会调查。审核后的数据进行统计分析。

（七）绩效评价实施过程

自项目布置会以来，项目组在前期调研的基础上，完成了项目绩效评价工作方案，明确了评价的目的、方法、原则、指标体系、评价标准及访谈方案。经过数据填报和收集、数据分析等环节，顺利完成了上海市农业科技创新项目（2020 年、2021 年验收）绩效评价报告。

二、评价结论

（一）2023 年上海市农业科技创新项目（2018 年验收）评价结论

运用评价指标体系及评分标准，通过数据收集、现场调研和访谈，对上海市农业科技创新项目（2020 年验收）进行客观评价。评价指标主要分 4 个方面：项目决策、项目过程、项目产出和项目效益。绩效评价最终情况详见下表。加权平均绩效得分 80.79 分，综合绩效评级为良。其中：园艺类 84.34 分，良；种植类 84.61 分，良；水产类 78.43 分，中；畜牧类 76.04 分，中；信息类 75.98 分，中。按评价结果分，16 个项目绩效评价等级为优，37 个项目绩效评价等级为良，33 个项目绩效评价等级为中。

2023 年上海市农业科技创新项目绩效评级情况

序号	类型	专业	项目名称	主持单位	绩效得分	评价等级
1	技术推广	种植	院区合作科技推广与技术服务工程	上海市农业科学院	97.10	优
2	技术创新	种植	优质早熟粳稻新品种选育与有机栽培示范	上海市农业科学院	97.01	优
3	技术创新	园艺	蔬果新品种种质创新与良种生产技术集成示范	上海交通大学	96.13	优
4	技术推广	水产	水产弧菌病综合防控技术示范推广	上海海洋大学	96.09	优
5	技术推广	畜牧	崇明奶牛“两病”区域净化模式研究	上海市动物疫病预防控制中心	95.93	优
6	技术创新	园艺	盆栽风铃草、洋桔梗引选与育苗关键技术研究	上海种业（集团）有限公司	94.09	优

（续表）

序号	类型	专业	项目名称	主持单位	绩效得分	评价等级
7	技术推广	园艺	西红花优质种球脱毒繁育技术成果转化与应用	上海市农业科学院	92.86	优
8	技术推广	水产	农业新型经营主体科技创新技术研究或示范（全根合作社）	上海全根水产品专业合作社	92.78	优
9	技术推广	种植	农业资源高效利用和清洁化生产技术研究与应用推广	上海市崇明区生态农业科创中心	92.73	优
10	技术推广	园艺	菜田化肥、农药减施增效技术集成示范与推广	上海市农业技术推广服务中心	92.66	优
11	技术创新	园艺	高效特色蔬菜新优品种引选及配套栽培技术研究示范	上海市农业技术推广服务中心	92.40	优
12	技术创新	园艺	设施土壤性状、肥力、墒情、田间生物群落变动规律与监测分析研究	上海市农业技术推广服务中心	92.16	优
13	技术创新	畜牧	申红山鸡新品种培育	上海欣灏珍禽育种有限公司	91.82	优
14	技术创新	畜牧	农产品中隐蔽型脱氧雪腐镰刀菌烯醇类毒素的发生规律及危害机理研究	上海市农业科学院	91.00	优
15	技术创新	畜牧	上海地区动物源细菌耐药性趋势及耐药基因的研究	上海市动物疫病预防控制中心	90.80	优
16	技术创新	信息	基于图像分析及三维建模技术的黄瓜长势快速评价方法研究	上海市农业科学院	90.08	优
17	技术创新	园艺	百合、红掌等花器官发育与调控的生理机制研究	上海鲜花港企业发展有限公司	89.74	良
18	技术创新	园艺	不同来源食用菌 β- 葡聚糖结构和构象表征及其活性研究	上海市农业科学院	89.69	良
19	技术创新	园艺	上海地区重要检疫性有害生物快速检测方法研究	上海市农业技术推广服务中心	89.60	良
20	技术推广	园艺	全程容器育苗关键技术示范与应用	上海市林业总站	88.32	良
21	技术创新	信息	上海市农资管理信息系统建设	上海市农业技术推广服务中心	88.07	良
22	技术创新	园艺	优质抗病西瓜新品种选育	上海市农业科学院	88.02	良
23	技术推广	种植	高校、科研院所农技推广服务	上海交通大学	87.95	良
24	技术创新	畜牧	基于水丝蚓培育的猪粪资源化利用技术研究与示范	上海市农业科学院	87.56	良
25	技术推广	园艺	新型微生物源生物农药的创制及在蔬果上的示范	上海交通大学	87.02	良
26	技术创新	种植	“沪旱 61”繁种能力建设与新型栽培技术示范推广	上海市农业技术推广服务中心	86.65	良

（续表）

序号	类型	专业	项目名称	主持单位	绩效得分	评价等级
27	技术创新	园艺	适合上海地区的蓝莓新优品种筛选及种苗繁育技术研究	上海市蓝莓研究所	86.53	良
28	技术创新	种植	基于小孢子胁迫筛选的小麦和水稻复合育种技术研究	上海市农业科学院	86.42	良
29	技术推广	园艺	蔬菜质量安全技术集成与应用	上海艾妮维农产品专业合作社	86.39	良
30	技术创新	信息	上海“互联网+”农技云平台	上海市农业技术推广服务中心	85.55	良
31	技术创新	园艺	青菜抗根肿病抗性基因遗传分析及分子标记辅助筛选研究	上海市农业科学院	85.49	良
32	技术推广	园艺	绿叶菜机械化绿色生产技术集成与示范	上海绿煜蔬菜种植专业合作社	85.39	良
33	技术推广	园艺	上海市绿叶菜生产中农药污染潜在风险评估和预警技术研究	上海市农业科学院	85.21	良
34	技术创新	水产	南美白对虾野生种虾繁殖生物学研究	上海海洋大学	84.54	良
35	技术创新	园艺	高产猴头菌多糖的工厂化菌种选育及应用示范	上海市农业科学院	84.48	良
36	技术创新	水产	团头鲂优势配套组合的中试应用	上海市松江区水产良种场	83.89	良
37	技术推广	园艺	农业新型经营主体科技创新技术研究或示范	上海惠群蔬菜种植专业合作社	83.59	良
38	技术创新	种植	爆裂玉米膨爆特性遗传基础研究	上海市农业科学院	82.62	良
39	技术创新	畜牧	猪流感病毒NS1蛋白氨基酸位点对病毒免疫特性影响研究	上海市农业科学院	82.42	良
40	技术推广	园艺	农业新型经营主体科技创新技术研究或示范	上海孰美种业有限公司	82.20	良
41	技术创新	种植	适合上海地区的冬季绿肥作物品种筛选及种植模式研究	上海市农业科学院	82.09	良
42	技术推广	种植	粮食和经济作物化肥、农药减施增效技术集成示范与推广	上海市农业技术推广服务中心	82.08	良
43	技术创新	种植	优质两系不育系水稻新种质创制	上海师范大学	81.87	良
44	技术创新	水产	杂交斑鳜的繁殖技术研究及选育	上海市水产研究所	81.68	良
45	技术创新	园艺	番茄、甘蓝品质性状分子标记的建立与应用	上海市农业科学院	81.65	良
46	技术推广	园艺	存量单棚适应机械化生产改进与示范	上海市农业机械研究所	81.64	良
47	技术创新	种植	控制水稻深根比QTL的大规模挖掘及其抗旱性效应检测	上海市农业生物基因中心	81.03	良
48	技术推广	园艺	天敌在有机蔬菜生产上的应用研究	上海廊优农业科技有限公司	81.02	良

（续表）

序号	类型	专业	项目名称	主持单位	绩效得分	评价等级
49	技术创新	园艺	蔬菜种子引发及工厂化育苗技术体系集成与应用	上海惠和蔬果种苗有限公司	80.99	良
50	技术推广	水产	“菜虾共生”生态循环养殖技术集成与示范	上海凤舞林农产品专业合作社	80.85	良
51	技术推广	种植	稻茬麦机械化种植及配套技术的示范与推广	上海市农业机械鉴定推广站	80.34	良
52	技术推广	种植	葡萄产业园生产管理物联网技术集成示范	上海马陆葡萄公园有限公司	80.28	良
53	技术推广	信息	农业物联网智能化应用的创新及示范	上海享农果蔬专业合作社	80.14	良
54	技术推广	信息	农业新型经营主体科技创新技术研究或示范	上海盛致农副产品有限公司	79.81	中
55	技术推广	种植	农业新型经营主体科技创新技术研究或示范	上海杏健果蔬专业合作社	79.52	中
56	技术推广	信息	上海地产果品质量安全信息管理平台与溯源体系的示范推广	上海国兴农现代农业发展股份有限公司	78.77	中
57	技术创新	畜牧	PEDV诱发的猪肠道–乳腺–sIgA轴的高效能机制研究	上海市农业科学院	78.37	中
58	技术创新	园艺	灵芝抑制前列腺增生功能因子关键制备技术的研究	上海市农业科学院	78.16	中
59	技术创新	水产	上海地区水产养殖污染负荷及养殖容量研究	上海市水产研究所	77.76	中
60	技术创新	园艺	青菜分子育种关键技术和育种创新体系	中国科学院上海生命科学研究院植物生理生态研究所	77.01	中
61	技术推广	信息	“互联网+”在农业领域的应用	上海劲牛信息技术有限公司	76.81	中
62	技术推广	水产	对虾白斑综合征病毒的重组蓝藻疫苗研发与应用	上海海洋大学	75.78	中
63	技术创新	水产	金钱鱼繁殖基础生物学及苗种繁育关键技术研究	上海市水产研究所	75.54	中
64	技术推广	园艺	农业新型经营主体科技创新技术研究或示范	上海成英果蔬种植专业合作社	75.45	中
65	技术创新	种植	通过编辑乙酰羟酸合成酶（AHAS）蛋白质进行非转基因抗除草剂水稻种质创新的研究	上海市农业科学院	74.70	中
66	技术创新	畜牧	新西兰白兔提纯复壮与高产技术集成示范	上海市奉贤区动物疫病预防控制中心	74.57	中
67	技术创新	园艺	基于基因组重排的工厂化栽培双孢蘑菇新菌株选育研究	上海市农业科学院	74.33	中
68	技术推广	种植	农作物种子新型包衣设备及技术研究与示范	上海市农业科学院	74.04	中

（续表）

序号	类型	专业	项目名称	主持单位	绩效得分	评价等级
69	技术创新	水产	秸秆炭基生物新材料在水产生态循环养殖的研究与应用	上海江柘环境工程技术有限公司	72.82	中
70	技术推广	水产	农业新型经营主体科技创新技术研究或示范（六宸合作社）	上海六宸水产养殖专业合作社	72.78	中
71	技术创新	种植	枇杷腋芽成花的分子机理研究	上海市农业科学院	72.73	中
72	技术创新	水产	银鲳人工养殖关键技术集成示范	中国水产科学研究院东海水产研究所	72.62	中
73	技术创新	园艺	早樱种质资源的收集、鉴定、筛选与快繁技术研究	上海市农业科学院	70.61	中
74	技术创新	园艺	杏鲍菇菌株拮抗现象的控制基因挖掘及分子机制研究	上海市农业科学院	70.18	中
75	技术推广	信息	新村稻米文化中心智慧服务云平台	上海恳业米业有限公司	69.54	中
76	技术推广	信息	上海绿叶菜全产业链大数据系统建设与应用	上海农易信息技术有限公司	69.24	中
77	技术推广	园艺	西瓜品质控制法技术推广	上海绿妮瓜果专业合作社	68.05	中
78	技术创新	畜牧	适合上海市场的冷鲜型浦东鸡配套系培育	上海交通大学	67.45	中
79	技术创新	畜牧	羊的冷冻精液技术研究和应用	上海市农业科学院	66.89	中
80	技术创新	信息	农业传感设备信息采集处理及测评标准研究	上海农业物联网工程技术研究中心	65.67	中
81	技术推广	信息	上海农村产权交易协同工作信息管理系统建设与应用	上海农业物联网工程技术研究中心	65.6	中
82	技术创新	畜牧	鸭疫里默氏杆菌 - 禽大肠杆菌二联脂多糖突变基因工程疫苗创制	中国农业科学院上海兽医研究所	64.54	中
83	技术创新	园艺	金瓜加工型品种选育及配套栽培技术研究	上海崇明金瓜种植专业合作联社	63.57	中
84	技术创新	园艺	主要设施果菜类蔬菜品质相关基因对高温胁迫响应机理的研究	上海市农业科学院	63.29	中
85	技术推广	畜牧	屠宰场生猪胴体表面激光标识溯源信息关键技术的应用示范	上海生物电子标识股份有限公司	62.86	中
86	技术创新	信息	农业物联网智能关键设备研发	上海农业信息有限公司	60.67	中
87	技术创新	畜牧	新型猪瘟病毒活载体标记疫苗的研究	中国农业科学院上海兽医研究所	57.69	差

（二）2023 年上海市农业科技创新项目（2021 年验收）评价结论

运用评价指标体系及评分标准，通过数据收集、现场调研和访谈，对上海市农业科技创新项目（2021 年验收）进行客观评价。评价指标主要分 4 个方面：项目决策、项目过程、项目产出和项目效益。绩效评价最终情况详见下表。加权平均绩效得分 84.79 分，综合绩效评级为良。其中：园艺类 86.38 分，良；种植类 87.08 分，良；水产类 83.21 分，良；畜牧类 86.15 分，良；信息类 73.38 分，中。按评价结果分，22 个项目绩效评价等级为优，47 个项目绩效评价等级为良，28 个项目绩效评价等级为中。

2024 年上海市农业科技创新项目绩效评级情况

序号	类型	专业	项目名称	主持单位	绩效得分	评价等级
1	技术推广	畜牧	原种鸡场禽白血病的流行情况和防控净化措施的集成应用	上海市动物疫病预防控制中心	96.30	优
2	技术推广	畜牧	猪源 BVDV 为载体的猪流行性腹泻疫苗研制与应用	上海市农业科学院	95.60	优
3	技术创新	种植	鲜食玉米营养、健康功能品种开发与示范应用	上海市农业科学院	95.50	优
4	技术创新	园艺	农产品辐照加工增值关键技术及产品研发	上海市农业科学院	95.11	优
5	技术创新	畜牧	沙乌头猪专门化品系选育及杂交组合筛选	上海市动物疫病预防控制中心	94.70	优
6	技术推广	种植	农作物“育繁推一体化”企业培育	上海天谷生物科技股份有限公司	93.88	优
7	技术创新	水产	构建池塘养殖小区绿色生产技术及模式研究	中国水产科学研究院渔业机械仪器研究所	93.62	优
8	技术推广	种植	设施葡萄绿色生产技术集成示范	上海圣泉葡萄种植专业合作社	92.95	优
9	技术创新	种植	节水抗旱稻全基因组育种技术体系建设	上海市农业生物基因中心	92.61	优
10	技术创新	种植	优质抗病葡萄新品种选育及栽培技术研究	上海交通大学	92.51	优
11	技术创新	园艺	新型解淀粉芽孢杆菌微胶囊生物农药的创制与产业化	华东理工大学	92.47	优
12	技术创新	畜牧	城市犬猫主要人畜共患病监测和公共卫生安全风险评估	上海市动物疫病预防控制中心	92.45	优
13	技术推广	园艺	智能化植物工厂应用与示范	上海市农业科学院	92.07	优
14	技术创新	信息	上海农业数据资源库数据治理、清洗及应用系统建设	上海市农业科学院	91.06	优
15	技术创新	园艺	草莓优质抗病分子育种关键技术研究与新品种选育	上海市农业科学院	91.02	优
16	技术推广	水产	上海地区养殖池塘底质污染调查及修复关键技术研究示范	上海市水产研究所	90.75	优

（续表）

序号	类型	专业	项目名称	主持单位	绩效得分	评价等级
17	技术推广	水产	鱼菜共生系统研究与集成示范	上海绿椰农业种植专业合作社	90.54	优
18	技术推广	种植	健康特色功能稻新品种降糖稻的示范应用	上海市农业科学院	90.50	优
19	技术推广	园艺	无土栽培岩棉循环利用及营养液串级利用技术的研究与推广	上海都市绿色工程有限公司	90.36	优
20	技术推广	园艺	西红花产业化关键技术集成应用	上海市农业科学院	90.32	优
21	技术推广	园艺	农业新型经营主体科技创新技术研究或示范	上海亭中粮食种植专业合作社	90.19	优
22	技术创新	园艺	双孢蘑菇智能采摘机器人研制及系统集成应用示范	上海第二工业大学	90.05	优
23	技术推广	园艺	蔬菜绿色生产关键技术集成示范	上海市农业技术推广服务中心	89.86	良
24	技术推广	园艺	番茄高效绿色生产及废弃物资源化利用技术研究与示范	上海明缘果蔬专业合作社	89.76	良
25	技术推广	水产	美洲鲥绿色生产技术示范	上海任屯水产专业合作社	89.65	良
26	技术创新	水产	基于全基因组测序的中华绒螯蟹优异种质资源鉴定与挖掘	上海海洋大学	89.60	良
27	技术推广	种植	农作物种子“育繁推一体化”企业培育	中垦种业股份有限公司	89.59	良
28	技术创新	种植	水稻机械种植同步侧深施肥技术的研究与示范	上海市农业机械鉴定推广站	89.58	良
29	技术创新	种植	优质早熟粳型节水抗旱稻新品种选育与绿色栽培技术研究	上海市农业生物基因中心	89.07	良
30	技术推广	种植	优质稻米全产业链绿色生产模式开发	上海市农业科学院	88.88	良
31	技术创新	水产	东方鲀生态立体种养模式的研究	上海市水产研究所	88.65	良
32	技术创新	水产	长江口凤鲚资源的保育技术研究	中国水产科学研究院东海水产研究所	88.62	良
33	技术创新	种植	麦绿素类制品专用大麦种质的高效创制及功能评价	上海市农业科学院	88.62	良
34	技术推广	园艺	农业废弃物生产双孢蘑菇基质及其栽培技术示范与推广	上海市金山区农业技术推广中心	88.54	良
35	技术推广	园艺	雪瓜调亏型智慧灌溉装备研发与关键技术研究示范	上海华维节水灌溉股份有限公司	88.33	良
36	技术推广	水产	虾蟹养殖池塘移动智能投饵装备研制与推广	上海海洋大学	88.08	良
37	技术推广	种植	稻田生态高效种养模式和技术集成与示范	上海市农业科学院	87.99	良
38	技术推广	园艺	蔬菜产业园综合生产能力提升关键技术集成示范	上海星辉蔬菜有限公司	87.50	良

（续表）

序号	类型	专业	项目名称	主持单位	绩效得分	评价等级
39	技术推广	水产	高效温室生态种养结合绿色生产创新技术集成及示范推广	上海开太鱼文化发展有限公司	87.13	良
40	技术推广	种植	葡萄绿色生产模式集成与示范	上海市农业技术推广服务中心	86.82	良
41	技术推广	种植	庄行蜜梨省力生态绿色循环栽培技术提升与示范	上海市奉贤区农业技术推广中心	86.62	良
42	技术推广	水产	河蟹池塘自净养殖技术集成与示范	上海沪宝水产养殖专业合作社	86.53	良
43	技术创新	水产	池塘循环流水养殖模式研究	上海市松江区水产良种场	85.84	良
44	技术推广	园艺	青浦练塘茭白病虫害防治药剂筛选及绿色防控技术示范应用	上海市青浦区蔬菜技术推广站	85.42	良
45	技术推广	水产	美洲鲥鱼苗种绿色生产技术研究	上海嘉金特种水产专业合作社	84.38	良
46	技术创新	园艺	设施菜田土壤次生盐渍化生物修复技术研究与示范	上海绿乐生物科技有限公司	83.87	良
47	技术创新	水产	七彩神仙鱼工业化高效养殖技术集成与示范	上海彰显渔业专业合作社	83.78	良
48	技术创新	种植	大果枇杷火炬的高效生态栽培技术研究	上海市农业科学院	83.61	良
49	技术创新	畜牧	基于SERS的乳制品过敏原纳米免疫层析试纸条的研制及示范应用	上海交通大学	83.38	良
50	技术创新	畜牧	主要肉鸽种质资源评价与新品系选育	上海市农业科学院	83.23	良
51	技术创新	园艺	上海设施菜地土壤精准改良技术研究	上海喜耕环保科技有限公司	82.74	良
52	技术创新	信息	国产化温室多因子协调智能控制系统研发与示范	同济大学	82.70	良
53	技术创新	园艺	上海地区根肿病绿色防控技术体系研究与示范	上海交通大学	82.35	良
54	技术创新	种植	基于休耕轮作调控的都市农田生态系统健康技术体系标准及综合示范	上海市农业技术推广服务中心	82.33	良
55	技术创新	水产	超雄尼罗罗非鱼的选育及无激素全雄苗种繁育	上海市水产研究所	82.07	良
56	技术推广	种植	优质稻米绿色生产加工技术集成与应用	上海市闵行区农业委员会	81.89	良
57	技术推广	种植	农田氨减排技术示范与推广	上海市农业技术推广服务中心	81.59	良
58	技术创新	种植	“翠冠”梨大果芽变嵌合体分离纯化及鉴定技术研究	上海市农业科学院	81.51	良

（续表）

序号	类型	专业	项目名称	主持单位	绩效得分	评价等级
59	技术推广	种植	精品红美人柑橘设施绿色种植技术研究	上海瑾雄果蔬种植专业合作社	81.48	良
60	技术推广	园艺	绿色蔬菜产销标准化生产技术集成与示范	上海净达蔬菜专业合作社	81.47	良
61	技术推广	信息	信息科技助力打造朝阳村三园工程	上海理想信息产业（集团）有限公司	81.23	良
62	技术推广	种植	纳米臭氧水发生装置的绿色防控技术研究与示范	拜森生物环保科技（上海）有限公司	80.64	良
63	技术推广	园艺	稻草秸秆在食用菌规模化生产中的应用	上海永大菌业有限公司	80.61	良
64	技术创新	园艺	蔬果新品种种质创新与良种生产技术集成示范	上海市农业科学院	80.45	良
65	技术推广	畜牧	基于噬菌体裂解酶的绿色、高效抗菌制剂的中试研究与应用示范	上海交通大学	80.44	良
66	技术推广	畜牧	新发猪Delta冠状病毒与猪流行性腹泻病毒嵌合VLP黏膜疫苗的研制与应用	上海交通大学	80.34	良
67	技术推广	种植	优质晚熟水蜜桃新品种“秋月”的示范推广	上海市农业科学院	80.10	良
68	技术推广	水产	池塘生态高效养殖模式集成示范	上海宝岛蟹业有限公司	80.03	良
69	技术创新	园艺	蔬菜工厂化生产自动移苗设备的研发	上海市农业机械研究所	80.00	良
70	技术推广	园艺	食用玫瑰远红外热泵干燥技术研究与示范	上海前卫旅游发展有限公司	79.37	中
71	技术创新	种植	崇明稻田土壤生态改良关键技术研究与示范	光明食品集团上海崇明农场有限公司	79.10	中
72	技术推广	种植	双臂棚架式蜜梨种植示范	上海常奉农产品专业合作社	78.62	中
73	技术推广	种植	崇明稻田水沟一体化生态种养技术集成示范	上海崇明江凡果蔬种植专业合作社	78.29	中
74	技术创新	水产	拟穴青蟹耐低温、低盐新品系选育和规模化扩繁	中国水产科学研究院东海水产研究所	78.10	中
75	技术推广	种植	奉贤区马路村乡村振兴科技引领示范村建设	上海奉贤区庄行镇马路经济合作社	77.62	中
76	技术推广	园艺	设施青菜生产全程机械化应用技术	上海世鑫蔬菜种植专业合作社	77.33	中
77	技术创新	信息	近红外光谱桃果实糖度反演模型研究及传感器研制	上海市农业科学院	77.05	中
78	技术推广	种植	杂交粳稻机械化穴直播制种技术研究与示范	上海祥昊良种专业合作社	76.78	中

（续表）

序号	类型	专业	项目名称	主持单位	绩效得分	评价等级
79	技术推广	种植	梨园全程自动化作业关键技术研究与示范应用	上海点甜农业专业合作社	76.62	中
80	技术推广	种植	优质糯玉米新品种“申科糯602”绿色生产集成示范	上海时萌水稻种植专业合作社	76.62	中
81	技术推广	园艺	大棚马兰头套种丝瓜高效模式示范及配套技术研究	上海庭娆果蔬专业合作社	76.57	中
82	技术创新	种植	有机柑橘病虫防控关键技术研究	上海市柑橘研究所	76.57	中
83	技术推广	园艺	不同有机覆盖物对蓝莓杂草抑制及土壤理化性质影响的研究	上海敏蓝蓝莓种植专业合作社	76.09	中
84	技术创新	畜牧	蜂王浆功能因子研究及蜂王浆新产品研发	上海森蜂园蜂业有限公司	74.81	中
85	技术创新	水产	南美白对虾声谱智能投饵装备研制	上海海洋大学	74.03	中
86	技术推广	种植	蜜梨新优品种引进及省力化生态高效栽培技术集成示范	上海盛林农业种植专业合作社	73.00	中
87	技术创新	种植	农药无人机植保减施增效技术集成研发	上海师范大学	72.97	中
88	技术推广	园艺	观叶垂吊植物产业化生产技术研究及应用	上海植物园	72.95	中
89	技术推广	园艺	真空预冷在双孢蘑菇产品上的示范应用	上海联中食用菌专业合作社	72.88	中
90	技术推广	种植	青浦红柚、新优杂柑绿色生态栽培技术集成与示范	上海大莲湖果业专业合作社	72.50	中
91	技术推广	园艺	农业废弃物综合利用全程机械化技术示范	上海松丰蔬果专业合作社	72.37	中
92	技术创新	畜牧	新型禽包涵体肝炎–心包炎综合征灭活疫苗的研制	中国农业科学院上海兽医研究所	71.97	中
93	技术创新	园艺	扁豆菌核病病原菌鉴定及其综合防治技术的研究	上海交通大学	71.59	中
94	技术创新	园艺	蓝莓采后安全保鲜与加工关键技术研究	上海市蓝莓研究所	69.43	中
95	技术创新	水产	长江口中华鲟、江豚蓄养技术研究	上海市水生野生动植物保护研究中心	69.37	中
96	技术推广	种植	早熟梨减肥、增效生态栽培技术示范推广	上海市梨研究所	63.13	中
97	技术推广	信息	基于互联网技术的优质稻米区域公共品牌建设与示范	上海市崇明区农业技术推广中心	60.77	中

第二章
媒体报道

【乡村振兴】背靠大都市　专注“小而美”

人民日报　马平川　常　征

秋番茄、“小皇冠”西瓜、施泉葡萄……在上海市金山区的农田里，优质品种、先进技术、科技人才不断成长，从这里飞向全国的农业品牌不胜枚举。2023 年 4 月，金山区成功创建首批全国农业科技现代化先行县。发挥背靠上海超大城市的市场优势，金山不搞“大而全”，专注“小而美”，深耕细作，走出一条现代都市农业高质量发展的新路子。

院区合作培优种

为什么金山瓜果分外香？这离不开上海农业科技的支撑。

拿如今畅销的金山“小皇冠”西瓜来说，是上海市农业科学院研究员陆世钧历经 10 多年成功研发的皮薄肉脆的黄瓤小型西瓜品种。然而，新品种的推广却在瓜农和市场中遇冷。

金山区通过小规模试种后，率先认可“小皇冠”的市场价值。金山区向陆世钧买断种子经营权，按照“统一品牌、统一包装、统一宣传、统一技术、统一经营”的模式，在全区推广种植“小皇冠”西瓜，迅速打开了市场。

为了帮助瓜农掌握种植技术，金山区农业农村委还邀请陆世钧挂职担任金山区农技中心副主任，指导区里的种植户。

如今，“小皇冠”在江苏、海南、宁夏等地均建立了种植基地。2023 年，金山区农业农村委拨款 30 万元，用于支持制种基地翻新扩建，预期种子产量可上升 15%。

农业专家走进田间地头，金山区农技人员到上海市农业科学院学习先进农业技术，通过“院区合作”实现双向人才输送。双方还共同建立了番茄研发中心、食用菌产业研究院和 40 个乡村振兴科技支撑基地，推动新品种、新技术、新模式惠及长三角。上海市农业科学院在金山的哈密瓜研发基地成功试种“金蜜 1 号”哈密瓜，并在浙江、江苏等地推广种植；上海市农业科学院在金山培育试种葡萄新品种，打响了金山“施泉葡萄”品牌。

“上海拥有强大的农业科研力量，而前沿农业技术需要试验试种，拥有29.6万亩基本农田的金山，是很好的‘试验田’。”金山区农业农村委主任叶文娣表示，“政企研”结合将会推动农业科技在金山不断开花结果。

数字农业强技术

看中金山良田的，还有农业科技企业。

在位于金山区廊下镇的京东方后稷智联植物工厂的全智能化控制温室里，一株株绿油油的生菜、芝麻菜在精准配比的营养液里茁壮成长；无人驾驶自动巡检小车在苗床间“巡逻”拍照，运用企业自主研发的人工智能图像识别技术，记录蔬菜的生长状态；人工智能物联网通过自动远程分析操控大棚内的温度、光照、通风等，并判断是否可采收，实现了种植自动化、智慧化、无人化，年产蔬菜量达300多吨。

大市场、产业链条齐全、设施装备智能化，还得离加工厂近才能保证蔬菜高品质……京东方经过几番比较，最终选择金山。这里毗邻浙江平湖、嘉善等地的农业重镇，在金山“播种”的农业科技也能较快在长三角乃至全国大规模复制推广。

“上海对精品农产品的旺盛市场需求，推动农业种植趋向科技化、数字化，为高科技农业企业提供了平台。”京东方后稷智联植物工厂总经理秦清说。

同样与金山区结缘的还有国内数字灌溉和可控农业的供应商上海华维可控农业科技公司。“金山有现代农业需要的设施良田、产品应用场景、装备制造等。”公司创始人吕名礼说。华维落户金山后，叮咚买菜金山种植基地就全套引进华维自主研发的水肥一体化灌溉系统。如今，华维产品不仅落地内蒙古、安徽、湖南、重庆等地，还漂洋过海输出到埃及、巴西等国，推动中国智慧灌溉技术和温室装备服务“一带一路”共建国家。

金山区已有35个农业数字化基地纳入数字农业场景发展范围，为农业科技企业茁壮成长提供丰厚土壤。

农技培训育人才

在“谁来种地、怎么种地”这一问题上，叶文娣表示，破题的关键是培养更多既懂先进技术又懂农业生产的新型职业农民。

近年来，金山区持续开展高素质农民培育计划，累计培育高素质农民4 462名，其中获得证书认定的有3 908名，农业人员持证率达91.6%。上海浩丰果蔬专业合作社负责人梅庆波就是其中的佼佼者。

农忙时节，梅庆波用自己掌握的新技能配置农药、调试无人机、遥控无人机进行植保作业……每天从清晨5点执飞到傍晚，两人配合可以洒药近400亩，而传统方式一人一天最多洒药10亩。梅庆波是金山最早一批试水无人机植保的农户。几年前，他花费5万余元购置第一台植保无人机，并在位于金山区的心意植保农业科技有限公司接受培训。

如今，他的无人机除了给自家菜地打药，还用于服务周边农户。无人机植保精准、安全、高效，大家越来越认可。

金山区持续推动新技术应用和人才培养。在金山区农业农村委的支持下，心意植保成立的无人机应用培训中心开展技术培训和作业实训等综合性服务，无人机学员人均享受学费减免 3 000 元。

“在金山区政府部门的有力支持下，无人机植保以及相关培训市场迅速壮大起来。”心意植保农业科技有限公司总经理金海霖说，目前公司已培训无人机持证飞手 5 000 余名。

第三期农业科技金融高端对话暨“农行杯”上海农业科技创新场景大会举办

人民网 唐小丽 轩召强

围绕上海极具特色的都市农业和国际领先的金融产业优势，为引导动员更多的社会力量共同构建和培育一个具有竞争力和可持续的农业科技创新生态，第三期农业科技金融高端对话暨“农行杯”上海农业科技创新场景大会于6月22日在沪举办。本届活动是在中国农村技术开发中心、上海市农业农村委员会、中共上海市委金融委员会办公室的指导下，由国家农业科技创投联合体和中国农业银行上海市分行联合主办。

本届活动主题为“为农业科技注入金融的力量”，重点围绕金融如何赋能农业科技创新、培育农业科技创投生态、发展农业新质生产力等开展多场深入交流。来自农业农村部科技司、上海市农业农村委、全国农业高新技术产业示范区、全国农业科创中心，农科院、农业高校、农业科研机构、涉农企业、金融机构、投资机构等440名代表参加会议。

活动期间，在中国农村技术开发中心、上海市农业农村委员会、国家农业科技创新投资联合体、中共上海市委金融工作委员会办公室的联合见证下，中国农业银行正式发布上线“农科贷”产品。此外，中国农业银行上海市分行还与上海中科荃银分子育种技术有限公司、上海非夕机器人科技有限公司、上海清美绿色食品（集团）有限公司、上海丰科生物科技股份有限公司签订战略合作框架协议，联合探索种源农业、绿色农业、科技农业服务新模式。

近年来，农行上海市分行紧扣“农”字主题，紧盯上海农业科技创新战略布局，围绕生物育种、生物制造、温室与植物工厂等新赛道，突出应用导向，加大信贷支持和综合服务力度。一是探索新模式。深化与市、区两级农委、文旅局等合作，聚焦设施农业、种源农业、科技农业，发挥农银集团综合服务优势，支持上海建设高端农业、精品农业、品牌农业。二是组建新架构。突出科创支农属性，成立农行系统首个一级分行科创金融事业部，完善分行、支行、网点三级科技金融专属服务体系。三是引入新押品。创新运用农村土地经营权、农村集体经营性建设用地使用权、生物活体等进行抵、质押，弥补农业抵押先天不足。四是创设新产品。开发系统首款“农科贷”专属信贷产品，系统性解决成长期企业融资难点。五是推出新服务。依托“商行＋投行”一体化战略，为农业科技型企业提供股权投资、并购融资、债转股、债券承销、上市顾问等综合性资本市场服务。

农业强国，金融先行。农行上海市分行党委书记、行长韩国强表示，农业银行将不断完善体制机制、加强产品创新、塑造品牌形象、提升服务水平，一如既往的践行服务乡村振兴领军银行战略定位，积极融入并支持全市“三农”工作，为农业科技金融创新探索上海经验、打造上海样板，携手各方共同绘就超大城市农业农村现代化的美丽新画卷。

上海搭建农业科技成果路演平台：助力多链融合协同

新华财经 刘润榕

搭建多元化的成果路演综合服务平台，形成创新链、产业链、资金链和人才链融合协同的农业科技创新生态。2024 年 12 月 18 日，上海举办农业科技成果路演——水稻成果专场活动，推动水稻科技成果与产业需求精准对接转化，助力水稻产业高质量发展。

据上海市农业农村委员会人士介绍，近年来，上海农业科技创新取得突破。在水稻领域，“水稻遗传资源的创制保护和研究利用”荣获国家科学技术进步奖一等奖，打破了全国农业领域在此奖项上连续八年的沉寂。培育了节水抗旱稻审定品种 20 多个，累计种植面积超过 2 000 万亩，并在其他国家示范推广，产生了显著的国际影响。

目前，上海优质稻米品种良种覆盖率达 90% 以上，机械化率达 98% 以上，农机农艺水平及地产大米品牌影响力不断提升。上海搭建农业科技成果路演平台，已组织开展了食用菌、花卉、畜牧等 30 余场次成果路演活动，推动了一大批优秀科技成果转化落地应用。

据了解，此次活动现场发布了“广谱抗稻瘟病基因挖掘与分子育种应用”“健康营养，从‘优糖’开始——优糖米菌菇代餐粉”“水稻品种基因型评估体系”等 10 项优秀科研成果及“智能水稻叶龄仪研发”“杂草 AI 识别、标定及水稻田机器人探测病虫害需求”2 项企业技术需求。“粳稻不育系申 22A 品种权转让”“优质水稻品种‘沪香软 450’十五年独占使用许可（全国）”等 4 项优秀成果在现场成功签约。

业内人士表示，路演活动展示的成果中，既有前沿创新成果与企业亟须技术的“碰撞”，又有智能装备与水稻交叉领域的“火花”，还有银行机构金融产品的“加持”，进一步助力科技创新链与资金链的深度融合，推动形成多链融合协同的农业科技创新生态。

上海正加速推进现代高新技术在农业领域的应用，开辟农业科技创新“新赛道”，培育农业领域“新爆点”，并充分利用上海这座超大城市的规模优势和外溢效应，发挥其在创新企业、基础科研、专业人才和金融资本等方面的集聚优势，让优秀农业科技成果完成从科学研究、实验开发到推广应用的“三级跳”，让上海成为农业科技创新的重要策源地。

强农利器“上海造”
——上海市农业科研体系创新观察

农民日报 冯 克 胡立刚 颜 旭

提及上海，中国人总在这座城之前冠之以“大”。因为“大上海”的叙事习惯，又因为农业GDP占比不到1%，虽然即使上海农业现代化评价指数、都市现代农业发展指数包括水稻平均单产多年来领跑全国，但上海“三农”仍被视为“小三农”。直到上海都市现代农业在保障城市供给和服务全国现代农业高质量发展上的成就不断涌现，上海“三农”才赢得了较好的口碑。然而，很多人并不知道这以小搏大的关键引擎，是上海农业科技进步贡献率已接近世界发达国家水平，在过去十年从64%增长至80.13%。

“习近平总书记在上海工作期间多次强调，必须以全局的眼光、战略的眼光，融入全国、服务全国。上海农业也是如此，牢固树立服务全国农业现代化的理念，坚定依靠农业科研体系创新实现高质量发展的信心。”上海市农业农村委员会主任冯志勇说。

科技这一利器让上海成为中国都市现代农业和农业现代化的“桥头堡”，建设农业强国鼓角争鸣，科技这一利器亟待“打磨”。面对我国农业科技创新长期存在的各自为战、低水平重复、转化率不高等突出问题，上海将担当起怎样的使命？日前，记者深入上海农业科技工作一线，探寻梳理其在技术攻关、模式创新过程中给出的“上海答案”，以期为全国提供镜鉴。

点上突破

2021年11月3日，上海市农业生物基因中心罗利军团队获得国家科技进步一等奖，地产水稻产量只能满足上海一个月的需求，却凭借“水稻遗传资源的创制保护和研究利用”摘得大奖，出人意料。

其实，获得大奖绝非偶然！

在上海农业“立足上海，服务全国”理念的催生之下，在上海国际化大都市和全国科创中心的孕育之下，不夸张地说，农林牧渔的种源，上海一个都没落下——屡屡获得食味金奖的粳稻品种、博得盛名的“锦绣”系列黄桃品种、全国10%上市商品猪所含的种猪基因、“横行”全国大闸蟹产业的“江海21”品种等，这些上海优质种源，成为辐射长三角、服务全国的“先头部队”。

同时，智慧农业，特别是高端农机装备的研发，更是上海着力开辟的新赛道。

春耕时节，位于上海嘉定区外冈镇的无人农场内一派忙碌景象。农场主得意地说：“我平时就坐在指挥中心，喝着茶，轻点远程可视化操控平台，就可以发出指令。田间那些由上海联适导航技术股份有限公司改造的无人驾驶拖拉机，就会按照规划路线自动整地、播种、施肥、打药、收割。"

"上海面临的劳动力不足和从业人员老龄化等问题，必然是未来全国很多地方农业生产面临的难题，上海有义务在智慧农业上担起破题责任。"市农业农村委总经济师、农机专家施忠告诉记者。上海的精致农业曾被各地学习，在数字化、智能化时代，上海又一次自我加压，围绕农业机器人、传感器、植物工厂等领域的关键材料和核心技术开展攻关，形成了系统化作业标准。

种源创新和智慧农机应用场景的系统化创新是面向未来的战略性投入，实现突破离不开上海市委、市政府的重视。近年来，上海相继出台了《上海市促进农业科技进步若干规定》《上海市推进农业高质量发展行动方案（2021—2025 年）》《上海市促进科技成果转化条例》等系列文件，不断加大政策支持力度和经费投入强度。

好政策的制定和真金白银的投入必须用在"刀刃"上，上海农业科研创新平台建设大步向前。全市目前有 15 家省部级涉农科研院所、高校及技术推广单位，研究内容覆盖种质资源创新、生态循环、智能设施农业、农业机械、畜牧疫控、农产品安全营养与保鲜加工等领域。拥有从事研发、推广人员 3 000 余人；建成国家级、省部级等各类创新平台 100 余个。"十三五"期间累计承担各类研发项目 2 000 余项，授权发明专利 3 000 余件，审认定相关品种 200 余个，形成国家、地方相关标准 150 余项。

启示：面对农业核心种源依赖进口、高端装备受制于人、资源节约技术受瓶颈约束等问题，上海的答案是围绕需求和短板高效整合优势资源，打造创新平台，开展关键核心技术攻关。主要做法是，统筹全市农业科研财政专项资金，支持科研机构和企业服务国家战略，实施有组织科研，采用"揭榜挂帅""赛马制""后补助"等立项模式，优化农业科技创新资助体系。

链上协同

"三天不吃青，两眼冒金星"，这句话的流行，既道出了上海消费者对绿叶菜的喜好，也折射出上海历届市委、市政府在保障上海大市场、满足人民对美好生活的向往的压力与动力。对于科研工作者而言，这句话既是科研导向，也是科研路径，即从种子选育到智能采摘甚至到循环利用全过程、全链条的技术创新之路。

"我们利用现代生物技术辅助选择育种，推出了适宜周年生产的优质抗逆抗病耐热品种、适宜全程机械化生产的耐热品种、耐寒耐抽薹的系列品种。"上海市农科院园艺所所长朱为民告诉记者，这些自主培育的青菜新品种及配套的绿色安全高效栽培技术已在上海落地生根并走向全国，近 5 年累计推广超过 80 多万亩次。

记者了解到，不仅在品种选育时已考虑到机械化等问题，而且围绕整地、作畦、播种、移栽种植、水肥管理到采收，再运送到预冷库、包装车间等，实现全程机械化，一天单机可采收 10 亩，单人劳动生产率是传统模式的 25 倍。机械化还有效避免人工多次抓握，减少二次污染。收割后原本被视为城市垃圾的残留损坏根茎叶等，也通过资源化利用转化成了有机肥料。

青菜虽小，可窥全貌。上海市农业科技服务中心主任沈悦告诉记者，上海现代农业产业技术体系紧紧围绕需求端，以农产品为单元，以产业为主线，实现了上中下游联接和多学科融合。各类科研力量养成了在产业链条中挖掘科技项目的习惯，为产业发展提供全程全面的技术支撑，通过价值链的构建实现自身价值。

因此，原本只供给中华绒螯蟹蟹苗的上海，通过选育“江海 21”大闸蟹品种，构建并完善了具有竞争力的上海中华绒螯蟹产业链。以王成辉为首席的产业技术团队在品种选育和养殖技术整个链条上发力，打破了北纬 28 度以南养不出大规格河蟹的历史，把“良种 + 良法”的新技术推广至苏皖云贵等 17 个省份。

“上海地域面积狭小，要想提高农业技术创新成果的效能，必须跳出地域限制，去考量农业科技创新的投入产出比，不断扩大科技成果的溢出效应，促进成果在全国范围的转化应用。”分管农业科技工作的市农业农村委副主任夏明林说。

记者在与上海农业科研机构座谈时发现，上海的农林牧渔各专家团队对成果推广如数家珍，连接上海和每一个卓有成效的成果落地点，不是在地图上留下几根射线，也不是形成扇骨，而是密密麻麻，几乎覆盖整个疆域。“农业科研工作贯穿了从种子到种养、加工的全过程，目标就是服务农业生产和市场需求。”上海市农科院党委书记、院长蔡友铭说，“要把成果变成产品，既服务市场，又经受市场检验，这样才能充分体现科研成果的价值，让上海的‘小农业’服务全国大农业和大市场。”

启示：面对农业科技成果点、线、环较多，而围绕产业链的系统性成果较少，支撑高质量发展的优质成果供给不足等问题，上海的答案是围绕产业链部署创新链，为产业发展提供全面系统的技术支撑。主要做法是，鼓励涉农科研力量组建创新联盟，形成从基础研究到产业应用全链条式的研究项目支持体系，按照有所为有所不为的理念，聚焦每个协同创新聚落的主导领域，减少同质化无效重复。

应需转化

“课题从生产中来，成果到生产中去”，是农业科研的真谛，但做到知行合一并不容易。只有真正解决产业链上每个环节的痛点，才是真正推动产业发展的科研成果，也才能摆脱成果“停留在纸上、紧锁在柜中”的命运。

抗性淀粉含量超 13% 的水稻新品种“优糖稻”，是上海市农业科学院作物育种栽培研究所水稻中心特种稻研究团队经 20 余年攻关的成果，通过上海农村产权交易所挂牌，最终以独占许可方式签署成果转让合同，与国家重点龙头企业建立紧密的产研合作关系，在浦东新区祝桥镇建设千亩种源基地，5 年内种植规模有望扩大到 10 万亩。

"功能性和高产优质兼顾的品种是有，但能较好解决产业链上种源、栽培和加工等关键环节的系统性技术不多，'优糖稻'丰富了上海稻米产业高质量发展的生动实践。"市农科院作物育种栽培研究所所长、上海水稻产业技术体系首席专家曹黎明说。

像"优糖稻"这样的生动实践已经在上海农业产业领域形成风尚。通过农业科研团队的协同，将研发与推广紧密对接，将新技术、新方法转化应用到生产实际，推动提升生产力；同时，通过产业主体，第一时间将生产一线存在的问题和市场需求传递给科研院所。这种双向互动模式，是需求拉动型成果转化模式，也是转化精度和效能得到保证的模式。

据市农科院副院长赵志辉介绍，截至目前，农科院组织开展各类科技成果推介会、展示会、品鉴会、培训会和路演等成果转化助推活动累计近 150 场次，引发签订技术服务合同 23 项，总金额 1 005.8 万元；签订成果转化合同 16 项，总金额 898 万元。

除了科研单位自己上阵推广应用外，市农业农村委发布的"上海科改 25 条"等文件及上海技术交易所、国家技术转移东部中心、长三角路演中心等第三方服务机构网络建立的以申请转让、成果定价、信息发布、组织交易、交易鉴证为核心的"五步法"成果转化服务流程，则推动了上海农业科技成果转化制度体系的健全和完善。"十三五"期间，上海农业科技成果推广应用面积达 350 余万亩次，经济效益超过 210 亿元，农民增收高达 12 亿元，90 多项科技成果的落地转化功不可没。

而作为创新主体的涉农企业，自然在和科研机构双向互动中实现了关键核心技术创新和重大原创技术突破，做大做强也因此水到渠成。记者在上海祥欣畜禽有限公司了解到，在上海生猪年出栏不到 100 万头的产业形势下，公司被遴选为首批国家生猪核心育种场，为全国半数以上国家生猪核心育种场提供了优质种猪及猪精资源。

启示：面对基础研究、应用研究和成果转化脱节，许多基础研究成果被束之高阁，成果统计多、市场应用少等问题，上海的答案是大力推进政产学研用一体化。主要做法是引导科技人员精准对接重点产业，培育了一批科创成果孵化与示范推广基地、专家工作站，充分发挥企业在基础研究、应用基础研究、技术创新、成果转化和产业化创新全过程的主体作用。

生态培育

农业科研成果少、转化率低，成果本身质量参差不齐、转化周期长等是表层病因，价值和绩效评价导向的"跑偏"才是病根，要除根，要整体优化科研生态。

上海自 2010 年启动水稻、绿叶菜、西甜瓜、河蟹等四大产业技术体系试点，历经十余年探索，基本完善了十大产业技术体系建设模式，围绕产业和技术两个核心内容，促进科技与生产紧密结合，为上海都市现代绿色农业发展注入强劲动力。

之所以能构建起较为完善的农业科技发展体系，离不开上海推进政策法规体系建设，和由此逐步培育出的有利于科技创新和应用推广的良好生态。作为全国首个促进农业科技进步的地方性法规，于 2007 年施行的《上海市促进农业科技进步若干规定》中明确提出：要着力构建以农业技术推广机构为主导，村级农业技术服务队为补充，农业科研院所、高等院校和涉农企业广泛参与的多元化基层农业技术推广体系。再加上《上海市人民政府关于加强科技兴农工作的通知》等一系列文件的发布，形成了包括投入、立项、分工协作和联合攻关在内完整的农业科研体系运行机制。

农业科研好生态，最关键的是能激发生态中的主体活力。上海市农业农村委科技教育处相关负责人告诉记者，上海正积极探索“创新团队 + 项目经理制（PI 制）”的科研管理模式，实现有组织科研与自主原始创新相结合，开展“经费包干制”和“负面清单制”试点，营造创新主体协同互动、创新要素顺畅流动、创新资源高效配置的良好创新生态。

为精简合并预算科目、下放预算调剂权、扩大“包干制”试点范围，上海市财政局会同市科学技术委员会制定并实施的《上海市财政科研项目专项经费管理办法》，被称为近十年来上海出台的科研经费管理放权最到位、经费使用最灵活的一部文件。其最大的亮点是权力下放，进一步为科研人员减负松绑，减少事务性工作。

绩效考核永远是最有效的“指挥棒”。上海完善以产业链价值提升为导向的农业科技人才评价机制，充分营造鼓励包容支持创新文化的科研环境。蔡友铭介绍：“我们农科院制定了科研业绩量化考核指标体系，坚持结果导向、目标导向来选拔培养人才，实施分类管理，实现优绩优酬。此外，开展中青年学术和技术带头人培养计划，选派优秀青年科技人员挂职锻炼，为其团队发展创造良好的科研条件。”

启示：面对目前尚未建立统一规范的评价指标体系及方法，导致出现科研价值取向“跑偏”和分配制度不合理等问题。上海的答案是，完善以产业链价值提升为导向的评价机制，科学设置人才分类评价指标。主要做法是，科学设置评价考核周期，逐步建立以绩效为导向的评价机制与体系，精简环节，让科研人员把更多的时间花在科研上。

上海聚焦“国之大者”构建农业科技创新高地

上海三农 施勰赟

党的二十大报告提出：“加快建设农业强国，扎实推动乡村产业、人才、文化、生态、组织振兴。”农业强国如何建设？习近平总书记在中央农村工作会议上给出路径：“要依靠科技和改革双轮驱动加快建设农业强国。”

农业科技是加快建设农业强国的重要一环，也是加快推进农业农村现代化、全面推进乡村振兴的关键所在。上海作为超大城市，始终把科技创新作为引领农业发展的第一动力，坚持走都市农业现代化、高质量发展路线。通过实施农业科技项目、构建产业技术体系等方式，不断加强科技创新平台建设，促进体制机制变革创新，助力科技成果落地生根，为加快实现农业现代化提供有力支撑。

搭平台建设体系 跑出科研加速度

寸土寸金的上海，如何在保证粮田种植面积的前提下，进一步提高土地利用率？农业科技给出答案。

在金山廊下，特早熟节水抗旱稻在 8 月就能完成收割，抢出的时间刚好可以多种一茬短生育期的鲜食玉米或两茬速生菜。“稻 +”轮作模式实现的背后，离不开上海农业科技工作的持续推进。

多年来，上海农业面向全球寻找资源，持续建设各类科技创新平台，加快科研速度。“双早”组合的诞生，也是构建水稻种质资源保护与利用平台及上海鲜食玉米产业技术体系的共同成果。

“如果说项目最重要、最核心的部分，那应该是构建了水稻种质资源保护与利用平台。”2021 年，“水稻遗传资源的创制保护和研究利用”项目获得 2020 年度国家科学技术进步奖一等奖，项目第一完成人、上海市农业生物基因中心首席科学家罗利军研究员如是说。

2000 年，上海市设立重大专项，启动“上海农业基因库”建设。罗利军接手建设并在成立上海市农业生物基因中心后，从水稻遗传资源的开发利用入手，汇集世界各地水稻优势资源，逐步构建水稻种质资源保护与利用平台。

“通过杂交等技术手段，得到优势基因更富集的品种，入库保存后，向全国开放。”不同于国家资源库从种质资源多样性的角度广泛收集，罗利军团队从应用角度出发，将优势基因“浓缩”保存，提高科研与育种效率。

这些优异资源广泛应用于我国水稻品种选育和基础理论研究之中，资源共享利用超过

9万份次，育成327个新品种。既有破解了水稻优质高产与节水抗旱矛盾、抗得住极端天气的节水抗旱稻，也有我国水稻年种植面积最大的“绥粳18号”。其中，节水抗旱稻在采用旱直播旱管的种植模式下，可节约淡水资源50%以上，减少甲烷排放90%以上，同时降低种植成本，目前已在我国、东南亚、南亚及非洲等地区累计推广种植2 000余万亩，向世界勾勒出一幅美好的资源节约、绿色环保的水稻产业图景；同时，基于平台选育的水稻品种在国内累计推广11.9亿亩，国外累计推广20万亩，为端稳“中国饭碗”贡献出上海力量。

短生育期超甜水果玉米“申科雪甜818”的成功选育离不开上海鲜食玉米产业技术体系的建设。近年来，该体系有效推进产学研、繁育推、产加销结合，在生物育种、农业机械化、采后保鲜加工和品牌建设等方面均取得突破。尤其在育种方面，体系以国内外优异种质为基础，持续开展种质改良与育种技术创新，选育出多个优质多抗适宜长三角地区种植的优势品种，带领长三角鲜食玉米提质升级，成功实现了鲜食玉米从“论斤卖”向“论个卖”的转变。在2023年6月农业农村部发布的2023年农业主导品种中，就有上海市农业科学院玉米团队选育的水果玉米新品种“申科甜811”。此前，该团队的“优质多抗系列鲜食糯玉米新品种选育与绿色高效技术集成应用”项目还曾荣获2021年度中华农业科技奖神农二等奖。

在上海，不仅鲜食玉米建有完善的产业技术体系，水稻、绿叶菜、西甜瓜、河蟹、生猪、虾类、果业、花卉、食用菌等产业技术体系建设模式也已基本完善。自2010年，上海围绕产业发展需求，整合科研、教育、技术推广、企业等科技创新和产业化资源，启动现代农业产业技术体系建设以来，各体系围绕产业和技术两个核心内容，促进农业科技与生产紧密结合，为产业发展提供全面系统的技术支撑。

加快核心技术攻关　助力产业提质增效

“采蘑菇的小姑娘，背着一个大竹筐……”一首脍炙人口的童谣，将蘑菇采摘的场景描绘得童趣而美好。现实中，蘑菇在工厂化生产环境下，生长密集，采摘劳动强度高，且由于简单重复，几乎吸引不到年轻人从事采摘，“采蘑菇的姑娘”多是暮年。由于质地娇嫩，即便在双孢蘑菇种植技术最先进的荷兰，仍没能实现自动化采摘。用工难、人工成本高成了该行业普遍存在的困境。

2019年，本市聚焦双孢蘑菇产业发展关键制约瓶颈，加快核心技术攻关，通过农业科技项目，设立“双孢蘑菇智能采摘机器人研制及系统集成应用示范”课题，由上海第二工业大学联合上海农科院食用菌研究所、上海大学、上海联中食用菌专业合作社组建科研开发团队，优势互补，展开联合科技攻关，助力双孢蘑菇生产过程智能化升级，成功让“采蘑菇的姑娘”永葆青春。团队自主开发的采摘机器人智能控制系统、视觉识别系统、多臂柔性采摘执行机构、移层升降装置等技术让蘑菇采摘向着“机器换人”的目标又近了一步。目前，通过团队持续改良，在理想状态下，采摘机器人对蘑菇识别率可达 92%，基本实现不损伤菇体的拟人化采摘方式，每小时能采摘双孢蘑菇近 10 千克，与人力持平。

在上海市农业科学院庄行综合试验站，针对水稻无人农场建设的部分关键技术正在加紧试验。目前，经农业农村部水稻全程机械化科研基地建设项目，试验站水稻生产中所用到的拖拉机、插秧机、植保机、收割机等农机已成功实现无人化改造，配以筑埂机、开沟机、平地机等农机具和田间灌溉设施的自动化、无人化改造，可以实现水稻耕、种、管、收全过程的田间无人化作业。

“无人农场不是摒弃农民，而是实现了作业过程的无人化。农民不需要进入田间，在办公室就能完成农业生产作业。”上海交通大学机械与动力工程学院教授刘成良认为，“机器换人”让农业生产趋于轻体力、重脑力劳动，将会吸引更多年轻人投身农业，焕发产业活力。与此同时，嘉定区作为上海市无人农场先行先试区，自启动建设以来，也形成了一套行之有效的做法。不久的将来，10 万亩无人农场将在上海建成，“锄禾日当午，汗滴禾下土”的水稻生产场景或将成为历史。科技赋能上海农业现代化飞速发展，逐步打破农业“面朝黄土背朝天”的刻板印象，让农民这个职业更体面。

此外，集合农业信息化、物联网技术、水肥一体化、现代无土栽培技术和温室内环境节能环保调控技术等农业科技成果的智能温室等设施农业也在加速推进建设。以“孙桥溢佳”“绿立方”“由由中荷”“九丰农场”等为代表的“未来农场”也在助力农业生产高质量发展，让农业生产向精准管控、绿色低碳发展。

科技成果落地生根　服务市民高品质生活

秋风起，蟹脚痒……每到深秋，膏满肉肥的大闸蟹总能收获大量消费者的青睐。除了阳澄湖大闸蟹，懂行的市民还会专门驱车前往沪郊的知名蟹塘，认准地产好品牌。

曾经，上海大闸蟹由于种质混杂、品种退化等原因，产出的成品蟹个头小、品质差，产业一度陷入瓶颈。自 2004 年起，在上海市农业科技攻关项目的支持下，上海启动河蟹良种选育工作。2010 年，中华绒螯蟹入选全市首批建设现代农业产业技术体系。一场向技术要效率、向创新要效益的河蟹“种”“养”革新之路自此开启。

通过第一轮建设，种源、大蟹“齐头并进”，不仅成功选育“江海 21”中华绒螯蟹新品种，成蟹规格也平均达到“三两母，四两公”的优品标准。第二轮建设后，品种、品质、品牌“三驾马车”协调发展。“江海 21”累计在 16 个省份养殖，成熟的种养标准、绿色生态的养殖环境以及饲料研发都让上海大闸蟹品质实现飞跃。上海河蟹产业的功能格局发生了重大变化，地产大闸蟹实现了“论斤卖”向“论个卖”的转变，一只五两半的公蟹价高时可卖到 200 元以上。与此同时，多家生产单位屡屡在“王宝和杯”全国河蟹大赛上斩获大奖，有的甚至拿下金蟹奖、最佳口感奖、最佳种质奖“大满贯”，不仅养殖户收获满满，追求品质的上海市民也尝到了足不出“沪”就能品尝优质蟹的甜头。

猪粮安天下，生猪产业，一直在市场占据重要地位。尽管上海生猪养殖规模很小，但上海生猪产业影响力却不容小觑。上海祥欣畜禽有限公司是首批国家生猪核心育种场，上海名牌产品祥欣种猪在全国二十多个省份推广，全国 10% 的上市商品猪含有祥欣种猪基因。

2014 年，为了解决猪冻精繁殖生产瓶颈，上海设立“优质种猪精液体外超长保存技术研究”项目，利用猪精子代谢调控技术、体外保存技术、精子细胞低温复苏激活技术等，筛选出利于猪精子体外保存的稀释剂，成功延长猪精子体外存活时间，提高优质种公猪利用率。2016 年，上海设立“杜洛克种猪的培育”项目，通过引进国内外先进育种技术、培育模式、评估模型、种质资源，结合国内市场需求，培育出生长性能和精液质量优异的公猪站专用杜洛克种公猪。“建设具有全球影响力的科技创新中心是中央交给上海的任务，通过引进、提升、输出的模式，将上海优质的生猪种源输出辐射全国，以帮助兄弟省市进行遗传改良、防止种源退化。”上海祥欣畜禽有限公司董事长严国祥表示，加快我国良种体系建设，是关乎我国种猪产业兴衰的大事。优质种源能提升全国生猪产业能级，同时也为消费者提供更优质的产品。

近年来，上海农业通过源源不断的农业科技项目，持续做深、做强的上海现代农业产业技术体系建设，科技创新取得了辉煌的成果。“十三五”期间，上海农业科技成果获国家科学技术进步奖 6 项，获上海市科学技术奖一等奖 14 项、二等奖 27 项、三等奖 18 项。2022 年，上海农业科技进步贡献率达 80.13%。今后，在中国式现代化的宏伟蓝图指引下，围绕建设农业强国的总要求，上海将全力聚焦“国之大者”，坚定农业科技自立自强的信心决心，继续用好农业科技的强国利器，探索走出一条符合超大城市发展规律的农业现代化实现路径。

农业科技新赛道 | 不再让农业芯片“卡脖子”上海种业创新引领农业高质量发展

上海三农 施勰赟

科技创新是推动农业现代化的核心引擎。2024年6月，上海市人民政府办公厅印发了《关于加快推进本市农业科技创新的实施意见》，立足上海超大城市和都市现代农业特点，围绕农业产业链部署创新链、资金链、人才链，从巩固特色种源优势、挖掘生物制造潜力、补强现代设施农业等方面布局农业科技新赛道。近年来，上海在农业科技创新方面强支撑、建体系、谋突破，涌现出一批高水平科技自立自强的生动实践，特推出“农业科技新赛道”系列报道，以更好凝聚起以科技创新驱动发展农业新质生产力的强大合力，敬请关注。

前不久，在2024年中国农民丰收节上海主会场科研成果展示环节，多个优质新品种受到关注。种源是农业的芯片，优质的品种既能满足消费者对高品质生活的需求，也能推动农业产业结构升级，增强农业可持续发展的能力。在上海这片充满活力的土地上，农业科技工作者们正以前所未有的热情投身于种业创新的伟大事业中。近年来，本市不断加大对农业科技创新的支持力度，推动农业科技成果转化和产业化应用，农业科技领域捷报频传，一系列优质种质资源的突破性进展为农业高质量发展注入了强劲动力。

兼具高产优质　杂交粳稻“申优28”香飘四方

正是稻花飘香的时节，沪郊大地处处都是丰收的景象，杂交粳稻“申优28”正是其中重要一员。“申优28”作为上海农业一张闪亮名片，以其高产、抗病、优质、易制种等优良性状，在全国多个产地赢得了广泛赞誉。该品种不仅实现了显著增产，有效提高了稻米的品质和市场竞争力，还成功打破了传统杂交粳稻制种成本高、推广难等瓶颈，为我国杂交粳稻品种的选育和推广树立了新的标杆。

长期以来，上海消费者偏爱粳稻，但杂交粳稻由于制种产量低等原因始终存在推广难度大的问题，产业发展远远落后于杂交籼稻。

“水稻杂交需要不育系与恢复系两个样本，传统粳稻的花期较晚，粳稻由于没有恢复系，其恢复系材料是通过籼稻架桥改良而来，因此两者花期相差较大。”上海市农业科学院作物育种栽培研究所所长曹黎明解释道，导致杂交粳稻制种成本高的主要原因在于杂交粳稻的不育系与恢复系开花时间相差大、人工授粉速度慢，以致两者间授粉成功率大大降低。制种产量低了，种子成本就相应上升，农民的购买意愿与企业的制种意愿都不高。

育种初期，曹黎明从产业痛点入手，决心找到花粉量大、开花时间相近的优质粳稻育种材料，从而提高制种效率，破解杂交粳稻推广难题。

功夫不负有心人，曹黎明团队通过开发 PCR/LDR 多重分子标记，结合花药培养技术及全基因组选择技术，终于在上万份材料中找到了符合目标性状的“佼佼者”；通过建立高效分子育种平台，逐步创制了“申恢 26”等 22 个强优势恢复系和“申 21A”等 15 个优质粳稻不育系。其中，重大不育系“申 21A”高抗稻瘟病、开花时间与父本同步，解决了杂交制种花时不育的问题；“申恢 26”作为第一个具早熟超亲配合力的粳稻恢复系，因花粉量大，有效提高了制种效率，从种源创制上解决了杂交制种产量低的关键难题。在此基础上，“申优 28”横空出世。自 2022 年荣获上海市科学技术进步奖一等奖以来，“申优 28”凭借其优异的表现，成功入选 2024 年度超级稻品种，成为全国经确认可冠名超级稻的 129 个品种之一。在成果转化方面，“申优 28”更是取得了显著成效。经过 51 轮网络竞价，该品种最终以 715 万元的价格转让。截至目前，“申优 28”已实现两轮转让，累计转让费用高达910万元，成为国内粳型杂交稻最高的转化品种。这一系列成果不仅体现了上海农业科技的创新实力，也为我国南方稻区杂交粳稻种源安全提供了有力保障。

此外，团队还在实践中改良了制种授粉方式，通过机械化赶粉来加快授粉速度，将父本、母本的开花时间差降到最低。同时联合农机专家罗锡文院士对播种机械进行改良，提高制种机械化水平。团队创立的高产高效的杂交粳稻全程机械化制种技术入选2023年全国农业主推技术，解决了杂交粳稻制种产量低、效率低、效益低和农民用种成本高的重大难题。

舶来品种"中国芯""沪绿70"引领西蓝花产业发展

西蓝花作为餐桌上常见的蔬菜，因其营养丰富、烹饪简单而深受消费者喜爱。然而，长期以来，我国西蓝花生产用种严重依赖进口，缺乏优质的本土杂交品种。为此，上海市农业科学院牵头实施国家西蓝花育种联合攻关课题，成功选育出适合在长江流域栽培的自主知识产权西蓝花品种"沪绿70"。该品种不仅抗逆优质、适应性强、商品性好，且耐热性、耐寒性均十分突出。其花球高圆、呈蘑菇形，球色蓝绿，品质优良，符合市场需求。近日，"沪绿70"以500万元的标的金额成功转让给湖北隆芯种业科技有限公司，创下国内十字花科蔬菜新品种转让费新高。

"西蓝花自19世纪末传入中国后，在我国广泛种植，目前在我国栽种面积已达180万亩，约占全球生产总量的30%。从这些数据来看，我国有庞大的西蓝花消费市场。"上海市农业科学院科技兴农办公室主任谢祝捷介绍，尽管西蓝花在我国广泛种植，但由于其为舶来品种，生产用种长期依赖进口，不仅国内缺乏优质杂交品种，进口品种也逐步暴露出一定的缺陷。"一直以来，我们的生产上普遍缺乏耐寒性强、抗病性强，适宜本土栽培的品种。"

优势产业的背后是弱势种业。针对生产需求，上海农业科技人员向"芯"发力，经过十多年不懈努力，最终育成了西蓝花新品种"沪绿70"，助力西蓝花产业蓬勃发展。更让农户惊喜的是，该品种不仅品质好、抗逆性强、容易种，成熟期也更短，定植70～75天就能采收，且春秋兼用，适合国内大部分西蓝花主产区栽培。目前，"沪绿70"在湖北、浙江、江苏、安徽、河北、甘肃、河南等地均有种植，表现出适应性好的特点。预计在未来六年内，该品种在我国推广面积可达10万亩次，十年内将达到30万亩次，将部分替代市场现有的进口品种。

该品种在国家重大科研西蓝花良种联合攻关大会被评为 2022 年十大优秀品种。

在上海农业科技人员的不懈努力下，舶来品种也能装入“中国芯”，让我们种业发展不再受制约，“卡脖子”难题迎刃而解。上海市农业科学院在西蓝花育种领域的这一重大突破，再次彰显了上海农业科技的创新能力和引领作用。

养殖效率显著提高 “沪苏 1 号”填补草鱼良种空白

在水产新品种方面，上海同样取得了重要突破。近日，农业农村部公示了 2024 年审定水产新品种，其中就包括中国首个草鱼新品种“沪苏 1 号”。该品种填补了中国水产养殖产量最大的鱼类——草鱼长期没有良种的空白，是中国水产科技创新的一项重要突破。

草鱼作为我国四大家鱼之一，生长速度快，饲料成本低，是我国养殖产量最高的淡水物种，也是老百姓获取优质动物蛋白的重要来源。20 世纪 50 年代前，草鱼养殖一直依赖从江河中捞取天然苗种；50 年代末，我国成功突破“四大家鱼”人工繁殖技术，推动草鱼养殖产业的快速发展。然而，从 70 年代起，养殖草鱼出现生长速度减慢、抗病抗逆性能下降等种质退化问题，种质资源的研究和开发利用迫在眉睫。

草鱼在长江流域性成熟至少需要 4 年，其良种选育需要 20 年左右，是世界公认的水产科研难题之一。20 世纪 80 年代初，在上海海洋大学李思发教授牵头下，联合全国五家科研院所共同完成了“长江、珠江、黑龙江鲢、鳙、草鱼原种收集和考种”项目，开启了草鱼种质资源的研究工作，并建立了草鱼种质的国家标准，为后续的育种工作奠定了坚实基础。

21 世纪初，李思发教授的学生李家乐教授建立团队，联合苏州市申航生态科技发展股份有限公司等单位，开展了草鱼新品种的选育工作。在李思发教授系统的资源调查和鉴定基础上，团队以长江水系野生草鱼为选育基础群体，采用家系选育结合分子标记辅助育种的方法，以体重增长为目标性状，经过连续 4 代选育，成功培育出草鱼新品种“沪苏 1 号”。经测试鉴定，“沪苏 1 号”池塘养殖 1 龄、2 龄鱼体重均比长江水系草鱼未选育后代提高 20% 左右，在广东、江西等省试养效果良好。

“草鱼良种需求量大，全国水产技术推广总站、国家大宗淡水鱼产业技术体系、全国草鱼主产区各级水产技术推广部门和平台很愿意，很希望将良种推广到全国草鱼主要产区，团队也有信心把良种推广好。”团队负责人李家乐教授介绍道，“沪苏 1 号”的人工繁苗、鱼苗培育、鱼种培育、成鱼养殖技术很容易掌握，受到养殖户的普遍欢迎。据预测，2025 年“沪苏 1 号”在全国覆盖率可达到 30% 以上，在其他条件不变情况下，草鱼产量可增产 33 万吨以上。这一成果对于保障中国水产品稳定安全供给、助力乡村产业发展和农民增收致富具有重要意义。

这些优质种源的成功研发和推广应用，是上海种业振兴的一个缩影。这些创新成果不仅提升了农业生产的效率和品质，展示了上海农业科技的雄厚实力，也为保障国家粮食安全、推动乡村振兴提供了强有力的支撑。未来，上海将继续发挥科技优势和种源优势，为推动我国农业高质量发展做出更大贡献。

农业科技新赛道 | 串珠成链、辐射全国，上海优质农业种源遍布华夏大地

上海三农 许怡彬

科技创新是推动农业现代化的核心引擎。2024 年 6 月，上海市人民政府办公厅印发了《关于加快推进本市农业科技创新的实施意见》，立足上海超大城市和都市现代农业特点，围绕农业产业链部署创新链、资金链、人才链，从巩固特色种源优势、挖掘生物制造潜力、补强现代设施农业等方面布局农业科技新赛道。近年来，上海在农业科技创新方面强支撑、建体系、谋突破，涌现出一批高水平科技自立自强的生动实践，特推出“农业科技新赛道”系列报道，以更好凝聚起以科技创新驱动发展农业新质生产力的强大合力，敬请关注。

在灌浆期经历超过 40℃的连日高温后，仍能在 8 月获得丰收的特早熟节水抗旱稻；含有上海祥欣基因的商品猪占全国上市商品猪的 1/10；“江海 21 号”大闸蟹作为河蟹产业“佼佼者”为全国水产养殖户带去福音；食用菌、赏食百合、西红花等上海品种在福建省三明市“落地生根”……

上海这座超大国际大都市的种源农业正以蓬勃的生机和创新的活力，在农业科技创新领域串珠成链、辐射全国，以澎湃之势融入全国农业高质量发展的新潮流，书写出属于上海现代农业种源创新、服务全国的新篇章。

农业种源推陈出新

种源是农业产业链的源头，也是农业现代化发展的“芯片”。在寸土寸金的上海大都市，上海农业专注不同领域的种源保护与研发工作，走上了一条向技术要效率、向创新要效益的种源发展之路。

自 2004 年起，在上海市农业科技项目的支持下，上海启动了河蟹良种选育工作。2010 年，中华绒螯蟹入选全市首批建设的四个现代农业产业技术体系之一。体系集结了产业最优力量——将科研院所、推广机构、专业合作社、产业化龙头企业以及规模化养殖户拧成一股绳，组建一个从专业组到综合实验再到示范点的三级种源生产体系。终于，经过十余年的潜心研究与

精心选育，上海培育出了中华绒螯蟹的新品种——“江海 21”。

“江海 21”以其生长快、规格大、产量高、成活率高、遗传稳定等优良特性，迅速赢得了市场的青睐。在相同养殖条件下，其生长速度较普通中华绒螯蟹提高了 17% 以上，被誉为河蟹养殖业中的“大长腿”。上海市中华绒螯蟹产业技术体系首席专家、上海海洋大学教授王成辉表示，良好的池塘环境加上良种、良法、良人（优秀技术人员），上海河蟹产业在秉承“四良”方针之下，走上了一条高品质的发展道路，发展势头越来越好。

面对日益严峻的水资源短缺和气候变化挑战，2002 年起，上海市农业生物基因中心首席科学家罗利军研究员带领团队，在南繁基地开荒建设，建起节水抗旱稻试验基地。他们凭借强大的科研实力和创新精神，成功选育出了“八月香”节水抗旱稻。这一新品种以其特早熟、节水、抗旱等优良特性，为农业可持续发展提供了新的解决方案。

节水抗旱稻的种植，不仅有效缓解了水资源短缺的问题，还提高了土地资源的利用效率。在干旱地区或水资源紧张的区域，这种水稻新品种能够保持较高的产量和品质，为当地农民带来了稳定的经济收入。同时，它们的种植还减少了化肥和农药的使用量，降低了农业面源污染的风险，其特早熟的特性也使得农民能够更早地收获作物，从而错开市场高峰期，获得更好的销售价格和经济效益。

水里游的，田里种的，自然少不了在地上跑的，上海农业从业人员的农业种源创新一个没落下。

种猪，被视为生猪行业的"芯片"。此前，中国虽然拥有世界最大的种猪基因库，但国内生猪九成以上来自国外种源。"打造具有自主知识产权的华系种猪品牌，为解决国家种业'卡脖子'问题贡献力量，是我们种源企业的使命。"上海著名的"祥欣种猪"品牌创始人严国祥经过20年的生产实践，兑现了当初的诺言。

如今上海祥欣畜禽有限公司已成长为上海种猪工程技术研究中心、首批国家级两个种公猪站之一，还建起了全球最大的猪冷冻精液产业化基地，其种公猪冷冻精液产品以其高活力、长存活时间、低引种成本等优势，在全国畜牧业中占据了重要地位，"祥欣种猪"以其优秀的种公猪冷冻精液产品，成为国内猪冻精产业里的第一品牌，赢得了市场的广泛认可。

育种成果走向全国

阳春三月，中国大西北尚处于春寒料峭，内蒙古鄂尔多斯市农牧局相关人员和养殖户们却在热火朝天中迎接从上海远道而来的蟹苗，入住精心准备的温室。"江海21"良种蟹苗能够成功入住鄂尔多斯市实属不易，经过鄂尔多斯市农牧局领导及相关部门的多方调研、挑选和沟通，最终选定与上海福岁乐生物科技有限公司进行战略合作，共同打造鄂尔多斯中华绒螯蟹"江海21"蟹种和成蟹养殖销售的产业化和品牌化发展模式。

现在，从江苏、浙江的江南水乡，到安徽、湖南的内陆湖泊，再到内蒙古的盐碱水域，到处可见"江海21"的矫健身影。《上海市中华绒螯蟹产业发展形势和政策咨询年度报告（2023年度）》中透露，自2016年经原农业部公告全国推广以来，上海自主选育的中华绒螯蟹新品种"江海21"已在全国28个省（市、区）落地生根，全国成蟹养殖产量稳定在80万吨左右，年养殖面积达到30万亩，养殖产值约700亿元。

从品种本身来看，节水抗旱稻既可以像水稻一样在水田节水栽培，也可以像小麦一样在旱地种植。在不降低产量和米质

的前提下，其生产过程可少灌水 53.3%，少施化肥 47.7%，且大幅减少农业面源污染，是不可多得的优秀水稻品种。然而一开始没有农户愿意尝试，罗利军便亲自带着团队走入村镇，通过在乡村设置示范点种植的方式，以点带面，让农户近距离感受节水抗旱稻的生产优势及其带来的经济效益。

如今，在罗利军与团队的不懈努力下，节水抗旱稻不仅在我国广泛种植，还走出了国门，在共建“一带一路”国家示范种植。据统计，节水抗旱稻在我国、东南亚、南亚及非洲等地区已累计种植 2 000 余万亩，影响广泛，经济效益、社会效益、生态效益突出。

2018 年，上海祥欣开始在国内生猪主产区布局区域种公猪站，建立以种猪扩繁场为纽带的育繁推一体化体系，全面发展种源生态链。如今，祥欣为全国半数以上的国家生猪核心育种场提供优质种猪及猪精资源。2022 年，祥欣共向市场销售推广优质种猪 6.6 万头，带动养殖农户 4 100 余家。育繁推一体化体系产值达 13 亿元。据统计，每年有近 7 000 万头上市商品猪含有祥欣种猪基因，占全国上市商品猪的十分之一。

此外，上海与福建省三明市建立对口合作关系，变“输血”为“造血”，筛选引荐适宜当地推广的优质农业种源，大力输送科学的农业技术和专业的农业人才，使对口帮扶产生价值裂变。

三明市以沪明对口合作为契机，从上海引进西红花全产业链提质增效关键技术，并在

将乐县建立西红花种植示范基地，成立上海市农业科学院林木果树研究所“花卉专家工作站”，牵头组建福建省“西红花品质提升”科技特派团，线上线下全程跟踪指导西红花全产业链生产，促进西红花产业提质增效，科技助推三明当地农业产业转型发展。由上海市农业科学院培育的新型赏食百合具有观赏性佳、种球亩产高、抗逆性强等特点，在福建三明等地示范推广。三明市农业科学研究院引进上海选育的“申香 1504”香菇、“申球 2 号”大球盖菇等优质品种，通过示范栽培，助力当地食用菌产业提质增效、农民增收。

辐射全国之路值得更多期待

从中华绒螯蟹新品种“江海 21”、优质特早熟节水抗旱稻，到祥欣种猪冷冻精液产品，再到沪明两地有关花卉、食用菌等种源的合作推广，一系列上海农业优势品种的诞生、推广和应用，是上海在农业种源创新路上的坚韧不拔和敢为人先，更是上海农业突破城市边界、“逐鹿”华夏大地的真实写照。

我们有理由相信，在不久的将来，上海农业将会涌现出更多具有自主知识产权和核心竞争力的优势品种，这些品种将以其独特的优势和卓越的性能引领着现代农业发展的新潮流。同时，我们也期待着上海农业能够继续加强与国内外农业领域的合作与交流，共同推动全球农业科技的进步和创新发展，为实现农业高质量发展贡献上海力量。

农业科技新赛道 | 合成生物学技术驱动上海农业创新场景，加速绿色农业革新

上海三农 贾 佳

科技创新是推动农业现代化的核心引擎。2024 年 6 月，上海市人民政府办公厅印发了《关于加快推进本市农业科技创新的实施意见》，立足上海超大城市和都市现代农业特点，围绕农业产业链部署创新链、资金链、人才链，从巩固特色种源优势、挖掘生物制造潜力、补强现代设施农业等方面布局农业科技新赛道。近年来，上海在农业科技创新方面强支撑、建体系、谋突破，涌现出一批高水平科技自立自强的生动实践，特推出“农业科技新赛道”系列报道，以更好凝聚起以科技创新驱动发展农业新质生产力的强大合力，敬请关注。

今年 9 月初，在科技部和上海市人民政府共同主办的 2024 浦江创新论坛上，一项关于“RNA 生物农药绿色制造”的参赛项目斩获全国颠覆性技术创新大赛最高奖“卓越奖”，奖项颁发给了硅羿科技（上海）有限公司创始人、上海交通大学农业与生物学院首席研究员唐雪明教授。奖项的授予，也让与会者的目光聚焦在对 RNA 生物农药的关注上。

要理解 RNA 生物农药对国家农业生产和粮食安全意味着什么，首先要认识我国农业绿色发展的未来走向。新一轮的科技革命和产业革命加速演进，被誉为第三次生物技术革命的合成生物学迎来全球化高速发展期。当前，国家对合成生物学研究支持力度大增，在 2022 年 5 月由国家发展和改革委员会印发的《“十四五”生物经济发展规划》中，多次提及合成生物学在农业、医药、食品等领域的应用。尤其在农业领域，关于节能减排、病害防控、提升生长效率等绿色话题成为重点。今年 6 月，上海市政府办公厅发布的《关于加快推进本市农业科技创新的实施意见》中，也将合成生物学技术应用作为布局农业科技新赛道的重点方向之一，对挖掘生物制造潜力、推动农业绿色发展给予了很高的期待。

合成生物学之于农业科技创新的推动，表现在生物育种、生物制造、食品营养与健康等诸多领域。近两年，在市农业农村委的支持下，不少科技创新项目正瞄准相关学科的技术创新和成果转化，积极为新赛道布局投石铺路，而像硅羿科技这样一些有竞争力的上海本土企业及科研团队犹如黑马，为上海农业新质生产力增添新动能。

加快生物绿色农业布局

“RNA 生物农药在环境（土壤或水流）当中，基本在 3 ~ 4 天就能降解。在可检测范围内，硅羿科技进行了多方面检测验证，结果表明，RNA 生物农药的安全性能好，降解之后的残留很少，但速效性快，持药性长，它通过叶片进入到植物体内，在植物叶片甚至

根茎中能够保留 20 ~ 30 天，被国际同行比喻为‘植物疫苗’。”唐雪明说。

普遍来看，传统化学农药研发周期长，费用高，但使用过程产生的环境污染，农作物易产生抗性等问题难以解决，对农业绿色可持续发展带来负面影响。唐雪明说，RNA 生物农药的“颠覆性”在于，以 RNA 干扰的方式，靶向干扰宿主（昆虫或病菌）关键因子 mRNA，实现对病虫害的精准灭杀。

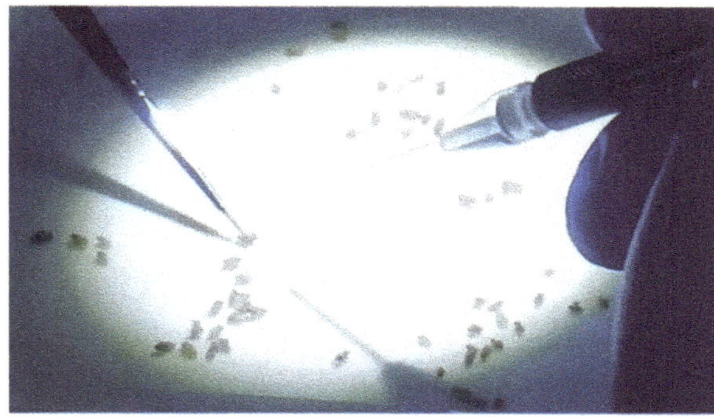

具体说来，就是通过细胞工厂或无细胞合成的方法，制备出具有特异性靶向宿主（昆虫或病菌）的 dsRNA，直接作用于 mRNA，作用时，大片段 dsRNA 会被多次切割，其中一个与靶标基因结合一次就会激发靶基因沉默。在自然环境中，dsRNA 可实现快速降解，降解的产物还能作为植物生长的促进剂，被作物再次吸收，不仅环境友好还能促进增产。

新技术的优势还在于，其研发周期仅 3 ~ 6 个月。目前，团队正从无到有地创制以纳米技术搭载 RNA 农药，以进一步提升农药的吸附能力，降低研发成本；同时，形成了基于 AI 智能算法靶点筛选技术平台和 dsRNA 生物规模化合成，进行制剂研发的全链路生产工艺。

我国“十四五”全国农药产业发展规划中，首次将 RNA 生物农药列入优先发展规划。而国际上，像孟山都、拜耳、先正达等农化龙头企业，也更早落子布局，瞄准了对 RNA 生物农药关键核心技术的攻克。

2017 年，唐雪明创立硅羿科技时，看准了 RNA 干扰技术应用于农业绿色防控领域的巨大潜力空间。这是他在耶鲁大学从事博士后研究，到 10 年后在牛津大学担任客座教授时，持续关注并感到得心应手的技术领域。事实印证了他的判断，硅羿科技成为中国首家 RNA 生物农药高新技术企业。

不过，从国际国内相关领域发展来看，仍然普遍缺乏产品研发标准，新材料获批和监管难度也很大。硅羿科技领跑于新赛道，主持制定了全球首个 RNA 生物农药的产业化标准，获得国内最早颁发的 4 张 RNA 农药“核酸干扰素”命名函，目前，已获得 8 张。创制了全球第一个 RNA 杀菌剂和国内第一个 RNA 杀虫剂。

在上海，除了像硅羿科技这样的“黑马”，同样瞄准以合成生物学来推动绿色农业技术革新的农业创新企业还有不少。位于崇明陈家镇的长三角农业硅谷科创企业孵化园，正加快对农业新兴产业和未来产业的布局。比如，康码高产（上海）生物有限公司基于全球领先的 D2P 蛋白制造技术，研发为农作物提供替代化肥的蛋白营养液生物肥料，已建成目前全球最大的体外合成蛋白质工厂；上海植科优谷生物技术有限公司也正进行 RNA 农药开发等。

寻找更多农业应用突破点

在上海市农业科学院生物技术研究所农业合成生物学研究中心，有我国最早成立的从事农业合成生物学的研究团队。近来，在市农业农村委科技创新项目支持下，团队创始人姚泉洪研究员正带领团队着手一项新课题，以水稻种子反应器为平台创制富含麦角硫因的稻米。

麦角硫因是一种天然氨基酸，能够清除自由基、有抗氧化、抗衰老、抗辐射等多种生理功能。该课题相关负责人彭日荷介绍，水稻种子合成麦角硫因，不存在人类病原或微生物毒素等安全顾虑，且在稻种中的生物活性物质比较稳定，有望让麦角硫因生产变简单、经济，同时提升稻米附加值。

事实上，这样的科研创新并非只是在植物中合成营养成分的简单逻辑。在研究团队眼中，水稻被比喻为“植物细胞工厂”，他们通过寻找或改造植物底盘，找到合适的“植物

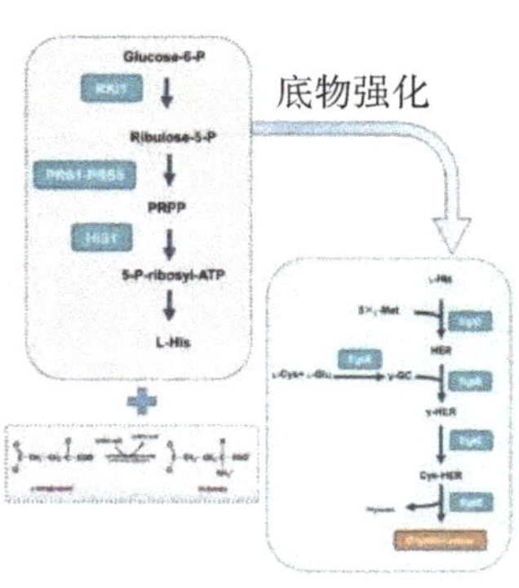

麦角硫因水稻种子表达重构

麦角硫因水稻培育

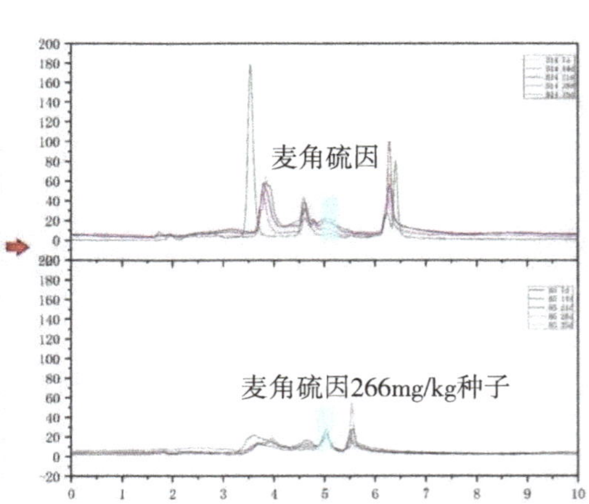

种子中麦角硫因含量检测及高含量种子筛选

细胞工厂”，从而借助其丰富的酶库、各种细胞区室及其高度发达的细胞内膜系统，实现复杂的生物合成。

在国内，青蒿素和紫杉醇的商业化生产就成为典型案例，证明了合适的植物底盘作为“植物细胞工厂”在植物活性天然产物生产中的重要作用。而在上海，姚泉洪团队通过合成生物学技术，以水稻种子为底盘，创制出了富含 β－胡萝卜素的金水稻、甜菜红素水稻、高含量虾青素稻米、核黄素稻米、叶酸水稻和维生素 C 稻米等；以毕赤酵母为底盘创制出了高比活耐高温饲用植酸酶、木聚糖酶、β－葡聚糖酶等重要饲料酶工程菌种；以大肠杆菌为底盘研制获得一步法生产维生素 C、维生素 B_2、天然抗癌物质 terrequinone A、抗衰老物质 NMN、助眠物质褪黑素以及完全降解各种有机污染物工程菌种。

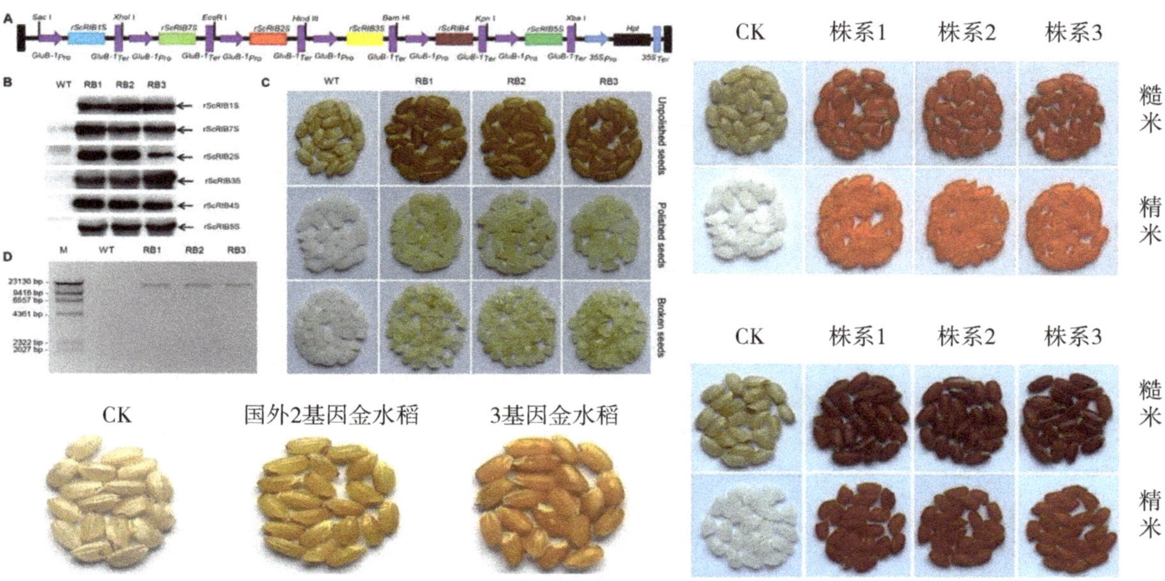

富含 β－胡萝卜素、核黄素、虾青素和甜菜红素等生物活性物质的“植物工厂”

这些看似繁复的成果的取得，对高附加值农作物生产和健康生活品质改善有重要影响。目前，该团队正在促进相关科技成果转化，这也是商业化生产所看中的重要价值。

近两年，合成生物学技术推动农业科研创新，其显示度不断提升。新形势下，合成生物学农业交叉学科建设正积极推进，更大程度鼓励高校、科研院所和企业开展产学研协同创新，并通过跨学科、跨领域的专家引进，引进一批生物育种、生物制造等顶尖科学家及创新团队。

今年以来，浦东的张江种谷、崇明的长三角农业硅谷和奉贤的上海农业科创谷等产业园区的落地和错位发展持续收获关注热度，一批生物育种、生物制造的农业企业和科研团队作为“隐形冠军”入驻，其创新项目也引来期待，这些为推动未来农业的绿色转型升级，形成新兴农业产业链打下潜在基础。

农业科技新赛道 | 科技赋能，沪郊大地奏响“机器换人”主旋律

上海三农　曹佳慧

科技创新是推动农业现代化的核心引擎。2024 年 6 月，上海市人民政府办公厅印发了《关于加快推进本市农业科技创新的实施意见》，立足上海超大城市和都市现代农业特点，围绕农业产业链部署创新链、资金链、人才链，从巩固特色种源优势、挖掘生物制造潜力、补强现代设施农业等方面布局农业科技新赛道。近年来，上海在农业科技创新方面强支撑、建体系、谋突破，涌现出一批高水平科技自立自强的生动实践，特推出“农业科技新赛道”系列报道，以更好凝聚起以科技创新驱动发展农业新质生产力的强大合力，敬请关注。

如果将农产品拟人化，上海的地产优质农产品一定来自“大户人家”。它们或许生长在高端的设施大棚里，除了有行业里领先的种植技术加持，还有各种现代农业智能设施装备轮番上阵，提供高效、精准的科技照护。

当前，上海正大力发展设施农业，规划布局 12 个现代设施农业片区，每个片区 2 000 ~ 5 000 亩，总面积大约 3.6 万亩，引导种植业、养殖业的现代设施农业项目向片区集聚，新建 3 万亩粮食生产无人农场，推进蔬菜生产“机器换人”基地建设。

实际上，不仅仅是水稻和蔬菜，在上海的各个农业产业里，正不断上演着“机器换人”的时代变革。

科创引领农业灌溉模式

“水是肥的腿，根是苗的嘴，华维智慧灌溉，就是让肥长上腿，找到苗的嘴。”这是上海华维可控农业科技集团股份有限公司董事长吕名礼常放在嘴边的一句话。

上海华维可控农业科技集团股份有限公司成立于2001年，是一家集智慧灌溉、可控农业等于一体的国家高新技术企业及国家“专精特新”小巨人企业。在落户金山的二十余年里，华维坚持以科创引领农业灌溉，走出一条从“节水灌溉”到“智慧灌溉”的发展路径，助力解决农田水利工程“最后一公里”的问题。

华维团队系统开展节水灌溉技术和设备研发，创新了低能耗精量化压力补偿灌溉成套关键核心技术，研制了压力补偿灌水器系列关键产品，攻克了压力不均匀条件下水肥混合比例不匹配及输配不精准的难题，创制出适配多种地形、不同作物的压力补偿控水减肥增效的一体化智能装备，实现了水肥精量输送以及智能管控的目标，各项研究成果在各省市推广应用，形成了不同区域的技术系统和发展模式。

1828压力补偿滴头、喜耕田云智慧施肥机、自动反冲洗叠片过滤、华维智慧灌溉系统……从“节水灌溉”到“水肥一体化和作物的生长管理”，再到“可控农业”，如今，华维的多类产品和系统经院士专家鉴定为“国际先进”，打破洋品牌“卡脖子”技术垄断，实现进口替代。

从全程机械化到“无人化”

夏去秋来，沪郊大地开始换上金装。若此时去稻田间走走，或许能看到这样的场景：收割机在田里平稳地穿梭，机舱内却空无一人，站在田边的年轻农机手紧盯着手机屏幕，收割机的作业路径和实时情况一目了然，点点屏幕就可以操控收割机的行驶速度和方向。

搭载着5G网络、北斗高精密定位等先进技术装备的农机，让水稻生产实现从全程机械化到“无人化”的跨越。这跨越的一大步，要从上海联适导航技术股份有限公司的“一小步”说起。

2020年3月，联适开发出一套AF302北斗自动导航驾驶系统，这套搭载北斗高精密定位技术的无人驾驶系统，可以装载在拖拉机、插秧机、收割机等通过方向盘转向的农机上，实现农机的自动驾驶，并突破了农机在田间无法自动转向的瓶颈。在这套系统的助力下，耙地、旋耕、播种、喷药、收割等作业环节都实现了无人化作业。系统还适配多种智能作业路径，可满足多种作业场景使用。甚至在一些老旧农机上也能适用，赋予它们新的生命力。

在嘉定外冈成功改造插秧机和穴播机等农机后，搭载北斗自动导航驾驶系统的无人农机很快引起了各界关注。截至目前，在上海的无人农场建设中，联适出品的技术产品占有率达到了 60%，并在国内推广建设近百个无人化智慧农场，覆盖种植面积超过 10 万亩，累计为 50 多个国家提供技术服务。

今年年初，联适在青浦现代农业园区投资建设无人化农场试验基地，重点聚焦无人化农场、智能农机关键技术的研发和试验，希望通过技术的持续创新，不断推动农业生产的智能化、系统化、标准化发展，完成生态无人化农场技术闭环，实现农业生产作业全程智能化。

破解青菜移栽"裉节"

从"三个农民两百岁"到"四个农民三百岁"，上海地产蔬菜生产劳动力短缺的问题日益突出。

十年后、二十年后，谁来种菜？

毫无疑问，实现全程机械化，是破解当前绿叶菜生产中人员老龄化严重甚至无人可用问题的必然选择。

上海的农业科研团队，从未停止对蔬菜生产"机器换人"进程中"卡脖子"难题的探索和钻研。不久前，上海市农业机械研究所牵头开展技术攻关，在上海市农业科技创新项目支持下，成功研发了自走式青菜高密度全自动移栽机，并形成了配套的青菜高密度自动移栽生产模式。

"我们这台移栽机的最大特点，就是全自动、高密度和纯电动。"市农机研究所研发人员介绍说，这台自走式青菜高密度移栽机，克服了半自动移栽机的短板，在田间作业时，可以调整移动和移栽的速度，8 行植株同时移栽，两组机械臂交替工作，每分钟可移栽 150 ~ 200 株苗，大幅提升了作业效率。经过生产性验证，该移栽机的移栽效率是人工移栽的 4 倍以上。同时，通过科学合理的株间距安排，高效利用土地，相比传统人工移栽株距不稳定的情况，实现了青菜产量的显著提升。

此外，该移栽机采用纯电动设计，不仅环保无污染，还具备 6 ~ 8 小时的长续航能力，充分满足了田间作业的需求。移栽机还配备了自主研发的自走式电路底盘，能够轻松应对复杂多变的田间道路状况，确保机器的稳定运行和高效作业。而纯电动的设计，也为后续移栽机导入更多智能模块提供更多可能。

水草梳理机成就优质好蟹

经过多年发展，上海的河蟹实现了由小到大的跨越，正从"外观大"向"内在好"进军。与此同时，以上海海洋大学为代表的高校和科研院所，在河蟹产业里带起了"机器换人"的节奏。

在河蟹养殖中，有一对"相爱相杀"的组合——河蟹和水草。蟹塘里的水草，既能为河蟹提供天然的栖息地和植物性饵料，也是净化水质的好手。但如果水草过多，将会大大减少水中的氧气含量，肆意生长的水草也会吸收营养物质，导致水体富营养化，影响河蟹的生长环境。

水草的治理，关乎河蟹养殖的成败。但河蟹养殖塘口环境治理的要求极高，工作复杂，大部分养殖户以人工作业为主，效率低且劳动量大。随着养殖人员老龄化问题的日趋严峻，研究、开发和应用机械化、自动化装备于水草治理变得十分迫切。

针对生产一线对水草治理自动化机械的迫切需求，在上海海洋大学的牵头下，《河蟹池塘自适应水草梳理机研制与应用示范》项目组经过风力驱动系统设计、控制系统集成、导航算法研究等工作，成功研发出一种水草梳理机。

目前，试制的样机均已投入光明食品集团上海崇明农场有限公司、上海沪宝水产养殖专业合作社等养殖基地的生产一线。应用结果显示，平均每小时收集水草接近 1 900 千克，综合节省人工近五成。

在此基础上，为增加养殖池塘设备集中度，项目组进一步研发了“疏草投饵一体化装备”，通过机械设计集成，将投饵、洒药等功能结构集成在一起，使其成为河蟹池塘养殖的综合性辅助作业平台，河蟹池塘养殖的整体机械化、自动化水平进一步提升。未来，人工划船捞水草的生产场景将被逐步替代。

会“学习”的工厂化番茄授粉机器人

眼下，上海市瑞华实业有限公司的番茄设施温室里，又开启了新一轮的番茄种植。不过，这一茬的种植里，多了一位得力“助手”——工厂化番茄授粉机器人。

两年前，瑞华实业牵头启动了《工厂化番茄授粉机器人研发与示范应用》项目的研究，在设施温室番茄种植的环境下，设计出了一款模块化、低成本、智能的农业机器人，替代人工和昆虫媒介，进行温室环境中番茄的授粉作业。

一个底盘加一个机械臂，授粉机器人的构造并不复杂。但要完成授粉这一精细动作，是多个模块协同作用、多个领域技术支撑才能得以实现。项目组采用模块化的思维设计农业机器人通用平台，架构设计和系统软件开发则涉及物联网、大数据、云计算以及智能控制等多个领域，才得以实现番茄授粉过程的精准、高效和智能化管理。此外，以先进的深度学习和强化学习算法作为底层的技术，让授粉机器人在准确度和性能上达到国内先进水平。项目组在光明番茄产业园打造了 50 亩的设施番茄授粉机器人的示范应用基地，经过生产验证，由番茄授粉机器人授粉的番茄产量比自然授粉的番茄产量提高了 20%。

以上种种可见，近年来，上海在补强现代设施农业方面可谓下足了功夫。

这是破题“谁来种地”的无奈选择，也是农业高质量发展的必经之路，更是上海作为国际化大都市以新质生产力赋能农业生产应有的姿态。

在资源集聚的农业科创环境下，在提升创新策源能级的政策扶持下，一批又一批高校和科研院所聚焦农业科技新赛道，研发了一批又一批农业智能设施装备。它们或是扎根沪郊，或是走向全国，甚至跨出国门，不断刷新着上海都市现代绿色农业的定义。

推动"科技 - 产业 - 金融"深度融合
上海举办农业科技企业专场投融资路演活动

东方城乡报　张孜怡

为加快培育农业科创企业，推动金融资源向农业科创领域集聚，布局农业科技新领域新赛道，促进形成新质生产力，2024 年 6 月 7 日，"金科育绿"上海农业科技企业专场投融资路演活动在上海股权托管交易中心举行，吸引多家农业科技领域企业和金融机构参与。本次活动聚焦"科技 - 产业 - 金融"的深度融合，通过项目路演、自由交流等多个环节，搭建起农业科技企业与金融机构交流合作的平台，推动农业企业科技创新成果转化与应用，共同促进现代农业高质量发展。

在活动现场，芾驰智能、左岸芯慧、禾荣股份、中科荃银、硅羿科技等 5 家农业科技企业开展项目路演，围绕"鱼菜共生"产业化、数字农业、地标农产品全产业链开发、分子育种的研发及商业化推广、RNA 生物农药等方面，介绍技术服务或产品亮点、商业模式、融资需求、未来规划等。活动邀请中金资本、常春藤资本、国跃基金、安稳资本、临港联合、海通证券、宝山国投等 20 家金融投资机构和交通银行、中国建设银行、上海农商银行等 5 家银行机构参与，机构代表与企业负责人积极互动交流。在自由交流环节，企业与金融机构开展业务沟通与对接，进一步拓展企业融资渠道。

近年来，市农业农村委积极贯彻落实市委、市政府部署要求，紧抓创新范式、转型机遇，加快布局新赛道，重构全链条农业科技创新生态。一批具有创新能力和市场竞争力的农业科技企业不断涌现，在生物育种、生物合成、智慧农业等领域展现出巨大潜力。

3 月成功举办的首期农业科技金融专题培训，取得了良好的成效，受到了农业科技企业的广泛好评。今年，本市还将围绕农业科技企业全生命周期的赋能服务举办一系列农业科技企业金融服务活动，针对不同发展阶段的企业需求，依托各类专业机构，分批次开展金融培训、投融资路演、上市辅导等，为企业的成长引入"金融"活水，注入"科技"养分，帮助企业快速稳健地迈入发展新阶段。

第三章

2023—2024 年上海市东方英才计划

2024 年上海市东方英才计划领军人才

序号	姓名	工作单位	性别	出生年月	职称	简介（200 字左右）
1	来琦芳	中国水产科学研究院东海水产研究所	女	1970 年 10 月	研究员	中国水产科学研究院东海水产研究所研究员，水产养殖技术研究室主任，院盐碱水养殖与渔农综合利用创新团队首席，硕导，农业农村部农业科研杰出人才。研发盐碱地生态养殖、“以渔降盐治碱”盐碱地渔业综合利用等农业主推技术，开辟了水产养殖新空间。主持国家和省部级项目 25 项，发表论文 110 余篇，授权专利 26 项。制、修订国家和行业标准 8 项。获省部级奖 12 项。成果在 10 余个省份示范推广 240 余万亩

2023—2024 年上海市东方英才计划城乡治理平台（乡村振兴领域）拔尖人才

序号	姓名	工作单位	性别	出生年月	职称	简介 (200 字左右）
1	刘艳芳	上海市农业科学院	女	1980 年 7 月	研究员	上海市农业科学院食用菌研究所副所长，研究员，担任国家食用菌产业技术体系产品加工岗位科学家。主要从事食用菌营养品质评价、功能成分利用和大健康产品研发技术创新等工作，在食用菌功能成分制备、功效机制挖掘和产品开发及产业化领域做出突出贡献。近年主持国家和省部级项目 10 余项，发表论文 180 余篇（SCI 论文 60 余篇）。先后获得上海市科技进步一等奖、农业部神农二等奖等省部级奖 5 项，获中国食品学会科技创新杰出青年奖
2	罗金燕	上海市农业技术推广服务中心	女	1979 年 7 月	正高级农艺师	上海市农业技术推广服务中心植物检疫科科长，正高级农艺师，主要从事农作物病虫害测报防控和植物检疫等工作，在检疫性有害生物的监测、阻截和防控领域做出突出贡献。近年主持或参加国家和省部级项目 20 余项，发表论文 80 余篇（SCI 论文 30 余篇）。授权或申报发明专利 18 项，实用新型专利 1 项。制定国家、农业行业和地方标准 9 项。获得省部级以上奖励 3 次，其中以第一完成人获得 2019—2021 年度全国农牧渔业丰收奖二等奖。2023 年荣获“全国巾帼建功标兵”称号。所带团队先后被评为“上海市市委农办系统优秀青年突击队”和“上海市优秀青年突击队”

（续表）

序号	姓名	工作单位	性别	出生年月	职称	简介(200字左右)
3	邓一文	中国科学院分子植物科学卓越创新中心	男	1975年1月	研究员	中国科学院分子植物科学卓越创新中心研究员，主要从事水稻广谱抗病基因挖掘与广谱抗病分子机制研究，近年来在水稻广谱抗病基因克隆与功能鉴定及广谱抗病分子机制解析等方面取得重要突破。其中表观遗传调控水稻广谱抗病与产量平衡的研究成果被评为“2017年度中国生命科学十大进展”。克隆的广谱抗稻瘟病基因被我国40多家育种单位广泛应用。近年主持国家基金委、科技部和中科院等国家和省部级项目10余项，在国际著名期刊*Science*、*Molecular Cell*、*Molecular Plant*等发表论文30余篇，先后获得国家自然科学奖二等奖1项，安徽张海银种业促进奖二等奖1项，中国植物生理与分子生物学学会优秀论文奖1项
4	韩先干	中国农业科学院上海兽医研究所	男	1976年8月	研究员	中国农业科学院上海兽医研究所研究员，担任农业农村部动物产品质量安全生物危害因子风险评估实验室（上海）副主任，中国农业科学院奶产业专家团责任专家。主要从事病原微生物致病机制、疫苗和动物疫病防控技术研究等工作，在病原菌防控技术、动物疫病人工智能诊断和产品开发及产业化领域做出突出贡献。近年主持国家和省部级项目13项，发表论文220余篇（SCI论文100余篇）。先后获得中国农业科学院科学技术成果二等奖、农业农村部神农一等奖等奖励2项
5	罗小金	复旦大学	男	1974年7月	教授	复旦大学生命科学学院教授，担任复旦大学基因技术教育部工程研究中心副主任。主要从事作物遗传改良方面工作，主持国家、省部级项目20项，近5年在*PNAS*、*Mol Plant*、*Plant Cell*等权威期刊发表论文15篇，参编专著1部，授权发明专利5项，联合培育水稻新品种3个。2019年获江西省“双千人才”，研究成果2021年入选“上海科技史上的今天”，2022年获上海市科技进步一等奖
6	袁政	上海交通大学	男	1977年1月	教授	上海交通大学生命科学技术学院教授，致远荣誉教师，担任上海植物生理与植物分子生物学学会理事会副理事长（第十二届）、中国植物生理与植物分子生物学学会理事（第十二届）、上海市农作物品种审定委员会粮食作物专业委员会委员（第七届）等职务。主要从事植物分生组织活性调控、杂种优势利用和分子设计育种等方面工作；近年主持重大研究计划等国家和省部级项目20项，在*Nat Commun*、*Mol Plant*等期刊发表论文40余篇，参编专著2部，获得发明专利24项，水稻新品种审定5项。先后获得上海市科技进步一等奖、教育部自然科学奖一等奖等奖励2项
7	邱宇平	同济大学	男	1974年10月	教授	同济大学环境科学与工程学院教授，主要从事农村水环境治理和农业土壤修复相关研究，累计主持国家自然科学基金项目7项，主持国家重点研发课题1项；通讯作者发表SCI一区论文40余篇。现任国家农产品产地重金属污染综合防治协同创新联盟常务理事，担任*Environmental Technology & Innovation*、《农业环境科学学报》《农业资源与环境学报》等期刊编委，指导学生入选上海启明星人才项目并荣获上海青年五四奖章

（续表）

序号	姓名	工作单位	性别	出生年月	职称	简介(200字左右)
8	王常伟	上海财经大学	男	1982年4月	研究员	上海财经大学城市与区域科学学院副院长、财经研究所副所长，研究员，主要从事“三农”发展理论与政策研究工作。主持国家社科基金项目、农业农村部项目等课题30余项。在《管理世界》《中国农村经济》等期刊发表论文50余篇，独著或合著专著4部。研究成果多次获得国家或省部级领导批示。获高等学校科学研究优秀成果奖（人文社会科学）青年成果奖、上海市哲学社会科学优秀成果奖一等奖、上海市决策咨询研究成果奖一等奖等省部级奖10余次
9	胡庆松	上海海洋大学	男	1979年2月	教授	上海海洋大学工程学院院长，教授，主要从事渔业工程装备及其自动化领域研究工作，承担国家自然科学基金、国家重点研发计划、上海市科技兴农等项目，在无人自主导航投饵船、梳草船、工厂化养殖系统设计、海洋牧场野化装备等方面取得了系列创新性成果，并获得广泛应用。获得上海市科技进步二等奖（第1）、中国国际工业博览会优秀展品奖（第1）等奖项5项
10	陆翔	上海左岸芯慧电子科技有限公司	男	1980年3月	高级经济师	上海左岸芯慧电子科技有限公司常务副总经理，高级经济师，主导建设上海市数字农业云平台，推动神农口袋的普及应用，成果获农业农村部典型案例、上海市创新产品推荐目录等多项省部级奖项。在粮食无人农场、智慧温室、无人渔场等形成关键技术突破和产业化应用，已有技术成果已面向全国应用推广，在江西、四川等地打造多个数字农业标杆项目。主持上海市科技兴农项目“农业物联网的区域应用技术研究与示范”等十余项省部级科研项目。申请发明专利17项，参与制定标准3项
11	贡亮	上海交通大学	男	1981年1月	教授	上海交通大学机械与动力工程学院教授，主要从事农业机器人研究，荣获上海市、农业农村部省部级科技进步一等奖2项，入选农业农村部“神农英才”；主持开发了国产农业机器人通用操作系统、专用AI芯片和控制器，为农业机器人产业奠定了共性技术基座；创制了大田、植物工厂“耕－种－管－收”、智慧果园“巡检－植保－采收－物流”全流程成套机器人化装备，形成了标志性示范应用
12	刘成洪	上海市农业科学院	男	1975年1月	研究员	上海市农科院生物所副所长，研究员，国家大麦青稞产业技术体系育种技术与方法岗位科学家，入选上海市闵行区领军人才，主持获上海市科技进步二等奖1项，发表论文40余篇，主持完成国家和省市级项目10多项。创建大麦小孢子高效育种技术体系，为全国30多家稻麦育种团队提供小孢子单倍体育种技术服务，以主要完成人获得审认（鉴）定品种6项、新品种权2项、授权发明专利10项

（续表）

序号	姓名	工作单位	性别	出生年月	职称	简介(200字左右)
13	陆敏	上海市蓝莓研究所	女	1971年11月	高级经济师	上海市蓝莓研究所所长，高级经济师。她从事植物引种、选育及栽培技术研究30余年，建成全国最丰富的蓝莓品种资源圃，引进83个蓝莓品种，培育出适宜上海及长三角地区的12个新品种。制定系列标准建立标准化示范区，在长三角地区推广了20万株优质种苗，示范推广新品种和标准化技术30000余亩，带动237户农户增收，开展精准扶贫协作。针对蓝莓产前产中产后开展多项科研攻关，研发蓝莓系列产品，鲜果利用率达95%，亩均产值5.1万元，亩均效益提高11.7%，推进蓝莓全产业链发展。开发了《敏蓝蓝莓植物工厂管理系统V1.0》，带领团队向智慧农业转型升级。建立花卉产业化联合体，推动果、花、林产业高质量发展，先后获得全国城乡妇女岗位建功先进集体、中国林业产业突出贡献奖等多项荣誉
14	吴旭干	上海海洋大学	男	1978年6月	教授	上海海洋大学教授，农业农村部鱼类营养与环境生态研究中心主任，长期从事河蟹营养饲料和遗传育种研究和推广工作。主持国家自然基金项目5项和外交部亚合资金项目等，发表论文200多篇，获得授权发明专利10项和2项全国水产养殖主推技术，作为主要完成人获得上海市科技进步一等奖2次。牵头选育出第一个河蟹早上市新品种“申江1号”，研发了河蟹雌雄分养技术和多种功能性饲料，已在进行大规模推广应用，取得了显著的经济效益和社会效益
15	夏永军	上海理工大学	男	1981年11月	教授	上海理工大学健康科学与工程学院教授，博士生导师，主要从事食品微生物资源开发及应用工作。主持国家自然基金面上项目等国家和省部级课题8项，横向项目10项，相关研究成果获上海市科技进步一等奖、上海市技术发明奖一等奖等科技奖励；发表科研论文95篇，获得授权专利18项。发酵果蔬汁、发酵谷物等多项技术在云南、湖南等地进行产业化实施，促进当地乡村经济发展，取得良好的经济效益
16	薛永	上海市农业科学院	男	1979年1月	研究员	上海市农业科学院生态所副所长，研究员，土壤修复与保育团队负责人，复旦大学、上海海洋大学、上海应用技术大学研究生导师，中国植物营养与肥料学会理事，中国农学会农业资源与环境分会委员。发表论文80余篇，带领团队或主要参与获得上海市科技发明一等奖、国土资源部科技成果二等奖、上海市农业科学院科技成果二等奖等。创制固碳降污的生物炭等土壤修复改良产品，构建障碍耕地改良及安全利用集成技术，在全国多个省市推广应用145万亩次，实现污染土壤的安全利用，保障农产品安全
17	张礼生	中国农业科学院上海兽医研究所	男	1973年2月	研究员	中国农业科学院上海兽医研究所副所长、研究员，生物安全研究中心常务副主任，博导，上海春申卓越人才、内蒙古科技兴蒙人才、中国农科院创新领军人才等。从事生物防治与生物安全研究，建立天敌生产线并扩繁20余种天敌，构建重大病虫与外来入侵生物的防控体系并示范推广，主持国家重点研发计划等50余个项目，发表论文310篇，获发明专利46件，主编著作8部、行业标准6项，获国家科技进步二等奖1项，获省级一等奖3项、二等奖14项

（续表）

序号	姓名	工作单位	性别	出生年月	职称	简介(200字左右)
18	章元	复旦大学	男	1975年1月	教授	复旦大学经济学院教授，复旦—平安宏观经济研究中心副主任，长期从事中国乡村振兴和城乡融合研究，曾入选上海市浦江人才和曙光学者等人才项目。主持国家自然科学基金、教育部哲社重大专项项目和其他省部级项重大项目9项，荣获十余项省部级专著和论文奖，在SSCI及中文权威期刊上发表近50篇学术论文。围绕粮食安全、乡村振兴和高质量发展的十余篇资政报告获国家领导人批示
19	赵勇	上海海洋大学	男	1975年12月	教授	上海海洋大学食品学院副院长，教授，上海高水平地方高校食品安全控制及营养健康重点创新团队负责人，入选上海市优秀学术带头人、上海市曙光学者、上海市青年科技启明星，荣获中国食品科学技术学会科技创新奖—杰出青年奖、首届浦东新区科技精英。聚焦农产品质量安全和营养健康领域的基础研究和应用开发，构建农产品质量安全智能检测、风险评估及绿色防控新技术体系，以排名第一荣获上海市科技进步二等奖、上海市自然科学二等奖等奖项
20	朱骏	上海师范大学	男	1978年11月	研究员	上海师范大学生命科学学院研究员，上海市植物分子科学重点实验室副主任，入选上海市东方英才拔尖计划。主要从事植物雄配子体发育分子机理的研究，研究成果在*Nature Plants*、*Molecular Plant*等国际期刊上发表论文20余篇，主持国家基金委面上项目，国家重点研发计划子课题等国家级项目5项，解析植物温敏不育机制并创制了水稻新型光温敏不育品系，研究成果入选“2024中国农业农村重大新技术新产品新装备”

2023—2024年上海市东方英才计划城乡治理平台（乡村振兴领域）青年英才

序号	姓名	工作单位	性别	出生年月	职称	简介（200字左右）
1	王慧	上海市农业科学院	女	1983年12月	副研究员	上海市农业科学院作物所副研究员，曾先后担任上海市农业科学院作物所玉米中心党支部书记、中心主任等职务。2009年加入上海市农业科学院以来，主要从事玉米遗传育种工作，育成品种40余个、其中“申科甜811”入选农业农村部2023年农业主导品种。获植物新品种权20项，软件著作权9项，专利9项，视频著作权12项。主笔发表学术论文17篇，先后获得上海市科技进步二等奖1项、神农中华农业科技二等奖、三等奖各1项
2	张津京	上海市农业科学院	女	1985年5月	副研究员	上海市农业科学院食用菌所副研究员，2014年加入上海市农业科学院以来，坚守食用菌研究和技术推广一线，主要从事草腐新品种选育，高效栽培模式研制及其推广应用。取得了主持选育3个新品种，其中“申K6”打破了国际菌种对中国的垄断；主持国家自然基金面上项目和青年基金项目各1项，科技兴农项目1项，授权发明专利5项；主笔发表论文22篇，其中8篇SCI。任上海食用菌产业体系崇明综合试验站技术总负责人，带领团队获市人社局脱贫攻坚记大功奖励

（续表）

序号	姓名	工作单位	性别	出生年月	职称	简介（200 字左右）
3	姚俊峰	上海市农业科学院	女	1983 年 5 月	研究员	上海市农业科学院畜牧所研究员，2012 年加入上海市农业科学院以来，主要从事家禽新品系选育及配套技术研发、禽产品质量安全工作，建立动态遗传评估和分子育种平台，参与培育新杨黑羽蛋鸡（已国审）和申王 1 号肉鸽配套系，研发精细化育/制种技术和规模化福利养殖技术等，保障产业高质量发展。主持国家/省市级项目 5 项，主笔发表论文 30 余篇，授权专利及软著 6 项，上海市科技进步二等奖 1 项（第 4），培养行业技术人员百余人
4	张安宁	上海市农业生物基因中心	男	1983 年 7 月	研究员	上海市农业生物基因中心研究员，担任国家水稻产业技术体系抗旱稻育种岗位科学家。2008 年加入上海市农业生物基因中心以来，主要从事节水抗旱稻种质创新与新品种选育方面工作，培育节水抗旱稻不育系 6 个，新品种 29 个，农业行业标准 2 项，授权发明专利 7 项，发表论文 49 篇等成绩。2010 年获上海市科技发明一等奖、2013 年获国家技术发明二等奖、2020 年获国家科技进步一等奖、2022 年获上海市乡村振兴先进个人等
5	姚丹青	上海市农业技术推广服务中心	女	1984 年 7 月	高级农艺师	上海市农业技术推广服务中心种子科副科长、上海市农作物种子质量检测中心检测室主任，高级农艺师。在品种鉴定、种子检测、制种技术创新和种业监管服务等方面做了大量工作，成绩突出，积累了丰富经验，为种业发展的技术支撑做出积极贡献。曾获“全国农业植物新品种保护先进个人”“上海市市级农口系统青年人才成长计划优秀成果优胜奖”“我为乡村振兴献一计”非定向调研三等奖等荣誉
6	葛菲菲	上海市动物疫病预防控制中心	女	1980 年 9 月	高级兽医师	上海市动物疫病预防控制中心高级兽医师，担任中国农业科学院和河北工程大学硕士生导师。2006 年加入上海市动物疫病预防控制中心以来，熟悉动物疫病诊断和检测，有力保障了地产畜产品质量安全和有效供给。主持、参与了 22 项科技攻关项目，获得全国农牧渔业丰收奖以及上海市科技进步奖。以第一作者发表论文 19 篇，单篇影响因子大于 10，参与编著斯普林格出版社出版的 *Animal Coronaviruses*
7	徐嘉波	上海市水产研究所（上海市水产技术推广站）	男	1982 年 12 月	高级工程师	上海市水产研究所（上海市水产技术推广站）高级工程师，现任奉贤科研基地主任。自 2005 年参加工作，从事水产科研、技术、推广和成果产业化转移等工作。主要参与的刀鲚繁育项目整体处于国际领先水平，美洲鲥繁育项目成果实现产业化应用。带领团队服务区域农业增效、农民增收。个人获上海市技术发明一等奖（第 15），上海市优秀发明选拔赛优秀发明金奖（第 3）、银奖（第 1），获 2022 年上海工匠。带领团队获 2022 年上海市工人先锋号
8	成松松	上海市农业机械研究所	男	1990 年 10 月	工程师	上海市农业机械研究所工程师，2016 年加入上海市农业机械研究所以来，主要从事农机装备设计研究和智能化提升方面工作，取得了蔬菜精整作畦联合播种机整机的研制及试验、青菜高密度移栽机的研发及示范、宜机化单棚改造使用方案评估和优化方案等成绩，先后获得了上海市市级农口系统青年人才成长计划优秀成果三等奖、上海市农业农村委优秀共产党员、农机学会优秀学术论文等奖项

（续表）

序号	姓名	工作单位	性别	出生年月	职称	简介（200字左右）
9	魏澜	上海市乡村振兴研究中心	女	1986年5月	助理研究员	上海市乡村振兴研究中心助理研究员，曾先后于高校、社会组织与政府智库从事乡村发展的实践与科研工作。2021年加入上海市乡村振兴研究中心以来，主要从事上海乡村振兴战略研究，主持多个研究项目，包括“上海市哲学社会科学规划”课题；带团队并以第一作者完成上海市全国人大“乡村振兴促进法实施情况调研报告”；上海市政协“关于推进农业农村现代化建设调研报告”，以及各种主题专报，多次获得上海市各部门主要领导肯定性批示
10	王伟	中国水产科学研究院东海水产研究所	男	1986年3月	副研究员	中国水产科学研究院东海水产研究所副研究员，2014年加入东海水产研究所以来，主要从事水产遗传育种方面工作。获批首个拟穴青蟹养殖新品种“东方1号”，突破青蟹低盐度养殖技术瓶颈，攻克青蟹苗种规模化繁育技术难关，完成我国青蟹种质资源评估，绘制首个青蟹全基因组图谱。主持项目7项，第一或通讯作者发表论文10篇（SCI论文7篇），第一发明人授权发明专利1项。成果累计推广超13万亩，获上海海洋科学技术奖二等奖1项
11	崔铭超	中国水产科学研究院渔业机械仪器研究所	男	1983年9月	副研究员	中国水产科学研究院渔业机械仪器研究所副研究员，曾先后担任中国水产科学研究院渔业机械仪器研究所渔业船舶与设施室创新团队首席及副主任等职务。2018年加入渔机所以来，主要从事深远海养殖平台与工程方面工作，取得了以“大型养殖工船功能与船型”“鱼类集约化船载舱养工艺与装备”为核心的创新性成果等。（个人或带领团队）先后获得“青岛楷模创新团队”“中国水产科学研究院乡村振兴先进个人”等奖项
12	田野	中国科学院上海营养与健康研究所	男	1992年1月	副研究员	中国科学院上海营养与健康研究所副研究员，长期从事真菌毒素危害控制研究，以第一/共同第一作者在领域专业期刊上发表学术论文7篇，谷歌学术总引用数超200次。在博士后阶段，主持中国博士后科学基金面上项目（第68批），入选上海市“超级博士后”激励计划（2020年）。2022年11月起，任职于中国科学院上海营养与健康研究所副研究员岗位，负责开展真菌毒素污染生物源性安全控制研究，作为主要人员参与完成多项由课题组长牵头的国家、省部级科研项目
13	宋士任	上海交通大学	男	1979年3月	副研究员	上海交通大学农业与生物学院副研究员，主要从事葡萄种质资源收集评价与育种、葡萄产品开发及相关技术推广工作；主持国家级、省部级和校企合作项目14项，发表论文40篇，认定果树新品种5个，申报专利5项，参编图书3部；作为福建三明科技特派员、金山教授工作站常务专家，参与了国家对新时代革命老区振兴发展项目，推动了三明市农业高质量发展；与多个单位合作，开展葡萄新品种引进示范与高效智能化栽培技术推广

（续表）

序号	姓名	工作单位	性别	出生年月	职称	简介（200字左右）
14	张鲁嘉	华东师范大学	男	1978年1月	副研究员	华东师范大学副研究员，从事农业食品酶设计和农产品生物加工研究，曾任美国加州理工学院博士后、华东理工大学助理研究员。2016年起担任华东师范大学副研究员，兼任纽约大学（上海）副教授。主持国家重点研发和自然基金等7项，总经费700余万元。发表SCI论文60余篇，总引用1 300余次，单篇引用量最高93次。申请发明专利14项，授权11项，授权软件著作权5项。获得省部级科技进步一等奖3项，二等奖2项
15	张阳	华东理工大学	男	1987年2月	副教授	华东理工大学副教授，担任《农药学学报》青年编委会副主任、中国化学会农业化学专委会青年委员、上海市毒理学会理事、上海市预防医学会病媒生物预防与控制专委会委员、上海市化学化工学会农用化学专委会秘书（长）等职务。2011年加入华东理工大学以来，主要从事绿色农药创新研究工作，发表SCI论文69篇，申请发明专利19件，6个新农药取得全国农药标准化委员会定名批准，获得“中化扬农”农业化学新秀奖等
16	杨昳津	上海理工大学	女	1991年9月	副研究员	上海理工大学副研究员，主要从事食品微生物选育及功能机制解析方面工作，取得了一批自主知识产权菌种，建立群体组合绿色酿造关键技术，在上海金枫酒业产业化实施，节约生产用水3.5万吨/年；与云南猫哆哩集团进行高原特色现代农业资源开发，创制果混、果萃等新形态水果产品，三年累计新增产值超1.5亿元。个人获得中国科协青年人才托举工程项目资助
17	王军	上海海洋大学	男	1984年12月	副教授	上海海洋大学副教授，主要从事水产动物种质资源与遗传育种方面工作。发展了基于生物大数据的水产动物种质评价方法；系统解析了中华绒螯蟹等水产动物重要性状形成的遗传基础；构建了水产动物分子辅助育种和基因编辑育种技术体系，为水产动物的种质开发和产业发展提供了基础。作为主要完成人获上海市科技进步一等奖1项，在国内外参与发表论文60余篇，获国家授权发明专利4项
18	邱杰	上海师范大学	男	1989年8月	副研究员	上海师范大学副研究员，主要从事作物基因组学研究方面工作。近年来研究工作以第一作者或通迅作者发表在*Nature Genetics*（封面论文），*Genome Biology*（2篇）、*Nature Communications*（2篇）等生物领域国际一流期刊。入选上海市科技启明星人才计划。作为负责人主持国家自然基金面上项目、青年项目等
19	李建戌	上海辰山植物园	男	1983年2月	副研究员	上海辰山植物园副研究员，从事植物代谢酶的催化机制解析及设计应用等方面工作，阐明了青蒿素、甜菊糖、磷脂酸等化合物的合成与修饰酶的催化调控机制，并进行理性设计与应用。曾获赛诺菲－中国科学院上海生科院优秀青年人才奖，入选中国科学院特聘骨干及青年创新促进会，主持国家自然青年基金和面上项目等。在*Cell Research*、*PNAS*等期刊发表论文25篇，授权专利3项

（续表）

序号	姓名	工作单位	性别	出生年月	职称	简介（200字左右）
20	张容	上海惠和种业有限公司	男	1987年8月	高级农艺师	上海惠和种业有限公司高级农艺师，在惠和种业曾先后担任育种农场场长、开发部经理、业务决策委员会主任、副总经理等职务，目前还任上海蔬菜食用菌行业协会产业智库专家。主要从事蔬菜种子的新品种、新技术、新方案的引进与推广，主导引进的高品质迷你南瓜、杂交大葱等新品种、新技术为国内蔬菜的供给侧结构性改革、产业化调整做出了较大贡献。2013年8月获得嘉定区科学技术进步奖
21	陈万超	上海市农业科学院	男	1987年7月	副研究员	上海市农业科学院食用菌研究所副研究员，现任食用菌深加工学科党支部宣传委员，华东理工大学和鲁东大学行业/硕士生导师。获上海市科技进步二等奖（R3）、上海市启明星计划。主笔发表论文36篇，授权发明专利2项，软件著作权5项；主持省部级项目4项，参与国家和省部级项目多项，完成4项成果转化（450万元），建立国内首个食用菌风味特征多模态数据库及多肽和多酚指纹图谱质量评价技术体系，赋能多家知名企业产品升级，产生直接经济效益超2 000万元
22	成玮	上海市农业技术推广服务中心	女	1984年5月	高级农艺师	上海市农业技术推广服务中心植保一科科长，高级农艺师，上海市植物保护学会秘书长。主要从事上海市主要农作物病虫草鼠害的监测预警、绿色防控、技术推广等工作，在虫口夺粮保丰收行动中做出积极贡献。主持或参与科技项目20多项，参编图书12种，发表科研论文30余篇，取得专利等10项，获得多项省部级荣誉。带领团队获评“上海市工人先锋号”“上海市农委系统优秀青年集体”
23	邓子龙	同济大学	男	1988年10月	副教授	同济大学环境科学与工程学院院长助理，副教授、博士生导师。主要聚焦生物质资源化的纤维素基复合材料的果蔬保鲜应用。主持国家/上海市自然科学基金等项目。发表SCI论文40余篇，其中JCR Q1第一作者/通讯作者论文25篇。授权/公开发明专利10余项。编著图书1种。任中国环境科学学会和江西省科协等专家库专家。开发的果蔬保鲜剂用于梨采后的包装生产线，冷藏时间提升近1个月
24	黄金泉	中国科学院分子植物科学卓越创新中心	男	1990年9月	研究员	中国科学院分子植物科学卓越创新中心研究员，植物天然产物合成及调控团队PI。成功揭示了植物苯丙烷类聚合物木质素和萜类小分子化合物棉酚等的生物合成和调控机制，创制了一系列具有农业生产应用价值的植物新种质。截至目前，以第一作者/通讯（含共同）作者在*Science*、*Nature Plants*、*Nature Chemical Biology*、*Advanced Science*、*Molecular Plant*、*PNAS*等期刊上发表了10余篇高水平论文，申请专利10余项
25	李晓宇	上海联适导航技术股份有限公司	男	1991年3月	高级工程师	上海联适导航技术股份有限公司研发中心总监，高级工程师。长期从事农机自动驾驶、智慧农场与农业机器人的研发工作，累计获授权发明专利34项，荣获上海市科技进步奖等多项省部级科学技术奖，负责多项国家重点科研计划中农机自主导航与万亩级无人化农场智能装备协同作业关键技术的研究。研发了我国首款可量产电控方向盘式农机自动驾驶系统并全面实现进口替代

（续表）

序号	姓名	工作单位	性别	出生年月	职称	简介（200字左右）
26	刘彬	上海市青浦区农业技术推广服务中心	男	1985年4月	农艺师	青浦区农业技术推广服务中心副主任，农艺师，在职博士，第六届青浦区拔尖人才。承担科技项目50余项，发表论文论著39篇/部，申请专利6项、软件著作权2项，荣获《中国植保导刊》全国通联工作先进个人、“全国安全科学使用农药培训先进工作者”等荣誉。主要从事农技推广工作，带领团队成功创成全国农作物病虫害“绿色防控示范县”和“专业化统防统治百强县”双殊荣
27	刘健	上海市动物疫病预防控制中心	男	1981年7月	高级兽医师	上海市动物疫病预防控制中心高级兽医师，现任兽医疾病诊断中心病毒室主任，兼任中国疾控中心人畜共患病防控专家组成员、市农委生物安全专家库成员。主要从事本市重大动物疫病和人兽共患病防控工作，近三年获市优秀发明铜奖2项，多篇论文获优秀论文奖；主持和参与省部级科研项目10项；发表论文12篇（4篇SCI）；获专利授权6项，编制标准8项，参编图书4种；实现2项科技成果转化（65万元）
28	刘进	上海财经大学	男	1989年6月	副教授	上海财经大学副教授，聚焦农村土地、乡村治理等乡村振兴领域有关问题，主持或参与国家社科重大项目、国家社科重点项目、国家自科专项和面上项目、教育部后期资助项目、上海市教委智库建设内涵项目等课题10余项，在《管理世界》《管理科学学报》《中国农村经济》等期刊发表论文20余篇，独著或合著专著6部，决策成果多次获中央主要领导批示，获上海市哲学社会科学优秀成果奖一等奖、上海市决策咨询研究成果奖二等奖等省部级奖励
29	刘亚洲	上海大学	男	1987年7月	副教授	上海大学副教授，中国保险学会智库专家。在中英文核心刊物上发表论文20余篇。主持国家自科基金项目1项、国家自科基金国际合作重点项目子课题1项，参与国家社科基金重大、重点和面上项目4项；主持和参与横向课题4项。长期专注于农业保险政策研究领域，十余年间深入农村基层调研，精准把握农业发展需求，致力于保障农民稳产增收，维护我国粮食安全
30	彭程	华东理工大学	女	1988年12月	副教授	华东理工大学副教授/博导，生态环境部重点实验室核心骨干，主要开展除草剂污染农田土壤修复工作。入选上海市东方英才计划。主持国家自然科学基金、国家重点研发计划、市农业农村委项目等省部级及以上项目和任务10项。以第一作者/通讯作者发表SCI论文40余篇，总引用3 100次。参编专著2种，申请/授权专利13项，编制团体标准1项。现任中国土壤学会环境微塑料工作组青年委员、*Eco-Environment & Health* 期刊青年编委
31	邵玲	上海市水产研究所	女	1986年4月	研究员	上海市水产研究所副所长，研究员。入选全国乡村振兴青年先锋、上海市农业工匠等。长期工作在水生动物疫病防控一线，先后主持省部级及以上科研项目7项，发表论文30余篇，已获授权发明专利4项，开发抗水生病毒绿色生物制剂2个。承担国家及上海市多种水产重大疫病病原的检疫工作10余年，累计500余批次、苗种2亿余尾，服务养殖面积超150万亩，年均减少经济损失600余万元

（续表）

序号	姓名	工作单位	性别	出生年月	职称	简介（200字左右）
32	孙盛明	上海海洋大学	男	1983年11月	教授	上海海洋大学教授，博士生导师。长期从事甲壳动物逆境生理与抗逆育种研究，主持国家重点研发计划战略性专项、国家自然科学基金面上项目等，围绕经济沼虾耐盐碱主效基因发掘与分子育种利用领域，通过选育耐盐碱沼虾新品系，构建绿色高效盐碱水养殖新模式，打造盐碱水渔业新产业，累计推广盐碱水域面积1万亩，促进渔业科技进步与转型升级，将扩展水产养殖空间与乡村振兴战略有效衔接
33	覃程锦	上海交通大学	男	1988年7月	副教授	上海交通大学副教授、博士生导师。入选上海市东方英才计划青年项目、上海市青年科技启明星等人才计划，获神农中华科技进步一等奖等省部级奖励3项。具有6年乡村振兴领域从业经验，并在科技部农村科技司专班挂职一年，主持国家自然科学基金面上项目和青年项目、国家“十四五”重点攻关项目子课题等10余项国家及省部级课题，围绕农机装备智能控制、智能运维及农业机器人等智慧农业的基础理论、关键技术及工程应用开展研究，发表第一作者/通讯作者SCI论文65篇(14篇入选ESI高被引论文)，研究成果应用于中国一拖、联适导航等企业
34	王晓丹	华东师范大学	女	1988年9月	研究员	华东师范大学研究员，博士生导师，国家虾蟹产业技术体系岗位科学家。始终致力于解决河蟹产业原料短缺、环境负担大、品质无保障等问题，进行科学研究、技术推广和应用示范，助力推动河蟹产业绿色发展。围绕该领域研究，主持国家级项目4项、省部级项目7项，发表SCI论文110篇（第一作者/通讯作者67篇），申请获得实用新型专利4项，发明专利1项，参与修订《中华绒螯蟹配合饲料》农业行业标准
35	魏仕伟	上海市农业生物基因中心	男	1984年10月	研究员	上海市农业生物基因中心研究员，现任基因资源库主任，生菜种源创新团队PI，华中农大硕士研究生导师，入选上海市乡村振兴杰出科技青年。建立全国最大生菜资源库，发表论文30余篇，正在或曾主持省级项目5项，参加国家和省部级项目多项，获国内首个生菜新品种权，选育7个生菜新品种，在国内率先完成2个生菜品种成果转化（60万），在上海生菜主产合作社占30%以上份额，全国年推广3万余亩次
36	徐萍	上海辰山植物园	女	1983年9月	副研究员	上海辰山植物园科研发展部副部长及课题组长，中国科学院植物分子卓越创新中心硕士生导师。专注于药用植物活性产物开发、植物营养与生长、除草剂等研究领域，发表论文20余篇，主持国家级和省级项目3项，参与多项国家和省部级重大项目。目前正在通过基因编辑技术结合自然筛选优化传统药材益母草种质，提高益母草中活性成分含量，推动传统药材产业的技术升级和发展

（续表）

序号	姓名	工作单位	性别	出生年月	职称	简介（200字左右）
37	袁敏	上海理工大学	女	1985年9月	教授	上海理工大学教授，硕/博研究生导师，分析实验室青年编委，入选扬帆计划。12年乡村振兴工作经验，聚焦农业检测与质控需求。主持国、省级项目5项，获上海市技术发明一、二等奖，授权发明专利7项；第一作者/通讯作者论文56篇，高被引1篇；创制速测产品10种，转化成果7项。突破农产品中多污染物的生物提取传感同步速测技术，创新研发智能化高通量速测装置
38	张中华	上海华维可控农业科技集团股份有限公司	男	1984年10月	高级工程师	上海华维可控农业科技集团股份有限公司高级工程师，现任华维研究院常务副院长。曾获上海市人才发展资金资助，获上海市、教育部科技进步一等奖各1项，参与国家农业科技重大专项、“十三五”“十四五”国家重点研发项目各1项，市农业农村委、市科委等项目10余项，参编农业装备类国标2项。专注智能农业装备研制15年，研发滴灌、水肥一体化、栽培装置等产品30余项，研制产品在全国推广应用超100万亩次
39	周慧娟	上海市农业科学院	女	1985年12月	研究员	上海市农业科学院研究员，博士，南京农业大学、长江大学硕导，上海交通大学行业导师。现任国家桃产业技术体系岗位专家、中国园艺学会桃分会常务理事、农科院A类团队采后方向负责人。主持和参加省部级项目10余项，发表论文42篇（SCI论文13篇），获得专利4项、地方标准3项，参著图书4部，选育桃品种15个，获得市科技进步二等奖、院科技进步三等奖。参与湘、鲁、云、贵等地的乡村振兴工作，成果转化和技术服务费375万元。被评为院优秀工作者、优秀共产党员、优秀青年、攀高培养优秀人才

www.ingramcontent.com/pod-product-compliance
Lightning Source LLC
Chambersburg PA
CBHW041750220926
51847CB00014B/160
9787547872949